Biosphäre 7/8

Berlin | Brandenburg

Cornelsen

Biosphäre

Band 7/8 Berlin/Brandenburg

Autorinnen und Autoren:
Jens Bussen, Berlin; Beate Haase, Berlin; Katja Kühl, Berlin; Andre Stein, Berlin;
Grytha Wiechmann, Kremmen/Brandenburg

Teile dieses Buches sind anderen Ausgaben der Lehrwerksreihe Biosphäre entnommen.

Autorinnen und Autoren dieser Ausgaben:
Astrid Agster; Stefan Auerbach; Andreas Bauer; Dr. Werner Bils; Pia Bordes-Sagner; Anke Brennecke; Silke Bringezu; Frank Deutschmann; Anne-Kathrin Dierschke; Peter Emmler; Robert Felch; Heidemarie Frasiak; Dr. Axel Goldberg; Daniela Grabenstein; Simone Grimm; Franziska Hach; Angelika Huber; Silke Hübner; Yvonne Hübner; Lutz Jäger; Dr. Horst Janz; Wolfhard Koth-Hohmann; Prof. Dr. Hansjörg Küster; Dr. Karl-Wilhelm Leienbach; Andre Linnert; Prof. Dr. Anke Meisert; Gabriele Merk; Martin Post; Gabriele Rupp; Dr. Ulrike Schiek; Annegret Schlegel; Daniela Schmidt; Kathrin Scholz; Dr. Stephanie Schrank; Hans-Jürgen Staudenmaier; Constanze Steinert; Dr. Matthias Stoll; Michael Szabados; Dr. Hans-Joachim Winkhardt

Redaktion: Dr. Adria Wehser

Designberatung: Katharina Wolff-Steininger

Layoutkonzept, Umschlaggestaltung, Layout: SOFAROBOTNIK GbR, Augsburg & München

Technische Umsetzung: SOFAROBOTNIK GbR, Augsburg & München

Grafik: Marina Goldberg, Berlin; Angelika Kramer, Stuttgart; Karin Mall, Berlin; Tom Menzel, Klingberg; newVision! GmbH, Bernhard Peter, Pattersen; Matthias Pflügner, Berlin

Begleitmaterialien zum Lehrwerk

E-Book	978-3-06-300002-6
Arbeitsheft 7/8	978-3-06-300003-3
Lösungen zum Schülerbuch 7/8	978-3-06-300004-0
Handreichungen für den Unterricht Teil 1	978-3-06-300006-7
Handreichungen für den Unterricht Teil 2	978-3-06-420007-4
Handreichungen für den Unterricht Teil 3	978-3-06-420008-1
Begleitmaterial auf USB-Stick mit Unterrichtsmanager und E-Book auf scook	978-3-06-010781-0

www.cornelsen.de

1. Auflage, 6. Druck 2023

Alle Drucke dieser Auflage sind inhaltlich unverändert und können im Unterricht nebeneinander verwendet werden.

Druck: Mohn Media Mohndruck, Gütersloh

ISBN 978-3-06-300001-9

PEFC
PEFC/04-31-1033

PEFC zertifiziert
Dieses Produkt stammt aus nachhaltig bewirtschafteten Wäldern und kontrollierten Quellen.
www.pefc.de

INHALTSVERZEICHNIS

Lebensräume und ihre Bewohner 54

Stoffwechsel des Menschen 124

Fortpflanzung und Entwicklung 182

Kennzeichen der Lebewesen

Die Biologie ist die Wissenschaft von den Lebewesen. Ob etwas lebt, kann man anhand von Merkmalen erkennen. Diese Merkmale sind die ***Kennzeichen der Lebewesen.***

BEWEGUNG

Lebewesen können sich aus eigener Kraft bewegen!

Das Reh kann bei Gefahr flüchten, schnell läuft es davon. Eine Schnecke bewegt sich langsam kriechend fort. Obwohl Pflanzen sich nicht wie die Tiere von einem Ort zum anderen bewegen, kann das Kennzeichen Bewegung auch bei ihnen beobachtet werden: So schließen sich zum Beispiel nachts oder bei Regen die Blüten des Gänseblümchens, während sie sich bei Sonnenschein öffnen.

STOFFWECHSEL

Lebewesen nehmen Stoffe auf, verarbeiten sie und geben Stoffe an die Umgebung ab!

Das Schaf frisst Gras, säuft Wasser und atmet Sauerstoff ein. Die aufgenommenen Stoffe werden im Körper des Schafs verarbeitet. Nicht verwertbare Stoffe werden ausgeschieden. Auch Pflanzen besitzen einen Stoffwechsel. So nimmt die Heckenrose Wasser und Stoffe über die Wurzeln aus dem Boden und Stoffe aus der Luft über die Blätter auf. Im Inneren werden sie umgewandelt und die Heckenrose bildet unter anderem Duftstoffe, die sie über die Blüten an ihre Umgebung abgibt.

FORTPFLANZUNG UND ENTWICKLUNG

Lebewesen pflanzen sich fort. Ihre Nachkommen entwickeln sich und pflanzen sich ebenfalls fort!

Die Stute trägt ein Fohlen, das sich im Mutterleib entwickelt. Nach etwa einem Jahr wird es geboren. Das Jungtier entwickelt sich, wird fortpflanzungsfähig und zeugt eigene Nachkommen. Pflanzen wie zum Beispiel der Apfelbaum pflanzen sich fort, indem sie Samen bilden. Aus einem Samen kann sich ein neuer Apfelbaum entwickeln.

WACHSTUM

Lebewesen wachsen!

Die neugeborene Maus ist noch nackt und blind. Sie wächst schnell und nach wenigen Tagen hat sie bereits ein Fell. Auch bei den Pflanzen wie zum Beispiel bei einem Kastanienbaum wächst aus einem Samen ein hoher Baum.

REIZBARKEIT

Lebewesen nehmen Reize wahr und reagieren auf diese Reize!

Das Murmeltier sieht, hört, riecht und tastet. Durch Reize erhält das Murmeltier Informationen aus seiner Umwelt. Sieht es zum Beispiel einen Greifvogel, kann es reagieren. Schnell flüchtet es in seinen schützenden Bau. Auch Pflanzen reagieren auf Reize. Berührt man beispielsweise eine Mimose, dann falten sich die Blättchen zusammen und der Blattstiel knickt ein.

Die Zelle – kleinste Funktionseinheit des Lebendigen

In diesem Kapitel beschäftigst du dich mit

- dem Bau der Zellen von Pflanzen und Tieren. Du erfährst, welche Aufgaben die verschiedenen Bestandteile einer Zelle haben.
- der Technik des Mikroskopierens. Du lernst, mit dem Mikroskop umzugehen und Teile von Pflanzen und Tieren so vorzubereiten, dass du ihre Zellen im Mikroskop untersuchen kannst.
- der Fotosynthese und der Zellatmung. Du lernst wichtige Stoffwechselprozesse kennen und erfährst, wo sie in Zellen stattfinden.

- der Zellteilung. Du lernst die Vorgänge in den Zellen kennen, durch die Pflanzen und Tiere größer werden und wachsen können.
- Einzellern. Du lernst Lebewesen kennen, die nur aus einer Zelle bestehen und doch alle Merkmale des Lebens zeigen.

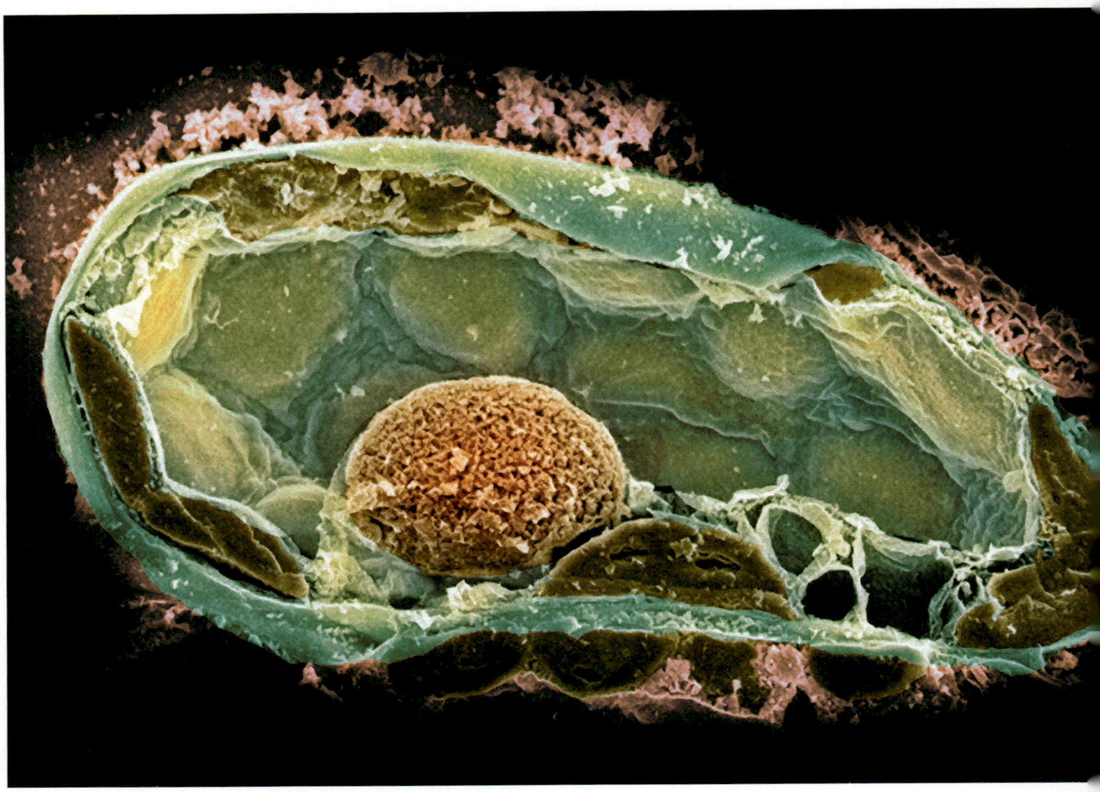

01 Elektronenmikroskopische Aufnahme einer Zelle der Garten-Erbse

Zellen – Grundbausteine des Lebens

Amöbe und Chlorella sind Lebewesen, die aus einer einzigen Zelle bestehen.

Von der Amöbe bis zum Elefanten, von der Chlorella bis zur Erbse: Die Lebewesen auf der Erde sind äußerst vielgestaltig. Trotz dieser Vielfalt im äußeren Erscheinungsbild bestehen alle Lebewesen, wenn man ganz genau hinsieht, aus kleinen, universellen Einheiten.
Doch worum handelt es sich bei diesen Einheiten? Wie kann man sie sehen und wie sind sie gebaut?

MIKROSKOP · Damit man die kleinste Einheit des Lebens sehen kann, muss man die Lebewesen vergrößert betrachten. Als früheste und einfachste Form der Vergrößerung kannte man Lupen, sogenannte „Flohgläser", die zur Beobachtung von Flöhen und anderen Insekten dienten.
Die ersten Lichtmikroskope basierten auf der Idee, mehrere Linsen so miteinander zu kombinieren, dass ein stärker vergrößertes Abbild eines Objektes entsteht. Heute gibt es neben den bekannten Lichtmikroskopen auch Elektronenmikroskope, die eine Abbildung von Objekten mithilfe von Elektronenstrahlen ermöglichen.

GESCHICHTE DER ZELLBIOLOGIE · Die Erfindung neuer optischer Geräte trägt zu großen Fortschritten bei der Erforschung der Lebewesen bei. Die Geburtsstunde der Zellbiologie lässt sich auf das Jahr 1665 datieren. Der englische Physiker Robert HOOKE untersuchte mit einem Mikroskop, das 30-fach vergrößerte, die Rinde von Korkeichen. In dünnen Schnitten erkannte er kästchenförmige Strukturen, „little boxes". Da ihn diese Kästchen an Bienenwaben erinnerten, bezeichnete er sie als „cells". HOOKE war außerdem der erste, der seine Beobachtungen in Zeichnungen festhielt. Etwa zur gleichen Zeit war es Antoni van LEEUWENHOEK durch

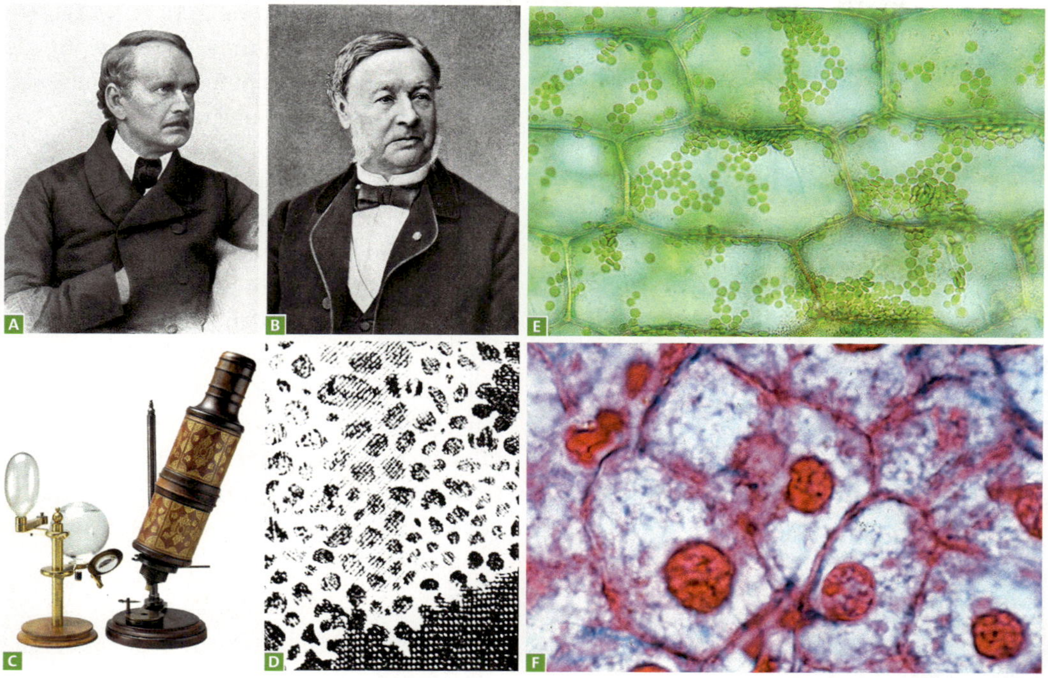

02 Zellbiologie:
A M. J. SCHLEIDEN,
B T. SCHWANN,
C HOOKE's Mikroskop,
D Zeichnung der Korkzellen von R. HOOKE,
E Pflanzenzellen (Zellen der Wasserpest)
F Tierzellen (Zellen der Leber einer Maus)

eine 200-fache Vergrößerung möglich, winzige Lebewesen in einem Wassertropfen zu erkennen, meist Einzeller. Diese Einzeller bestehen aus einer einzigen Zelle.

In den folgenden 300 Jahren wurde die Zelle immer genauer erforscht. Zu einer entscheidenden Erkenntnis kamen die deutschen Forscher Matthias Jacob SCHLEIDEN und Theodor SCHWANN. Sie erkannten nicht nur, dass die Pflanzen, die Tiere und somit auch der Mensch aus Zellen aufgebaut sind, sondern kamen zu der Auffassung, dass die **Zelle der Grundbaustein aller Lebewesen ist.** Deshalb gelten sie als die Begründer der *Zelltheorie*.

PFLANZEN UND TIERE SIND AUS ZELLEN AUFGEBAUT · Betrachtet man Blätter einer Wasserpest unter dem Mikroskop, ist eine netzartige Struktur zu erkennen. Die einzelnen Einheiten haben ähnlich wie Mauersteine eine nahezu rechteckige Form und sind in versetzten Reihen angeordnet. Diese Einheiten nennt man **Pflanzenzellen.**

Auch bei Tieren und Menschen findet man Zellen. Die **Tierzellen** sind jedoch unregelmäßiger angeordnet. Die Grenzen zwischen den einzelnen Zellen sind undeutlicher als bei den Pflanzenzellen.

BAKTERIEN UND PILZE · Auch Bakterien und Pilze sind aus Zellen aufgebaut. Bakterien sind immer einzellige Lebewesen, während es bei Pilzen auch mehrzellige Arten gibt.

1 Begründe die Bezeichnung der Zelle als Grundbaustein des Lebens!

03 **A** Bakterienzelle, **B** Pilzzellen

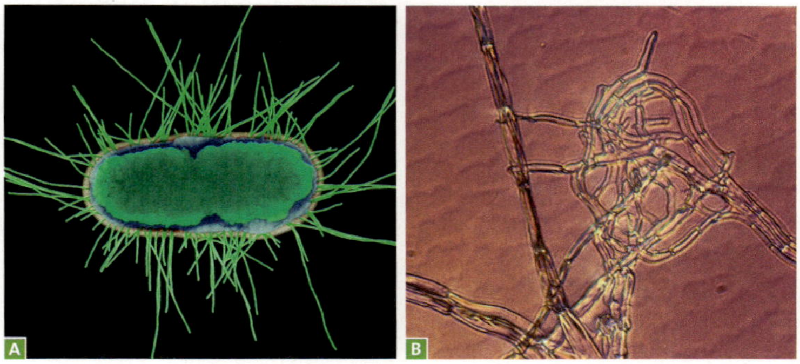

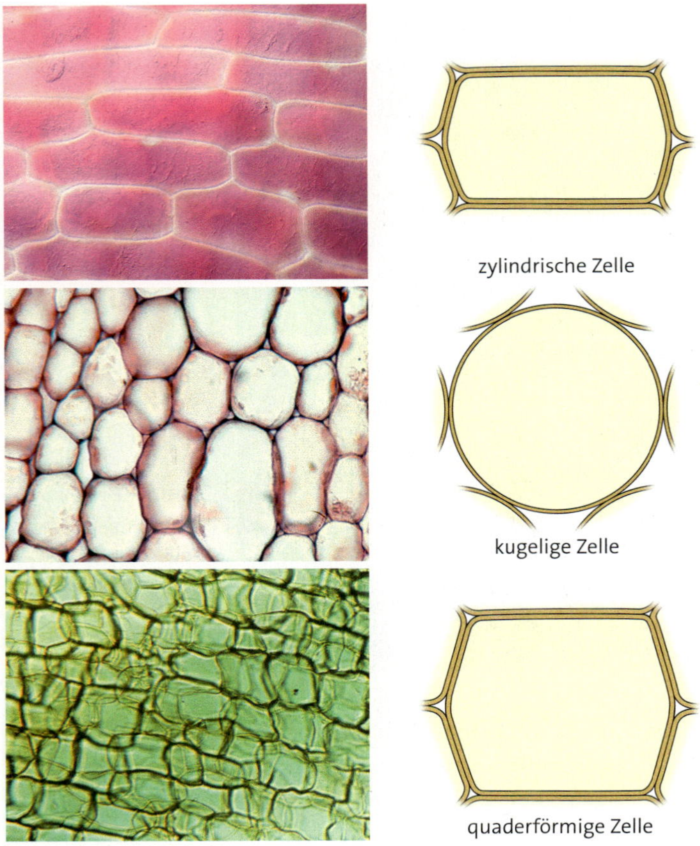

04 Formenvielfalt von pflanzlichen Zellen

FORMENVIELFALT UND GRÖSSE VON ZELLEN · In ihrer Form und Größe sind sowohl die Zellen von Tieren und Menschen als auch die Zellen der Pflanzen sehr verschieden.

Im mikroskopischen Bild erscheinen die Zellen flächig. Sie sind aber kleine Körper. Nach der **äußeren Form** sind die Zellen zum Beispiel quaderförmig, kugelig oder zylindrisch. Erhebliche Unterschiede gibt es auch in der **Größe der Zellen.** Da viele Zellen sehr klein sind, wird zum Angeben der Zellgröße die Maßeinheit Mikrometer verwendet. Ein Mikrometer ist der tausendste Teil eines Millimeters.

Pflanzliche Zellen haben in der Regel eine Größe von 10 bis 400 Mikrometer, tierische Zellen sind mit meist 10 bis 30 Mikrometern deutlich kleiner.

2 Beschreibe Unterschiede in der äußeren Form der dargestellten Zellen in Abbildung 04!

3 Stelle in einem Säulendiagramm die Größenverhältnisse der Zellen in Abbildung 05 dar. Wähle dazu einen geeigneten Maßstab!

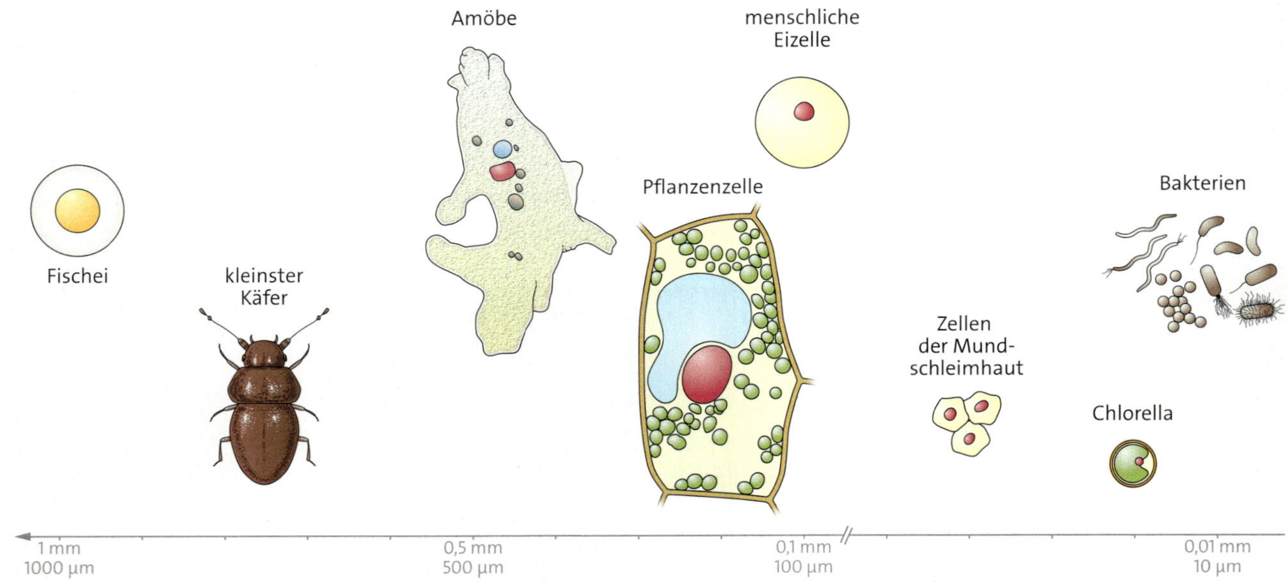

05 Größenvergleich verschiedener Zellen und Lebewesen

VERSUCH A ▸ Bau eines Einlinsenmikroskops

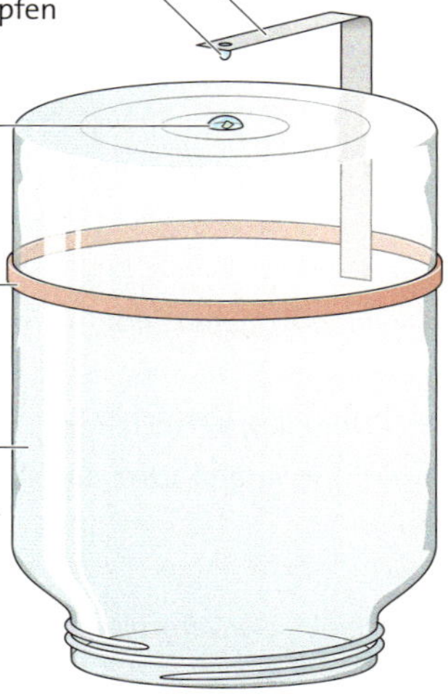

Material:
Marmeladenglas oder Becherglas, Metall-Lochstreifen aus einem Schnellhefter, Gummiband, Wasser, Mikroskop, Objektträger, Deckgläschen, Pipette, verschiedene Betrachtungsobjekte, zum Beispiel Zwiebelschuppenhaut

Durchführung:
Biege den Metall-Lochstreifen in der Mitte in einem rechten Winkel. Befestige den gewinkelten Streifen mithilfe des Gummibandes an dem umgedrehten Glas, wie es die Abbildung zeigt.
Tauche deinen Zeigefinger kurz in Wasser und übertrage den haftenden Wassertropfen in das Loch des Metallstreifens, der sich über dem Glas befindet. Gib ebenfalls auf den Boden des Glasgefäßes einen Tropfen Wasser. Lege in den Wassertropfen auf den Boden des Glases einen Ausschnitt der Zwiebelschuppenhaut. Betrachte das Objekt durch den Wassertropfen im Lochstreifen!

A1 Beschreibe deine Beobachtungen!

A2 Erkläre, wie du das Bild scharf stellen kannst!

A3 Betrachte nun einen Ausschnitt der Zwiebelschuppenhaut mit dem Lichtmikroskop! Fertige dazu ein Frischpräparat der Zwiebelschuppenhaut an! Beschreibe deine Beobachtungen und fertige eine Skizze der Zwiebelschuppenhaut an!

A4 Vergleiche in tabellarischer Form den Bau deines „Einlinsenmikroskopes" mit einem Lichtmikroskop!

Hinweis: *Für das Anfertigen eines Frischpräparats der Zwiebelschuppenhaut kannst du Seite 19 im Lehrbuch zu Hilfe nehmen!*

VERSUCH B ▸ Untersuchung der Brennhaare einer Brennnessel

Wohl jeder hat mit ihnen schon Bekanntschaft gemacht. Die Inhaltsstoffe der Brennhaare der Brennnessel führen zu schmerzhaften Quaddeln auf der Haut. Jedoch nur die großen, ausgewachsenen Brennhaare brennen. Haare mit Köpfchen an der Spitze sind noch funktionsfähig. Haare mit abgebrochenem Köpfchen sind leer und brennen nicht mehr.

Material:
Mikroskop, Objektträger, Deckgläschen, kleines Becherglas mit Wasser, Pipette, Rasierklinge, Pinzette, Brennnesselpflanze

Durchführung:
Schneide mit der Rasierklinge vorsichtig mehrere der großen, mit bloßem Auge sichtbaren weißen Haare ab. Übertrage sie mithilfe der Pinzette in einen Tropfen Wasser auf den Objektträger. Lege ein Deckgläschen darauf.

B1 Betrachte die Brennhaare unter dem Mikroskop. Zeichne ein funktionsfähiges Brennhaar!

B2 Zeichne zusätzlich die Spitze eines funktionsfähigen und eines abgebrochenen Brennhaares bei stärkerer Vergrößerung auf ein weiteres Blatt!

A

B

B3 Stelle eine Vermutung über die Funktionsweise der Brennhaare der Brennnessel an!

METHODE

Mikroskopieren und Zeichnen

Aufbau des Mikroskops

Eines der wichtigsten Geräte der Biologen ist das Lichtmikroskop. Es liefert ein stärker vergrößertes und viel genaueres Bild als eine Lupe.

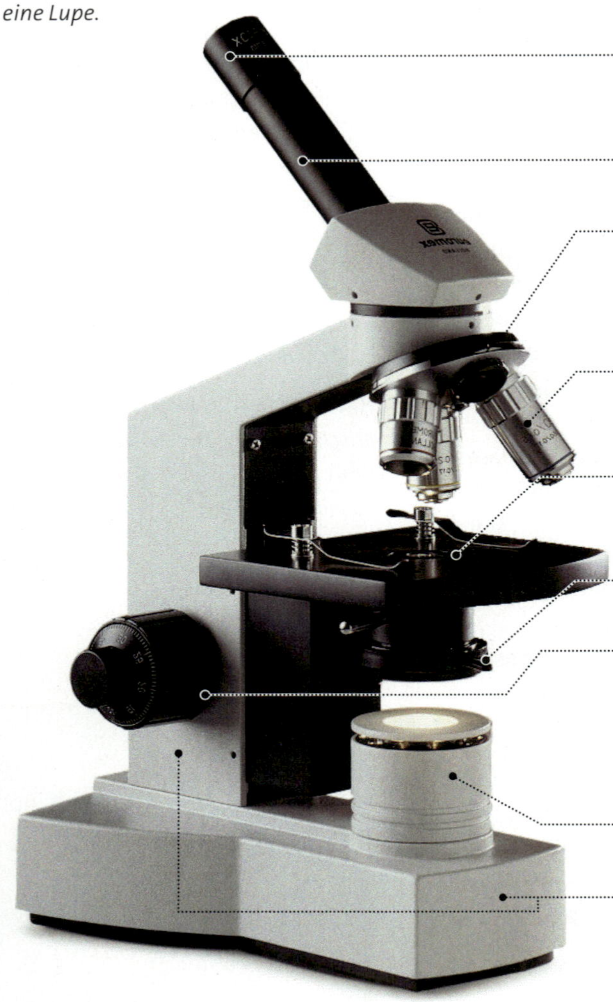

Okular: *vergrößert das Bild. Die Vergrößerung ist neben der Linse eingraviert.*

Tubus: *Röhre mit dem Okular am oberen Ende.*

Objektivrevolver: *Vorrichtung, um verschiedene Objektive mit unterschiedlichen Vergrößerungen über das Objekt zu stellen.*

Objektiv: *vergrößert das Objekt. Die Vergrößerung ist meistens seitlich eingraviert.*

Objekttisch: *Auflage für das Objekt. Das Objekt muss in den Lichtstrahl, über die Öffnung im Objekttisch gelegt werden.*

Blende: *reguliert die Helligkeit und den Kontrast des Bildes.*

Triebrad: *verändert den Abstand zwischen dem Objekttisch und dem Objektiv und stellt so das Bild scharf. Meistens sind ein Triebrad für die grobe und eins für die feine Einstellung vorhanden.*

Mikroskopleuchte: *durchleuchtet das Objekt.*

Stativ und Fuß: *Halterung für die Teile des Mikroskops. Am Stativ trägt man das Mikroskop beim Transport.*

01 Bau eines Lichtmikroskops

Damit das Objekt von Licht durchstrahlt wird, muss es dünn und durchsichtig sein. Aus dem gleichen Grund liegt es auf einer Glasplatte, dem ***Objektträger,*** *und wird oben von einem dünnen Glasplättchen abgedeckt, dem* ***Deckgläschen.*** *Das Bild des Objekts, das man durch das Okular sieht, ist seitenverkehrt und steht auf dem Kopf.*

Um zu berechnen, wie stark ein mikroskopisches Bild vergrößert ist, multipliziert man die Vergrößerung des Okulars mit der des Objektivs. Schulmikroskope vergrößern häufig mit einem 10-fachen Okular und einem 40-fachen Objektiv etwa 400-fach. Forschungsmikroskope erreichen eine 2000-fache Vergrößerung.

Bedienung des Lichtmikroskops

Um das Lichtmikroskop richtig nutzen zu können und um es dabei nicht zu beschädigen, muss man einige wichtige Regeln beachten:

1) ***Transport:*** *Trage das Mikroskop mit einer Hand am Stativ und mit der anderen unter dem Fuß.*

2) ***Vorbereitung:*** *Schließe die Stromversorgung an und schalte die Beleuchtung ein. Stelle durch Drehen am Objektivrevolver das Objektiv mit der geringsten Vergrößerung über die Öffnung im Objekttisch.*

3) ***Auflegen des Objektträgers:*** *Trockne die Unterseite des Objektträgers und lege ihn in den Lichtstrahl über die Öffnung im Objekttisch.*

4) ***Scharfstellen des Bildes:*** *Fahre mit dem Grobtrieb den Objekttisch möglichst nahe an das Objektiv heran. Kontrolliere dabei seitlich, dass das Objektiv den Objektträger nicht berührt. Schau dann durch das Okular und drehe gleichzeitig mit dem Feintrieb den Objekttisch so weit nach unten, bis du ein scharfes Bild siehst.*

5) ***Helligkeit und Kontrast:*** *Stelle mit der Blende die Helligkeit und den Kontrast so ein, dass möglichst viele Einzelheiten klar zu sehen sind.*

6) ***Suche geeignete Stellen:*** *Schau durch das Okular und verschiebe gleichzeitig den Objektträger, bis du einen geeigneten Bereich des Objekts gefunden hast. Berücksichtige dabei, dass das Bild seitenverkehrt ist und auf dem Kopf steht.*

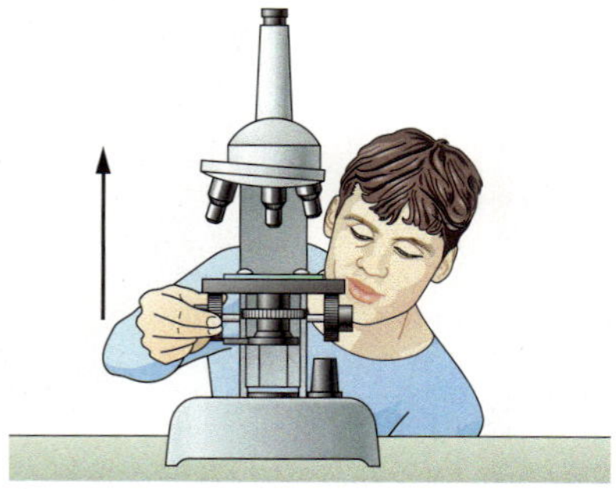

02 Herauffahren des Objekttisches

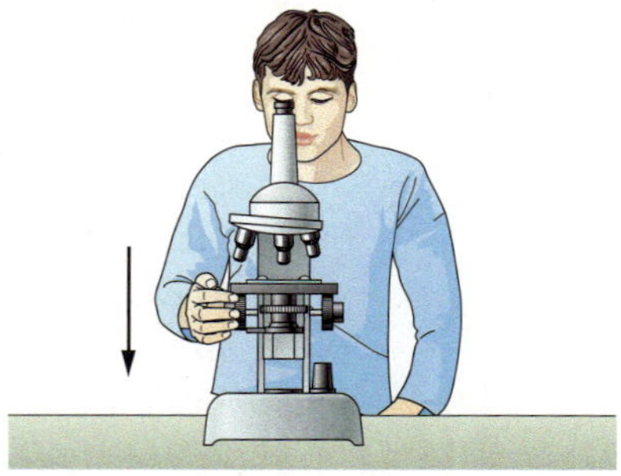

03 Scharfstellen des Bildes

Erstellung einer mikroskopischen Zeichnung

Eine mikroskopische Untersuchung lässt sich häufig durch eine beschriftete ***Zeichnung*** *besser sichern als durch eine Beschreibung. Für die Anfertigung von mikroskopischen Zeichnungen gelten folgende Regeln:*

1) *Verwende weißes, unliniertes Papier und zeichne möglichst groß, nutze mindestens eine halbe DIN-A4-Seite.*

2) *Zeichne nur mit Bleistift. Ziehe klare, durchgängige Linien.*

3) *Zeichne nur das, was du wirklich siehst und was dir wichtig erscheint.*

4) *Beschrifte die Zeichnung. Ziehe die Beschriftungsstriche mit dem Lineal. Achte dabei darauf, dass sie sich nicht kreuzen.*

5) *Gib oben auf der Seite an, welches Objekt dargestellt ist, die Vergrößerung, die Art der Vorbehandlung, zum Beispiel die Färbung, das Datum und deinen Namen!*

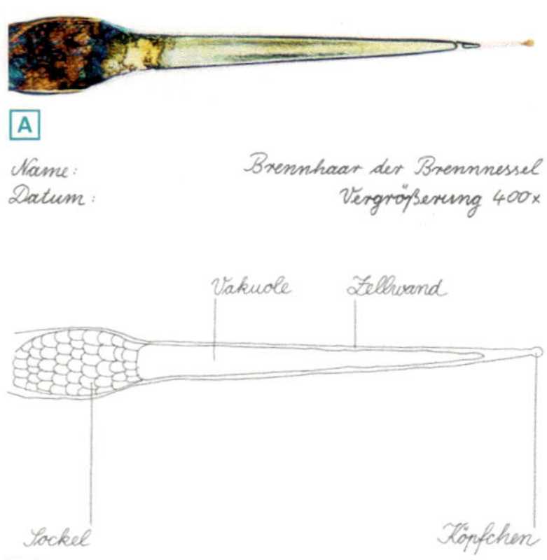

04 Brennhaar einer Brennnessel: **A** mikroskopisches Bild, **B** Zeichnung

01 Wasserpest:
A Spross,
B lichtmikroskopisches Bild einer Zelle aus dem Laubblatt der Wasserpest bei starker Vergrößerung

Pflanzen sind aus Zellen aufgebaut

Laubblätter enthalten Chlorophyll, das sie für die Fotosynthese benötigen. Durch diesen Blattfarbstoff erscheinen die Blätter grün. Gegenstände aus unserem Alltag sind auf unterschiedliche Weise farbig: Lackierte Holzmöbel sind von einer farbigen Schicht umgeben. Bei durchgefärbten Kerzen ist hingegen das gesamte Material farbig. Doch wo befindet sich der Farbstoff in den Blättern?

BLÄTTER BESTEHEN AUS ZELLEN · Betrachtet man Blätter einer Wasserpest unter dem Mikroskop, erkennt man *Zellen*. Sie haben ähnlich wie Mauersteine eine nahezu rechteckige Form und sind in versetzten Reihen angeordnet.

ZELLBESTANDTEILE · Eine genauere Betrachtung der Blattzellen zeigt, dass der grüne Farbstoff in kleinen kugel- bis linsenförmigen Körperchen vorliegt, den **Chloroplasten.** Chloroplasten stellen typische Bestandteile pflanzlicher Zellen dar, in denen mithilfe des Chlorophylls die Fotosynthese abläuft.
Zusätzlich zu den Chloroplasten lassen sich weitere *Zellbestandteile* erkennen. So weist jede Zelle eine relativ große, meistens kugelförmige, durchsichtige Struktur auf. Dies ist der **Zellkern,** der die Erbsubstanz enthält und die Prozesse in einer Zelle steuert.
Zellkern und Chloroplasten sind Beispiele dafür, dass Zellen unterschiedliche abgegrenzte Räume aufweisen, die bestimmte Funktionen erfüllen. Die Umrandung der einzelnen Zellen stellt einen weiteren Zellbestandteil pflanzlicher Zellen dar, die **Zellwand.** Diese enthält Fasern aus Zellulose und verleiht den pflanzlichen Zellen Stabilität. Weiterhin fällt auf, dass sich die Chloroplasten der Blattzellen überwiegend in den Randbereichen befinden, während der innere Bereich farblos und strukturlos erscheint. Diese Randlage der Chloroplasten ist darauf zurückzuführen, dass der größte Teil pflanzlicher Zellen von einem weiteren Zellbestandteil ausgefüllt wird, der **Vakuole.** Die Vakuole enthält den Zellsaft und dient der Speicherung, beispielsweise von giftigen Substanzen, Farbstoffen oder Duftstoffen.
Diese Vakuole ist in den Zellen der Wasserpest farblos. Eine Detailansicht der Zellrandbereiche zeigt, dass die Vakuole von einem dünnen

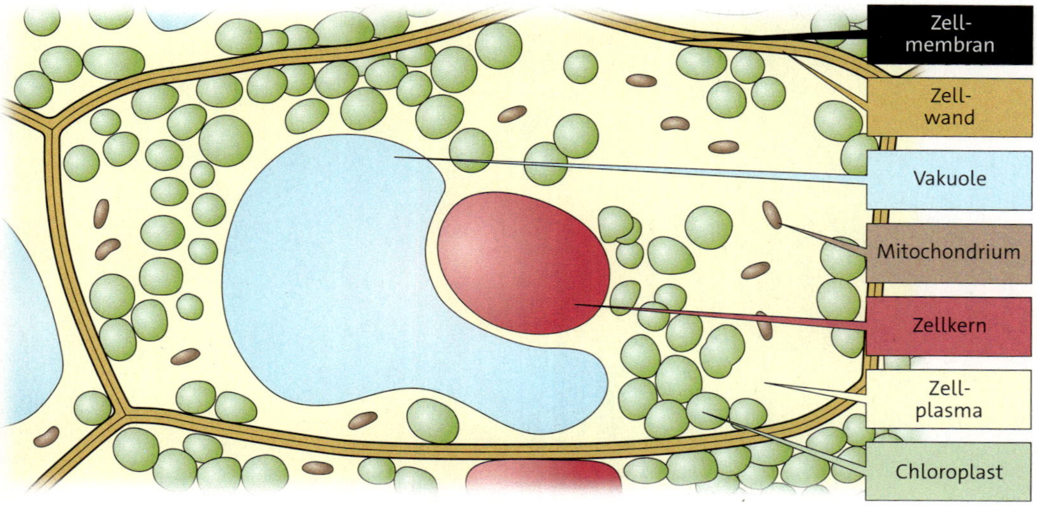

02 Schema des lichtmikroskopischen Bilds einer Pflanzenzelle

Häutchen umgeben ist. Dieses Häutchen nennt man **Vakuolenmembran.** Sie sorgt für die Abgrenzung zwischen dem Vakuoleninhalt und der Umgebung. Die Vakuole ist von einer Flüssigkeit umgeben, die die Grundsubstanz der Zelle darstellt und als **Zellplasma** bezeichnet wird. Im Zellplasma sind alle Zellbestandteile eingebettet. Zu ihnen gehören neben den Chloroplasten und dem Zellkern unter anderen die sehr kleinen **Mitochondrien**. Diese stellen der Zelle Energie für Lebensprozesse bereit. Man bezeichnet sie daher als „Kraftwerke der Zellen". Das Zellplasma ist nach außen von einer Membran umgeben, der **Zellmembran.** Sie liegt von innen der Zellwand an und ist daher im Lichtmikroskop nicht zu sehen. Alle Membranen in Zellen grenzen Räume voneinander ab. Sie sorgen aber auch für den Stoffaustausch zwischen diesen.
Der Blick durch das Lichtmikroskop zeigt stets nur eine Ebene innerhalb der Zellen scharf. Stellt man nacheinander auf verschiedene Ebenen scharf, sind teilweise unterschiedliche Zellbestandteile zu erkennen. Erst die Summe dieser Ebenen ermöglicht eine dreidimensionale Vorstellung des Aufbaus der Zellen.

1 Nenne die Funktionen der einzelnen pflanzlichen Zellbestandteile!

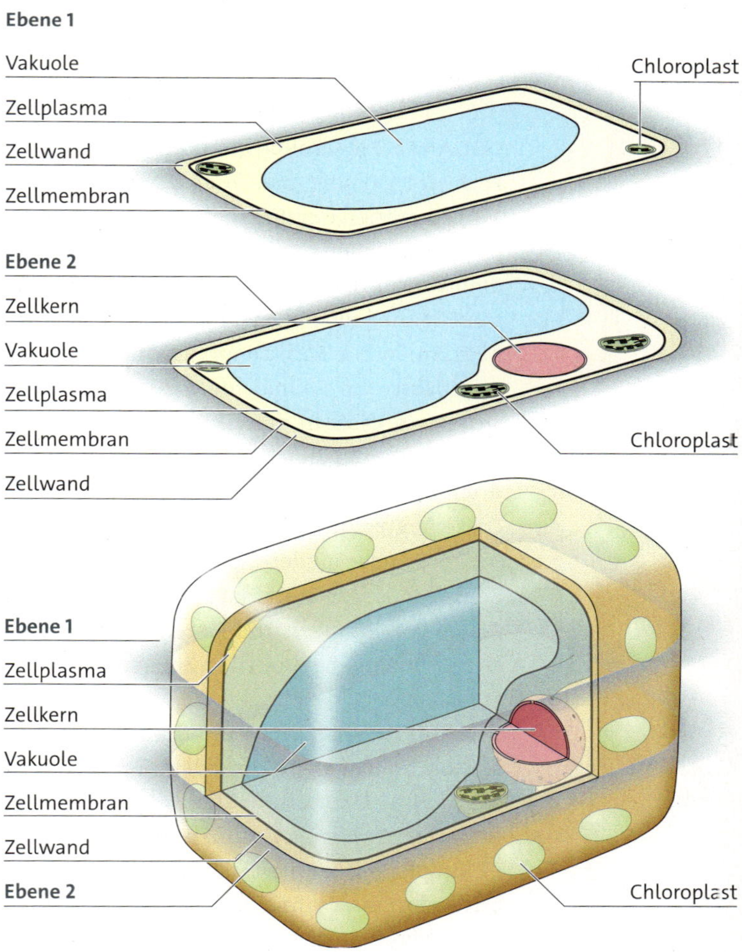

03 Zwei Ebenen einer Zelle und entsprechender dreidimensionaler Aufbau (Schema)

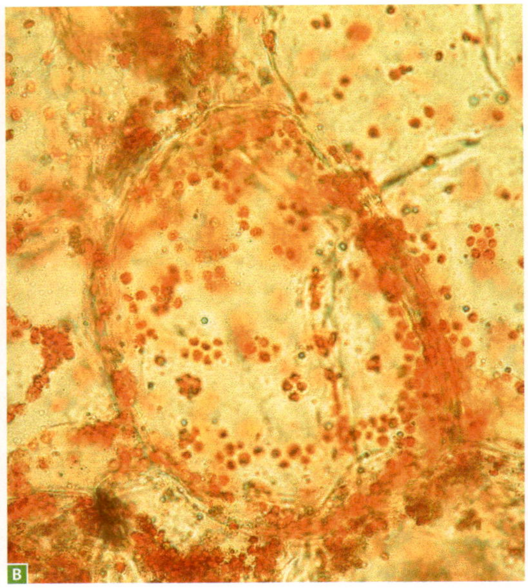

04 Zelltypen mit unterschiedlich ausgebildeten Zellbestandteilen: **A** Steinzellen der Nussschale, **B** Paprikazelle mit Chromoplast

ORGANELLEN · Zellbestandteile wie der Zellkern, die Vakuole, die Chloroplasten und die Mitochondrien mit ihrer besonderen Form und ihren speziellen Aufgaben fasst man unter dem Begriff *Organellen* zusammen. Die meisten Organellen sind von Biomembranen umhüllt. Sie sorgen dafür, dass sich die Stoffwechselprozesse im Zellplasma nicht gegenseitig stören. So kann in den Chloroplasten Zucker hergestellt und gleichzeitig in den Mitochondrien Zucker abgebaut werden.
Diese Abgrenzung der Organellen durch *Membranen,* insbesondere die Abgrenzung des Zellkerns, ist ein Merkmal der **eukaryotischen Zellen** von Pflanzen und Tieren. Bakterien besitzen keinen abgegrenzten Zellkern.

VIELFALT DER ZELLEN · Pflanzenteile können sich bezüglich ihrer Farbe oder ihrer Festigkeit sehr deutlich unterscheiden. So ist das Laubblatt der Wasserpest grün, da die Blattzellen Chloroplasten enthalten. Die rote Küchenzwiebel ist rot, da ihre Vakuolen in ihren Zellen mit rotem Blattfarbstoff gefüllt sind. Die gelb leuchtenden Blütenblätter einer Primel oder eine Paprika bestehen hingegen aus Zellen, die mit gelben Farbstoffen angereicherte Zellbestandteile haben, die *Chromoplasten.* Die erhöhte Festigkeit einer Nussschale ist wiederum auf stark verdickte Zellwände ihrer Zellen zurückzuführen, die zur Fruchtreife absterben. Durch die unterschiedliche Zusammensetzung und Ausbildung der Zellbestandteile entsteht somit eine große Vielfalt an Zellen.

Alle Teile einer Pflanze bestehen aus Zellen oder sind aus solchen hervorgegangen. Neben den Pflanzen, die aus vielen Zellen aufgebaut sind, gibt es auch Lebewesen, die aus nur einer Zelle bestehen, die Einzeller. Zellen sind somit die kleinsten eigenständig lebensfähigen Einheiten aller Lebewesen.

2 Fertige nach dem Vorbild der zweidimensionalen Zeichnung in Abbildung 03 eine Schemazeichnung einer grünen Pflanzenzelle an und beschrifte die Zellbestandteile!

3 Beschreibe den Vorteil, den die Membranen von Organellen der Zelle bieten!

METHODE

Herstellung eines mikroskopischen Präparats von Pflanzenzellen

Die Schuppenhaut einer Küchenzwiebel lässt sich leicht so vorbereiten, dass ihre Zellen unter dem Lichtmikroskop sichtbar werden. Man nennt solche Vorgänge ***Präparation.*** *Folgende Hilfsmittel sind dafür erforderlich:*

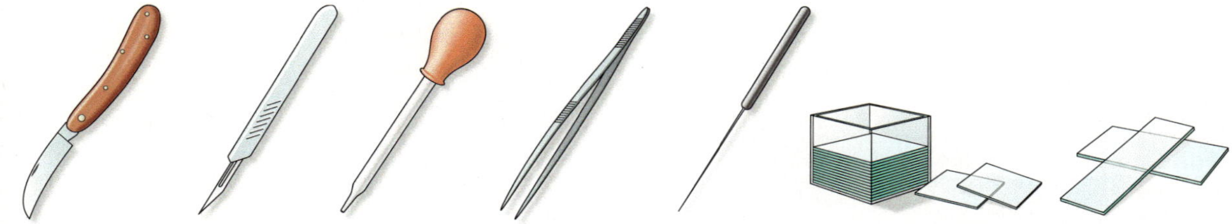

01 Hilfsmittel für die Anfertigung eines mikroskopischen Präparats der Zwiebelschuppenhaut

Um das Präparat herzustellen, arbeitet man in folgenden Schritten:

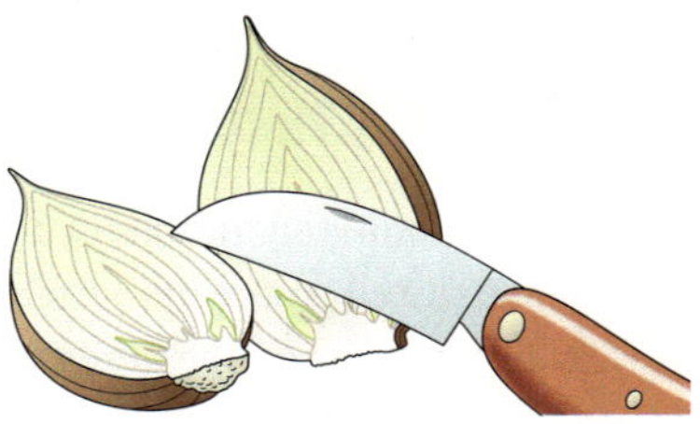

1) *Schneide mit dem Messer die Küchenzwiebel längs so durch, dass vier gleiche Teile entstehen. Löse eine Schuppe heraus.*

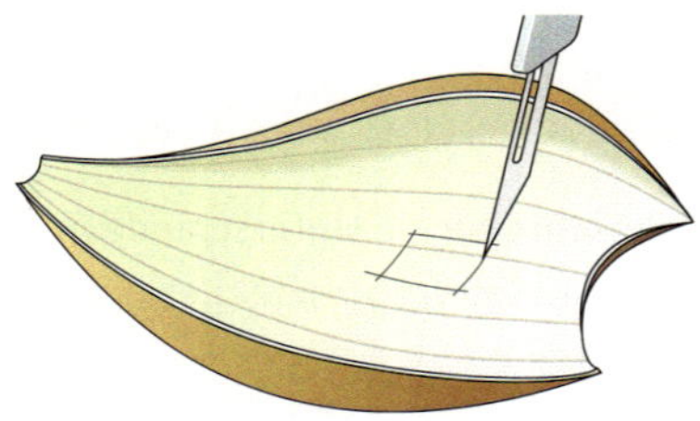

2) *Ritze mit dem Skalpell auf der hohlen Innenseite der Schuppe ein etwa 0,5 Zentimeter großes Quadrat in die dort liegende dünne Zwiebelschuppenhaut ein.*

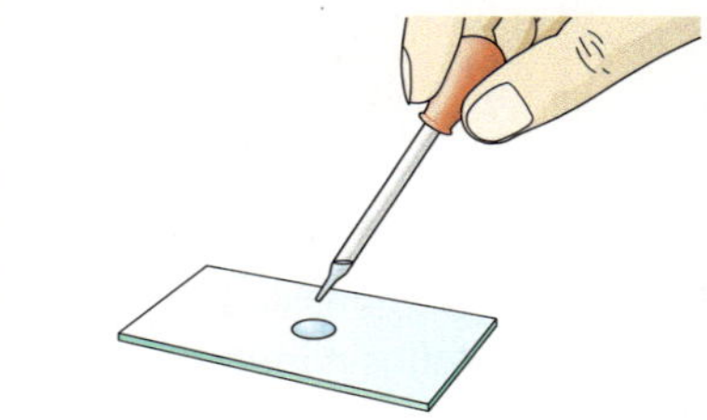

3) *Gib mit der Pipette zwei Tropfen Wasser auf einen sauberen Objektträger. Achte darauf, dass die Unterseite des Objektträgers trocken bleibt.*

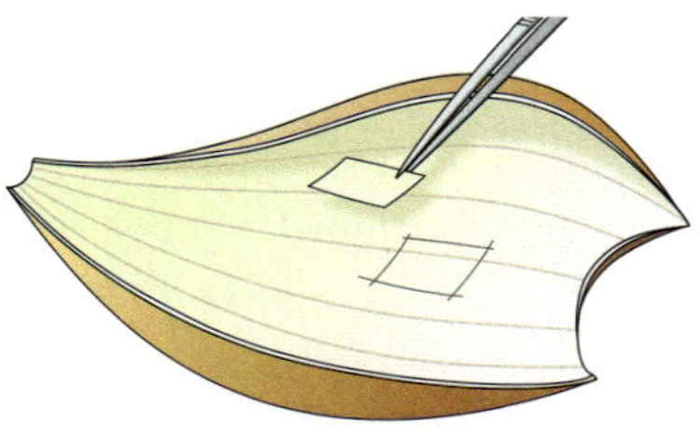

4) *Löse mit einer spitzen Pinzette das kleine Quadrat der Zwiebelschuppenhaut ab. Achte darauf, dass dabei keine Teile der Schuppe mit abgezogen werden.*

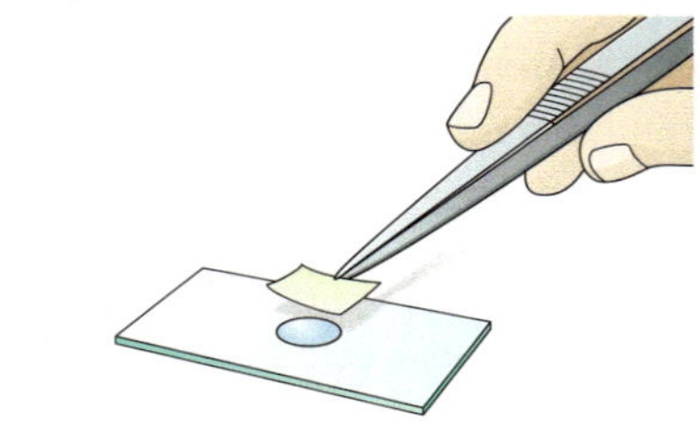

5) *Lege den Ausschnitt der dünnen Zwiebelschuppenhaut mit der Pinzette auf den Wassertropfen des Objektträgers.*

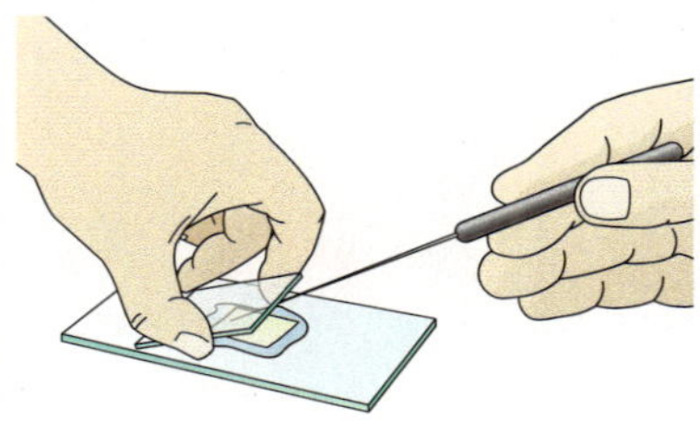

6) *Lege ein Deckglas mit einer Kante an den Rand des Wassertropfens und senke es mit einer Präpariernadel ab. So werden keine Luftblasen eingeschlossen.*

4 Führe die Präparation durch! Mikrospiere das Präparat und zeichne zwei Zellen!

Material A ▸ Jede Zelle ist anders

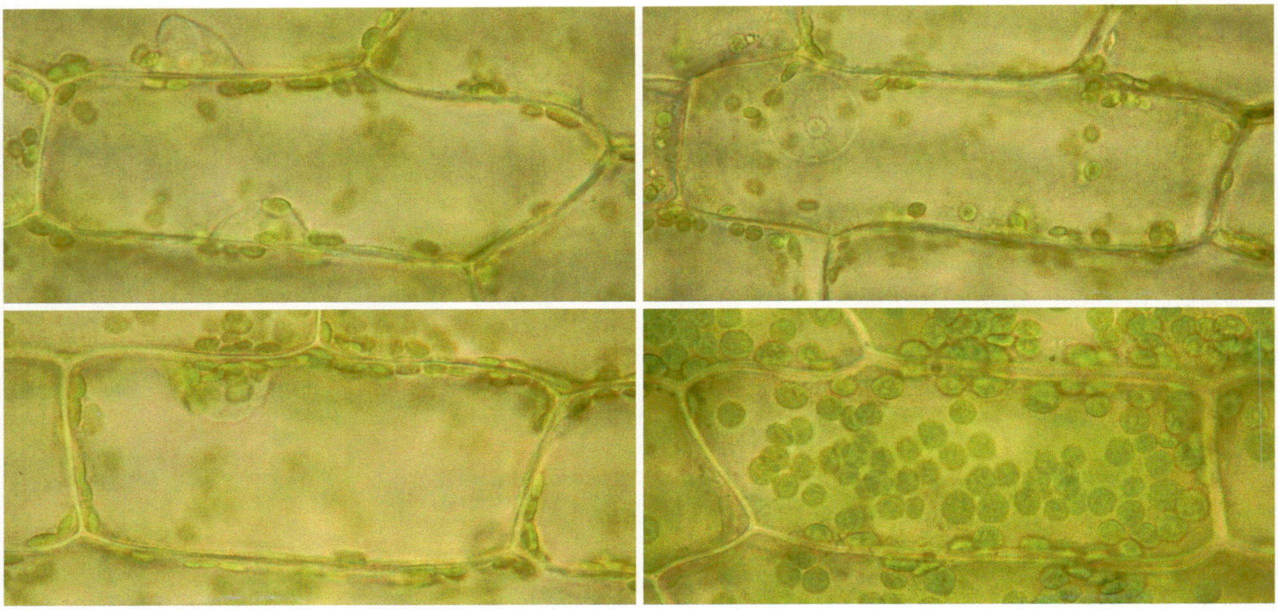

Jede Zelle hat eine einzigartige Gestalt und weist eine jeweils andere Anordnung der Zellbestandteile auf.

A1 Beschreibe die Unterschiede in der äußeren Form der gezeigten Zellen!

A2 Suche in den Abbildungen 1 bis 4 nach den Zellkernen der gezeigten Zellen und beschreibe deren Lage!

Hinweis: *Der Zellkern einer Zelle ist nicht in jeder Einstellung erkennbar.*

Material B ▸ Ein Zellmodell bauen

Trotz der unterschiedlichen Anordnung ihrer Zellbestandteile weisen alle grünen Pflanzenzellen einen ähnlichen Grundaufbau auf. Diesen Grundaufbau kann man besser verstehen, wenn man ein entsprechendes Modell baut.

B1 Notiere, aus welchen wesentlichen Bestandteilen eine pflanzliche Zelle aufgebaut ist!

B2 Suche geeignete Materialien aus, um die wesentlichen Bestandteile einer pflanzlichen Zelle modellhaft darzustellen! Lege eine entsprechende Tabelle an (linke Spalte: Zellbestandteile; rechte Spalte: Modellteile)!

B3 Füge die ausgewählten Teile zu einem Modell zusammen, sodass die Grundstruktur der Zelle deutlich wird!

B4 Vergleiche nun das entwickelte Modell mit Originalaufnahmen pflanzlicher Zellen! Erläutere, welche Eigenschaften pflanzlicher Zellen durch das Modell deutlich werden und welche nicht!

Material C ▸ Die Ebenen einer Pflanzenzelle

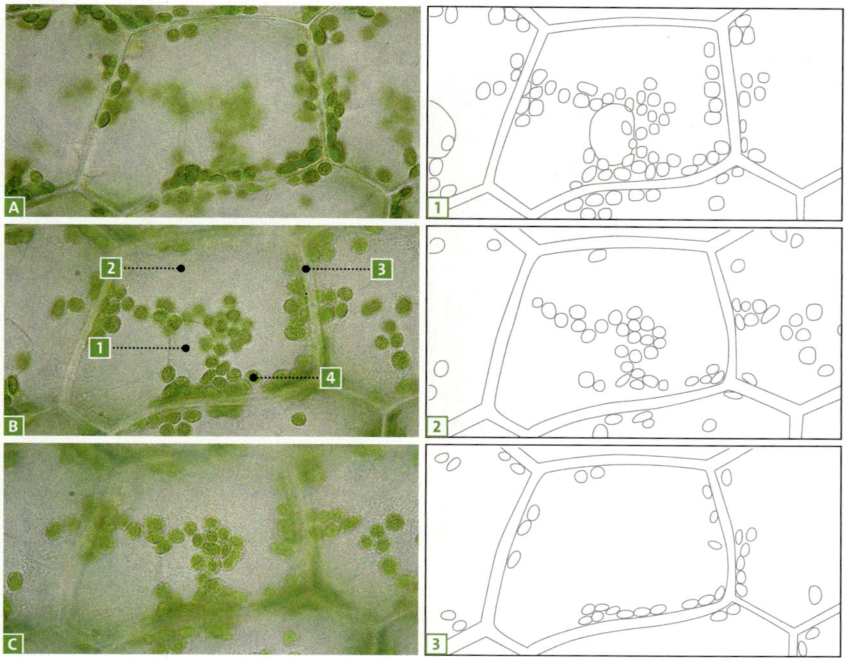

Das mikroskopische Bild einer Zelle zeigt jeweils nur eine Ebene des Zellinnern scharf. Durch vorsichtiges Drehen am Feintrieb kann man auf unterschiedliche Ebenen scharf stellen.

C1 Nenne zu den Ziffern 1 bis 4 in Foto B die entsprechenden Fachbegriffe!

C2 Die Zeichnungen 1 bis 3 gehören jeweils zu einem der Fotos A bis C und zeigen die jeweils scharf erkennbaren Strukturen. Ordne die Zeichnungen entsprechend zu und begründe deine Zuordnung!

Material D ▸ Eine Pflanze hat unterschiedliche Zellen

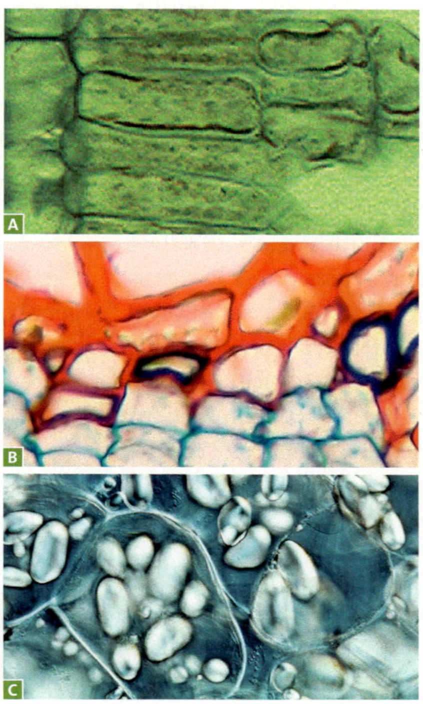

Eine Kartoffelpflanze besteht aus vielen unterschiedlichen Pflanzenteilen. Mikroskopiert man diese Pflanzenteile, entdeckt man ganz unterschiedliche Zellen.

D1 Vergleiche die Struktur der in den Abbildungen A bis C gezeigten Zellen! Beziehe dich hierbei vor allem auf die erkennbare Ausbildung der Zellbestandteile!

D2 Deute die Struktur der Zelltypen A bis C im Hinblick auf deren Funktion und nenne entsprechende Teile der Kartoffelpflanze, in denen diese Zellen vorkommen könnten!

01 Hainbuchenblatt mit Blattadern

Das Laubblatt – Ort der Fotosynthese

Laubblätter müssen als Orte der Fotosynthese verschiedene Aufgaben erfüllen: Sie ermöglichen einen Gasaustausch mit der umgebenden Luft und nutzen das Sonnenlicht, um Fotosynthese zu betreiben. Doch wie erfüllen Laubblätter diese so unterschiedlichen Aufgaben?

Gewebe: Ansammlung gleichartiger Zellen, die eine gemeinsame Aufgabe erfüllen

BLATTADERN · Betrachtet man das Laubblatt einer Hainbuche aus der Nähe, so erkennt man mit bloßem Auge, dass die grüne Blattfläche von verzweigten *Blattadern* durchzogen ist. Sie bilden ein Netzwerk von *Leitungsbahnen* und sorgen innerhalb des Blattes für eine Stoffverteilung. Das aus den Wurzeln ankommende Wasser kann so im ganzen Blatt verteilt werden. Während die Blattflächen zwischen den Blattadern Fotosynthese betreiben, erfüllen die Blattadern mit ihrer speziellen **Struktur** von Leitungsbahnen die **Funktion** eines Verteilungssystems. Innerhalb des Blattes besteht somit eine *Aufgabenteilung*.

griechisch epi = darauf

griechisch derma = Haut

SCHICHT FÜR SCHICHT · Mikroskopiert man den Querschnitt eines Hainbuchenlaubblattes, ist ein schichtartiger Aufbau zu erkennen. Die auffälligste Schicht ist durch lang gestreckte, chloroplastenreiche und dicht nebeneinander angeordnete Zellen gekennzeichnet. Solche Zellverbände heiße *Gewebe*. Aufgrund der palisadenartigen Anordnung der Zellen wird dieses Gewebe als Palisadenschicht oder **Palisadengewebe** bezeichnet. Durch die Ausrichtung der Zellen kann das Sonnenlicht, das senkrecht auf die Blattoberfläche trifft, tief in die Zellen eindringen. Hierdurch können auch die Chloroplasten der unteren Zellabschnitte noch Fotosynthese betreiben.

Zudem ist das Palisadengewebe nahezu lückenlos, sodass ein großer Teil des Lichts von dieser Schicht aufgenommen und für die Fotosynthese genutzt werden kann. Die Struktur des Palisadengewebes begünstigt somit eine hohe Fotosyntheserate. An das Palisadengewebe grenzt nach oben eine lückenlose Zellschicht aus chloroplastenfreien Zellen. Die Zellwände dieser Zellen sind leicht verdickt und bilden eine Schutzschicht des Blattes nach außen. Da diese Zellschicht eine Art Außenhaut darstellt, wird sie als **Epidermis** bezeichnet. Das Blatt weist an der Unterseite eine ähnliche Zellschicht auf, daher unterscheidet man zwischen unterer und **oberer Epidermis.** Insbesondere die obere

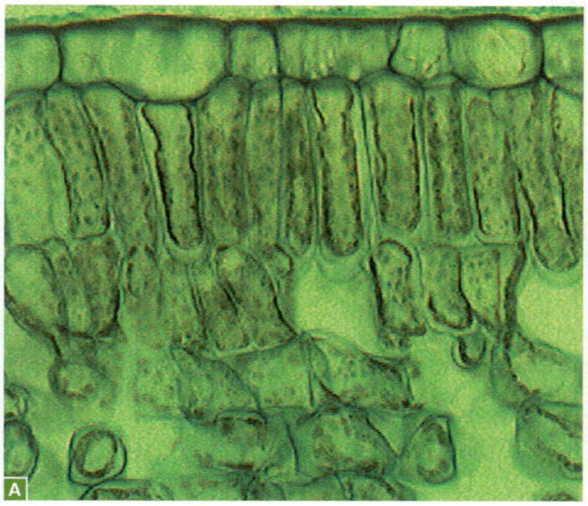

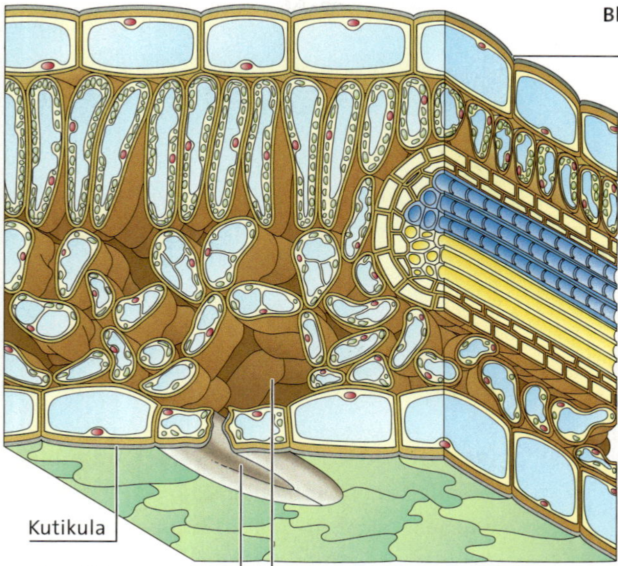

02 Aufbau eines Laubblattes: **A** mikroskopische Aufnahme, Querschnitt, **B** dreidimensionales Modell

Epidermis weist einen wachsartigen Überzug, die **Kutikula,** auf. Die Kutikula vermindert den Wasserverlust über die Blattoberfläche. Die Struktur der Epidermis mit Kutikula, verdickten Zellwänden und fehlenden Zellzwischenräumen begünstigt die Schutzfunktion.

Die **untere Epidermis** weist regelmäßige Öffnungen auf, die **Spaltöffnungen.** Durch diese Öffnungen kann ein Gasaustausch des Blattes mit der umgebenden Luft erfolgen.

An die Unterseite der Palisadenschicht grenzt eine Gewebeschicht aus rundlich ovalen Zellen mit wenigen Chloroplasten. Zwischen den Zellen sind große, luftgefüllte Zellzwischenräume. Aufgrund dieses lockeren Aufbaus wird diese Schicht als **Schwammgewebe** bezeichnet. Die miteinander verbundenen Zellzwischenräume stellen ein Luftverteilungssystem dar, das mit den Spaltöffnungen verbunden ist.

BASISKONZEPT

Struktur und Funktion

Die Gewebe eines Laubblattes zeigen deutliche Unterschiede im Aufbau und in der Anordnung ihrer Zellen. Während das Schwammgewebe viele Zellzwischenräume aufweist, fehlen diese im Palisadengewebe. Diese Unterschiede werden durch die jeweilige Funktion der Gewebe verständlich: Die Zellzwischenräume in der Schwammschicht ermöglichen einen effektiven Gasaustausch. Entsprechende Zellzwischenräume in der Palisadenschicht würden hingegen deren Fotosynthesefunktion beeinträchtigen, da mehr Licht diese Schicht ungenutzt passieren könnte. Diesen Zusammenhang zwischen Strukturen und ihren Funktionen findet man auch bei anderen Merkmalen. Im Gegensatz zum Palisadengewebe weisen die Zellen des Schwammgewebes eine geringe Chloroplastendichte auf. Da im Schwammgewebe nur noch wenig Licht ankommt, genügt diese geringe Chloroplastendichte, um das restliche Licht für Fotosynthese zu nutzen. Zugleich wird kein Zellmaterial für den Aufbau weiterer Chloroplasten verschwendet. Diesen generellen Zusammenhang zwischen Strukturen und ihren Funktionen bezeichnet man als ***Basiskonzept Struktur und Funktion.***

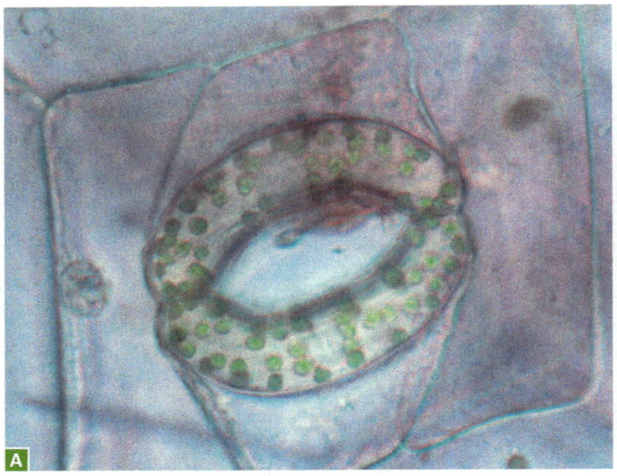

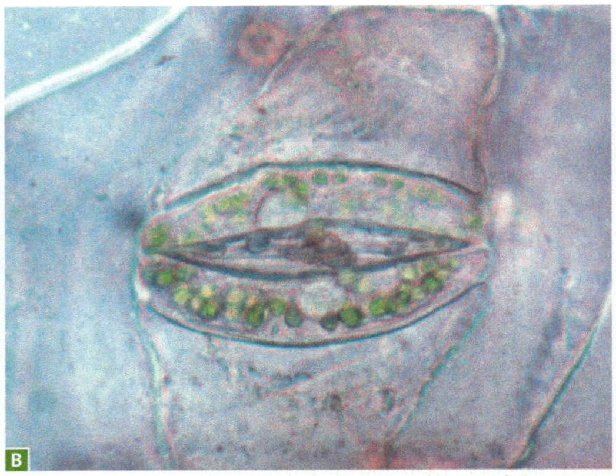

03 Spaltöffnungen:
A im geöffneten Zustand,
B im geschlossenen Zustand

SPALTÖFFNUNGEN · Die Versorgung eines Laubblattes mit Kohlenstoffdioxid für die Fotosynthese sichern Spaltöffnungen über den Gasaustausch mit der Umgebungsluft. Gleichzeitig entweicht durch diese Spaltöffnungen auch Wasserdampf, da die Luft in den Zellzwischenräumen des Schwammgewebes eine hohe Luftfeuchtigkeit aufweist. Diese Wasserdampfabgabe bezeichnet man als **Transpiration.** Sie sorgt dafür, dass neues Wasser in die Blätter nachströmen kann. Hierdurch wird ein Wasserstrom von der Wurzel bis zu den Blättern ermöglicht, mit dem die im Bodenwasser gelösten Mineralstoffe durch die Pflanze bis zu den Blättern transportiert werden. Somit erfüllen die Spaltöffnungen sowohl die Funktion des Gasaustauschs als auch die der Transpiration. Die Wasserabgabe über Spaltöffnungen würde jedoch bei Wassermangel zum Verwelken der Pflanze führen. Dieses Problem wird gelöst, indem sich Spaltöffnungen schließen können.

Spaltöffnungen entstehen jeweils zwischen zwei speziellen Zellen, den **Schließzellen.** Diese Schließzellen sind länglich und nur an ihren Enden miteinander verbunden, sodass zwischen ihnen ein Spalt besteht. Zudem sind die Zellwände der Schließzellen, die direkt an den Spalt grenzen, deutlich verdickt. Die gegenüberliegenden Zellwände sind hingegen dünn. Bei guter Wasserversorgung der Pflanze sind die Schließzellen prall mit Wasser gefüllt und ihre dünnen Zellwände wölben sich nach außen. Hierdurch sind die Zellen leicht bohnenförmig gekrümmt, sodass der Spalt zwischen den Schließzellen geöffnet ist. Nimmt der Wassergehalt in den Zellen bei Wassermangel ab, gehen die Schließzellen wieder in eine gerade Form über, sodass sich der Spalt schließt. Abhängig vom Wassergehalt der Schließzellen sind die Spaltöffnungen also geschlossen oder geöffnet.

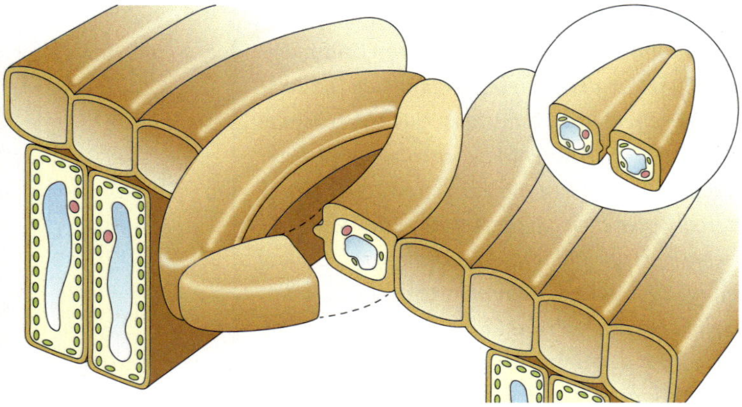

04 Modell einer Spaltöffnung mit Schließzellen (Schema)

1 Notiere in einer Tabelle die Gewebeschichten eines Hainbuchenlaubblattes und gib deren Funktionen an!

2 Erläutere die Funktionsweise der Schließzellen mithilfe des Basiskonzepts Struktur und Funktion!

Material A ▸ Nachweise zum Ort der Transpiration

Dass Pflanzen Wasser an ihre Außenluft abgeben, lässt sich leicht nachweisen: Man stülpt eine Plastiktüte über die oberirdischen Pflanzenteile und verschließt sie eng um den Stängel. Meist kann man schon am nächsten Tag kondensierte Wassertropfen an der Innenseite der Plastiktüte erkennen. Die Frage, über welche Pflanzenteile diese Wasserabgabe erfolgt, lässt sich experimentell ermitteln. Hierzu werden sechs Reagenzgläser mit einer jeweils gleichen Wassermenge befüllt und der Wasserstand mit einem Folienstift markiert. In drei der Reagenzgläser werden Pflanzenstängel ohne Blätter gestellt, während die drei weiteren Reagenzgläser mit beblätterten Pflanzenstängeln bestückt werden. Abschließend wird die Wasseroberfläche mit einer dünnen Schicht Öl bedeckt. Nach zwei Tagen wird der Wasserstand aller drei Reagenzgläser wieder abgelesen.

A1 Formuliere die Vermutung, die mit dem dargestellten Versuch überprüft werden kann!

A2 Erkläre, warum es sinnvoll ist, pro Versuchsansatz drei Reagenzgläser anzusetzen!

A3 Erläutere, warum in die Reagenzgläser eine dünne Schicht Öl gegeben wird!

A4 Beschreibe und deute das in der Versuchsskizze dargestellte Versuchsergebnis!

A5 Entwirf einen Versuchsaufbau, mit dem nachgewiesen werden kann, über welche Blattseite die Wasserdampfabgabe erfolgt! Hierfür stehen dir die Materialien des vorangegangenen Versuchsaufbaus und zusätzlich Tesafilm, Vaseline, Watte und Papier zur Verfügung.

Hinweise: *Es müssen nicht alle Materialien verwendet werden!*

A6 Formuliere eine begründete Vorhersage für das Ergebnis des von dir geplanten Versuchs!

METHODE

Eine Mind-Map erstellen

Um sich einen Überblick über ein Themengebiet zu verschaffen, kann man wesentliche Begriffe notieren. Eine solche Liste von Begriffen verdeutlicht jedoch noch nicht, welche Begriffe eine übergeordnete Bedeutung haben und dabei helfen können, das Themengebiet zu strukturieren. Dies wird möglich, wenn man die gesammelten Begriffe in Form einer Mind-Map ordnet. Hierbei ist es hilfreich, schrittweise nach der folgenden Anleitung vorzugehen:

1. Schritt: Begriffe sammeln
Zunächst werden zu einem Thema Begriffe gesammelt und notiert.

Palisadengewebe, Epidermis, Schwammgewebe, Kutikula, Fotosynthese, Transpiration, Chlorophyll

2. Schritt: Oberbegriffe finden
Um diese gesammelten Begriffe strukturieren zu können, benötigt man Oberbegriffe, denen die anderen Begriffe zugeordnet werden können. Manchmal bietet die Sammlung bereits solche Oberbegriffe. Meistens müssen sie jedoch erst gefunden werden. Dieses Festlegen von Oberbegriffen ist entscheidend für die Struktur einer Mind-Map.

Fotosynthese Transpiration Blattaufbau

3. Schritt: Hauptäste der Mind-Map entwerfen
Ausgehend von dem Begriff, der das gewählte Thema bezeichnet, können nun mithilfe der Oberbegriffe erste Abzweigungen vom Zentrum der Mind-Map entworfen werden.

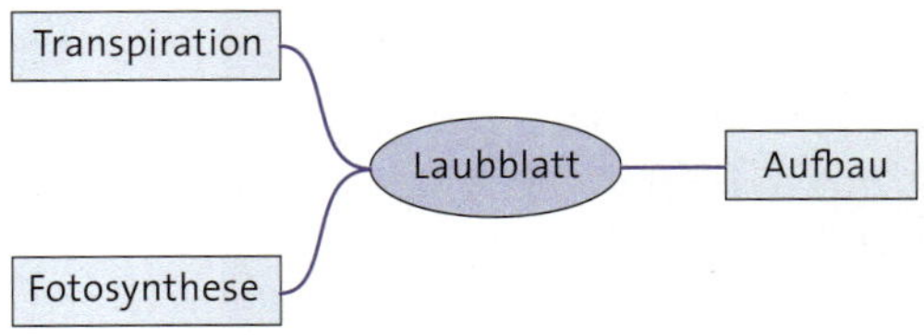

02 Einfache Mapstruktur mit drei Ästen

4. Schritt: Weitere Begriffe einordnen
Diese Grundstruktur kann nun genutzt werden, um weitere Begriffe einzuordnen, die dann zum Beispiel eine weitere Verzweigung der Oberbegriffe bilden. Somit werden die Teilthemen, die durch die Oberbegriffe benannt werden, durch immer mehr Details ergänzt.

5. Schritt: Verbindungen zwischen den Hauptästen markieren
Obwohl die Hauptäste unterschiedliche Teilthemen darstellen, bestehen teilweise Zusammenhänge zwischen den unterschiedlichen Ästen. Diese Verbindungen können zum Beispiel durch Doppelpfeile, Kreise oder andere Symbole verdeutlicht werden.

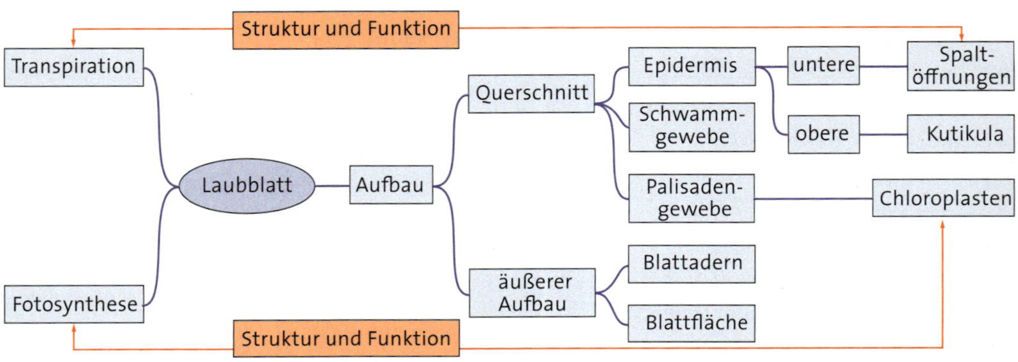

01 Komplexe Mapstruktur mit Verknüpfungen

METHODE

Eine Concept-Map erstellen

Eine Mind-Map ordnet die Begriffe eines Themengebiets hierarchisch, stellt jedoch nicht genauer dar, wie die Begriffe miteinander verknüpft sind. Diese Verknüpfung zwischen den Begriffen eines Themengebiets wird durch eine Concept-Map verdeutlicht. Die Grundeinheit einer Concept-Map besteht somit aus folgender Abfolge: Begriff – Verknüpfung – Begriff.

Der Zusammenhang, dass eine Concept-Map aus Begriffen besteht, kann so dargestellt werden:

Da eine Concept-Map nicht nur aus Begriffen, sondern auch aus Verknüpfungen besteht, kann die Darstellung wie folgt erweitert werden:

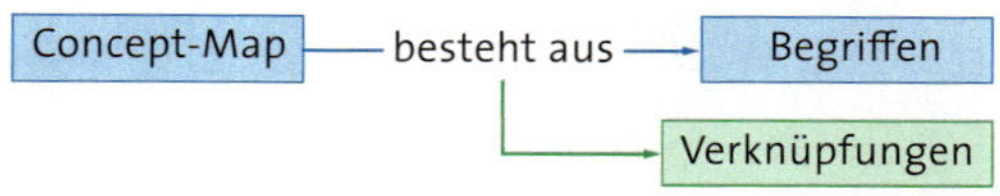

Da es sich bei den Verknüpfungen um Verknüpfungen der Begriffe handelt, kann dies ebenfalls ergänzt werden:

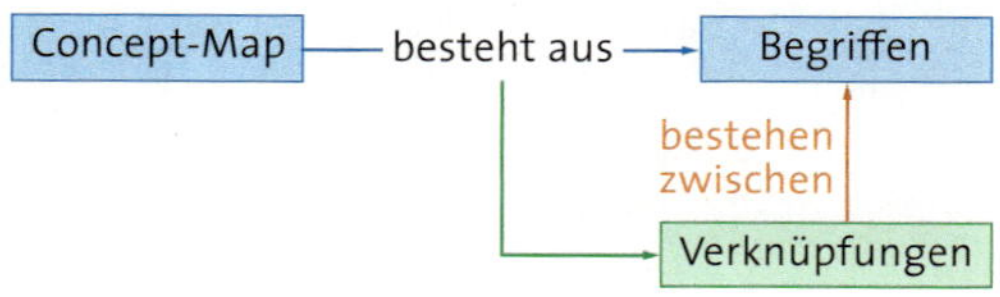

Bei der Erstellung einer Concept-Map ist es sinnvoll, eine bestimmte Abfolge der Schritte einzuhalten. Zunächst sollten Begriffe zu dem ausgewählten Thema gesammelt werden. Aus dieser Sammlung kann dann ein zentraler Begriff als Ausgangspunkt der Concept-Map ausgewählt werden (orange). Ausgehend von diesem zentralen Begriff kann ein erster Ast aus einem weiteren Begriff und einer entsprechenden Verknüpfung entwickelt werden. Nach diesem Muster können dann weitere Äste ergänzt werden (grün). Abschließend können Verknüpfungen zwischen einzelnen Ästen vorgenommen werden.

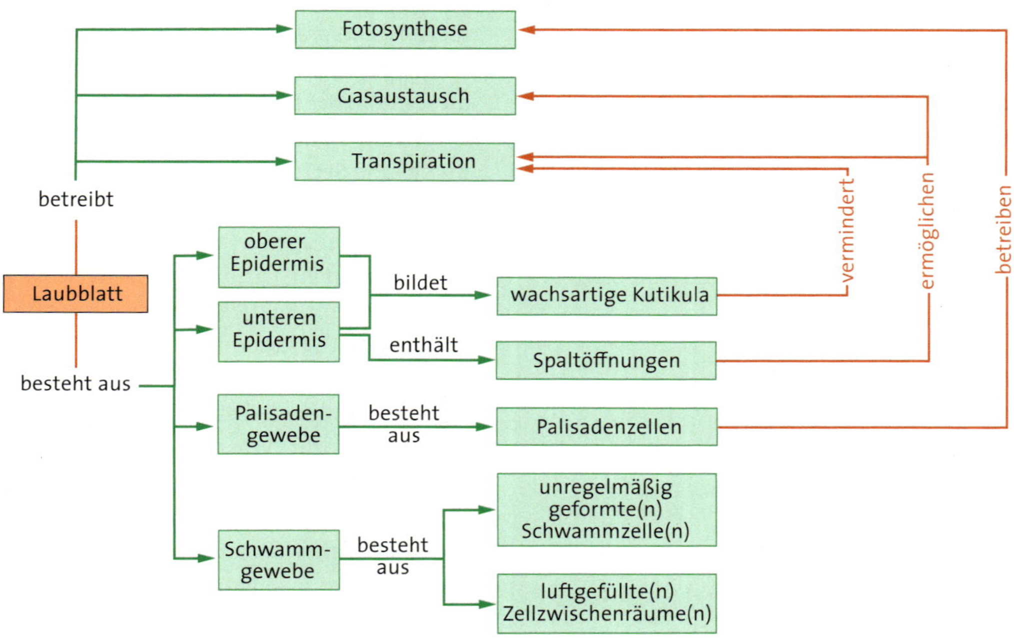

01 Apfelbaum mit reifen Äpfeln

Pflanzen ernähren sich selbst

In jedem Sommer reifen an Apfelbäumen neue saftige Äpfel. Viele Tiere und auch wir Menschen nutzen die zuckerhaltigen Äpfel als Nahrung. Wie gelingt es den Bäumen, diesen Zucker zu bilden?

Glukose = Traubenzucker

PFLANZEN BILDEN GLUKOSE · Pflanzen wie der Apfelbaum bilden im Sommer Früchte. Durch die Bildung der Äpfel erhöht sich die Masse des Baumes. Die Masse, die in Lebewesen gebunden ist, nennt man **Biomasse.** Zur Biomasse einer Pflanze gehören neben den Früchten auch Wurzeln, Stängel und Laubblätter.

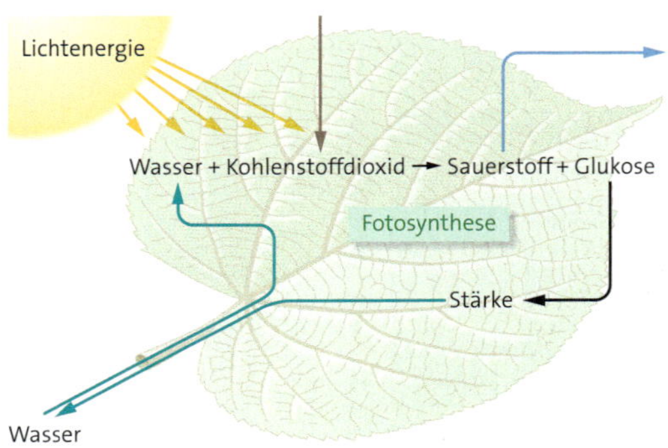

griechisch phos = Licht

griechisch synthesis = Aufbau

02 Wortgleichung der Fotosynthese

Nicht nur zur Apfelernte, sondern auch über die Jahre hinweg lässt sich eine Zunahme der Biomasse beobachten. Die Biomasse enthält viel Wasser. Entzieht man ihr das Wasser, erhält man die *Trockenmasse*. Auch die Trockenmasse einer Pflanze nimmt Jahr für Jahr zu. Woher kommt diese zusätzliche Masse?

Die Massenzunahme ließe sich beispielsweise durch eine Stoffaufnahme aus der Erde erklären. Überprüft man die Trockenmasse der Erde in einem Pflanzgefäß, zeigt sich auch nach längerer Zeit nur ein geringer Massenverlust. Hieraus kann man schließen, dass die Stoffe, die zur erhöhten Trockenmasse führen, aus der Luft stammen. Und tatsächlich nehmen Pflanzen viel Kohlenstoffdioxid aus der Luft auf. Zusammen mit Wasser bilden sie daraus Glukose. Pflanzen sind also in der Lage, Kohlenstoffdioxid und Wasser in Glukose umzuwandeln. Dabei entsteht zudem Sauerstoff. Diesen Prozess nennt man **Fotosynthese.** Mithilfe der Glukose können Pflanzen wie der Apfelbaum wachsen und Früchte bilden.

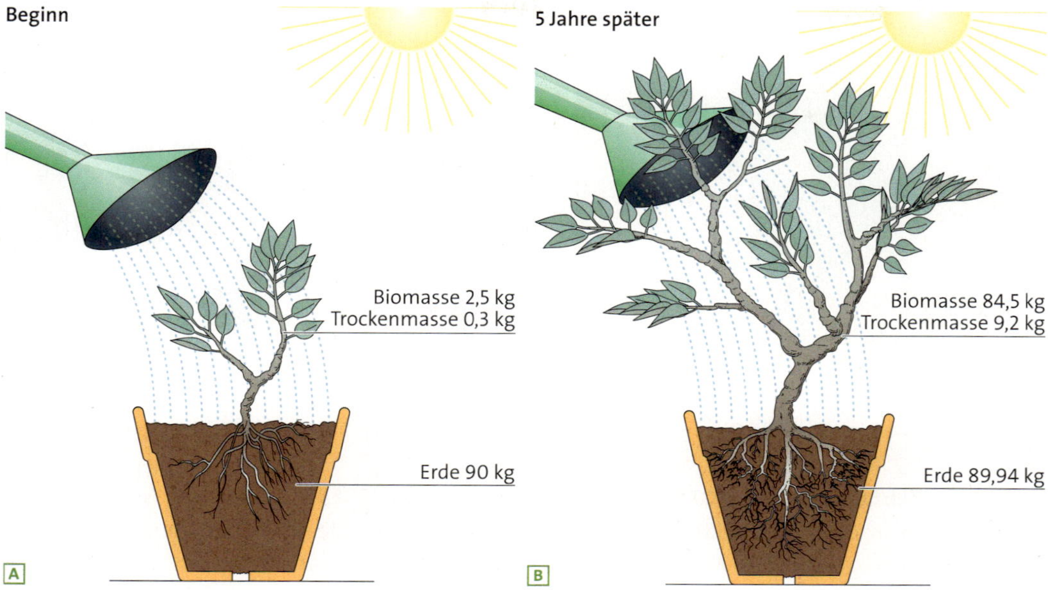

03 Biomasse und Trockenmasse eines Apfelbaums:
A zu Beginn der Beobachtung,
B nach fünf Jahren

PFLANZEN NUTZEN LICHT · Glukose ist ein sehr energiereicher Stoff. Um diesen Stoff aus den energiearmen Stoffen Wasser und Kohlenstoffdioxid bilden zu können, müssen Pflanzen Energie in Form von Sonnenlicht aufnehmen. Diese Sonnenenergie wandeln sie mithilfe von Chlorophyll in die *chemische Energie* der Glukose um. Aus Glukose können die Pflanzen den Speicherstoff Stärke bilden.
In abgedunkelten Laubblattteilen lässt sich keine Stärke nachweisen. Für die Fotosynthese benötigen Pflanzen demnach Sonnenenergie. Neben der Stoffumwandlung findet also auch eine Energieumwandlung statt. Pflanzen bilden durch Fotosynthese die energiereiche Glukose. Diese benötigen sie zum Wachsen oder für andere Lebensprozesse sowie zur Herstellung weiterer Stoffe. Diese Art der Ernährung nennt man **autotroph.**

griechisch autotroph = sich selbst ernährend

1 Erstelle eine Concept-Map zur Fotosynthese! Nutze Seite 27 und verwende auch die Begriffe Stoff- und Energieumwandlung!

2 Pflanzen leben von Luft und Licht. Erläutere diese Aussage!

Stärke = Vielfachzucker aus Hunderten Traubenzuckerbausteinen

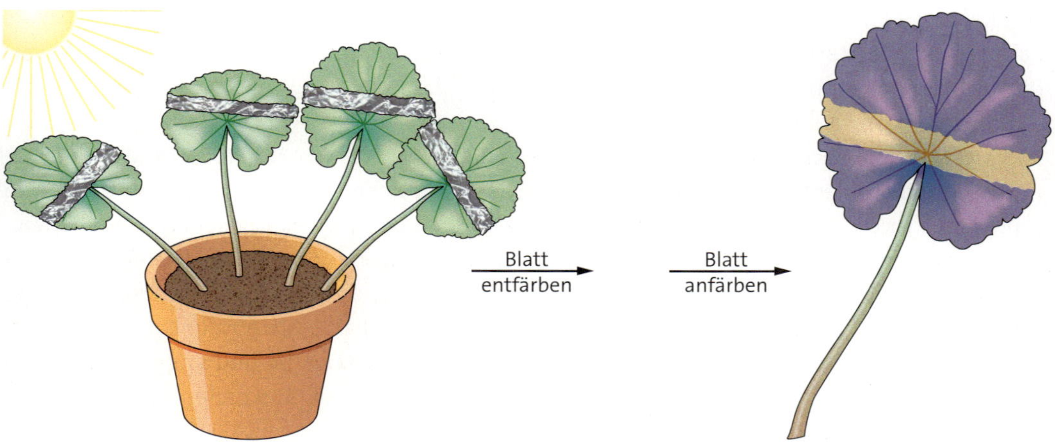

04 Stärkenachweis in belichteten und abgedunkelten Laubblattteilen

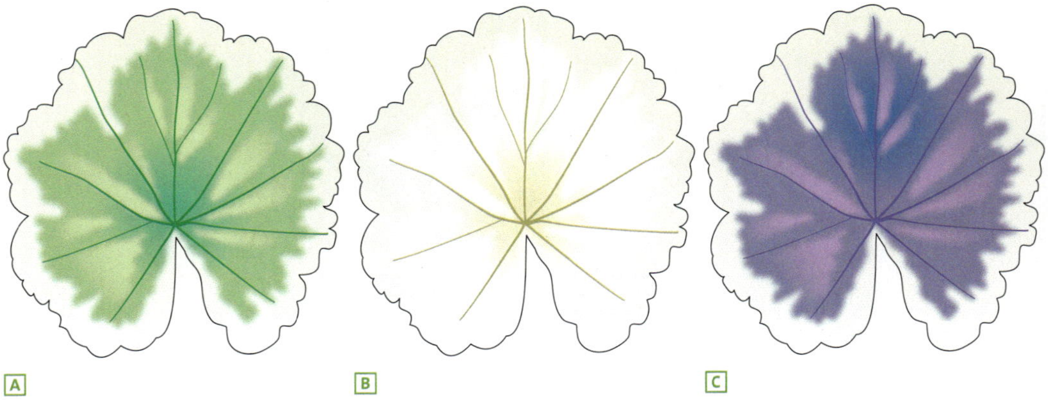

05 Stärkenachweis in panaschierten Laubblättern: **A** natürliches Blatt, **B** entfärbtes Blatt, **C** Stärke gefärbt

griechisch chloros = grün

griechisch phyllon = das Blatt

CHLOROPHYLL ERMÖGLICHT FOTOSYNTHESE · Es gibt Pflanzen, deren Laubblätter grüne und weiße Bereiche aufweisen. Man bezeichnet sie als *panaschiert*. Führt man mit diesen Laubblättern nach Belichtung einen Stärketest durch, zeigen nur die grünen Bereiche einen positiven Stärkenachweis. In den weißen Bereichen liegt keine Stärke vor. Dort findet also keine Fotosynthese statt. Die Fotosynthese ist demzufolge abhängig von dem grünen Blattfarbstoff, dem *Chlorophyll*. Es ermöglicht den Pflanzen die Aufnahme von Sonnenenergie. Alle grünen Pflanzenteile sind also in der Lage, Fotosynthese zu betreiben. Hauptorte der Fotosynthese sind jedoch meist die Laubblätter.

ROTE LAUBBLÄTTER · In Parks und Gärten sieht man oft Bäume oder Sträucher mit dunkelroten Laubblättern wie die Blutbuche oder die Bluthasel. Gewinnt man den Pflanzensaft aus diesen roten Laubblättern und trennt die Farbstoffe voneinander, dann findet sich neben dem roten Farbstoff auch hier das Chlorophyll. Die rote Färbung der Blutbuchenlaubblätter kommt also dadurch zustande, dass das Chlorophyll durch einen roten Farbstoff überdeckt wird. Auch Blutbuchen können mithilfe des Chlorophylls Fotosynthese betreiben. Der rote Farbstoff schützt die Laubblätter vor zu starker Sonneneinstrahlung.

FOTOSYNTHESERATE · Aus der Wortgleichung der Fotosynthese kann man ableiten, dass der Apfelbaum, wie alle Pflanzen, zum Wachsen Wasser, Licht und Kohlenstoffdioxid benötigt. Diese Faktoren beeinflussen die *Fotosynthese*. Wenn viel Glukose und Sauerstoff gebildet wird, spricht man von einer hohen **Fotosyntheserate.** Ohne Licht kann die Pflanze zum Beispiel keine Fotosynthese betreiben. Die Fotosyntheserate ist daher null. Auch der Gehalt an Kohlenstoffdioxid in der Luft beeinflusst die Fotosyntheserate. Um die Fotosyntheserate zu erhöhen, wird in Gewächshäusern dieses Gas oft zusätzlich eingeblasen. Wie die Keimung und das Austreiben der Blätter ist auch die Fotosynthese von der Temperatur abhängig. Bei zu hohen oder zu niedrigen Temperaturen läuft die Fotosynthese nur langsam oder gar nicht ab. Die optimale Temperatur ist für jede Pflanzenart verschieden.

HERSTELLUNG KÖRPEREIGENER STOFFE · Die energiereiche Glukose dient den Pflanzen in erster Linie zur Deckung des eigenen Energiebedarfs. Meistens produziert die Pflanze mehr Glukose, als sie benötigt. Die überschüssige Glukose wird als Baustein zur Umwandlung in Stärke, Fette, Eiweiße und andere organische Stoffe verwendet, aus denen die Pflanze besteht.

Material A ▸ Fotosynthese und Licht

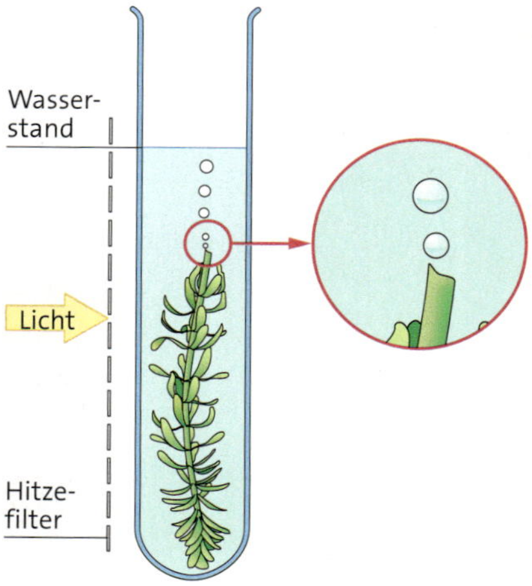

Becher-glas	Lichtstärke in Lux	Sauerstoff-bläschen pro Minute
1	200	0
2	1 000	0
3	4 000	4
4	8 000	8
5	16 000	12
6	24 000	13
7	32 000	13

Um den Einfluss unterschiedlicher Lichtstärken auf die Fotosyntheseleistung zu überprüfen, wird ein Stängelabschnitt der Wasserpest in ein mit Leitungswasser gefülltes Becherglas gesetzt. Dabei zeigt die Schnittfläche des Stängels nach oben. Dann wird das Becherglas schrittweise immer stärker belichtet. Zwischen Lampe und Becherglas befindet sich ein Hitzefilter.

Zur Erfassung der Fotosyntheseleistung dient der aus dem Stängel aufsteigende Sauerstoff. Die Anzahl der pro Minute gezählten Bläschen ist in der Tabelle angegeben.

A1 Notiere in Form einer Tabelle, welche Variablen des Versuchs die Testgröße, die Messgröße sowie eine mögliche Störgröße darstellen!

A2 Erkläre, weshalb die aufsteigenden Gasbläschen eine Messung der Fotosyntheseleistung ermöglichen!

A3 Erstelle ein Liniendiagramm aus den Werten in der Tabelle!

A4 Teile den Linienverlauf durch senkrechte Linien in sinnvolle Abschnitte ein! Beschreibe jeden Abschnitt in Stichworten!

A5 Deute jeden Abschnitt des Liniendiagramms! Fasse deine Schlussfolgerungen in Form von Je-desto-Sätzen zusammen!

A6 Erkläre, weshalb für jede Lichtintensität immer der gleiche Stängel genutzt wird!

A7 Die aufsteigenden Luftblasen aus dem Stängel variieren in ihrer Größe, sodass hierdurch eine Messungenauigkeit entsteht. Diskutiert, wie eine genauere Messung erfolgen könnte!

Material B ▸ Fotosynthese und Kohlenstoffdioxid

Um den Einfluss von Kohlenstoffdioxid auf die Fotosyntheseleistung zu überprüfen, wird ein Stängelabschnitt der Wasserpest in ein Becherglas mit abgekochtem Wasser gesetzt und belichtet. Dabei zeigt die Schnittfläche des Stängels nach oben.
Abgekochtes Wasser ist nahezu kohlenstoffdioxidfrei. Danach wird das Wasser erst zur Hälfte und dann vollständig durch kohlenstoffdioxidreiches Wasser ersetzt.
Für jeden Versuchsschritt wird die Anzahl der Sauerstoffbläschen pro Minute bestimmt.

B1 Triff Vorhersagen über die zu erwartenden Versuchsergebnisse der drei Versuchsschritte! Begründe deine Vorhersagen!

B2 Über die drei Versuchsschritte muss das Becherglas konstant belichtet werden. Erkläre!

B3 Erkläre, weshalb Pflanzen in Gewächshäusern häufig mit Kohlenstoffdioxid begast werden!

B4 Beurteile die folgenden Aussagen zu langfristigen Folgen einer Haltung der Wasserpest in abgekochtem Wasser:
a) Wasserpest wächst unvermindert.
b) Wasserpest wächst vermindert.
c) Wasserpest wächst nicht mehr.

B5 Die Zunahme der Trockenmasse durch Fotosynthese ist größer als die aufgenommene Masse an Kohlenstoffdioxid. Erkläre!

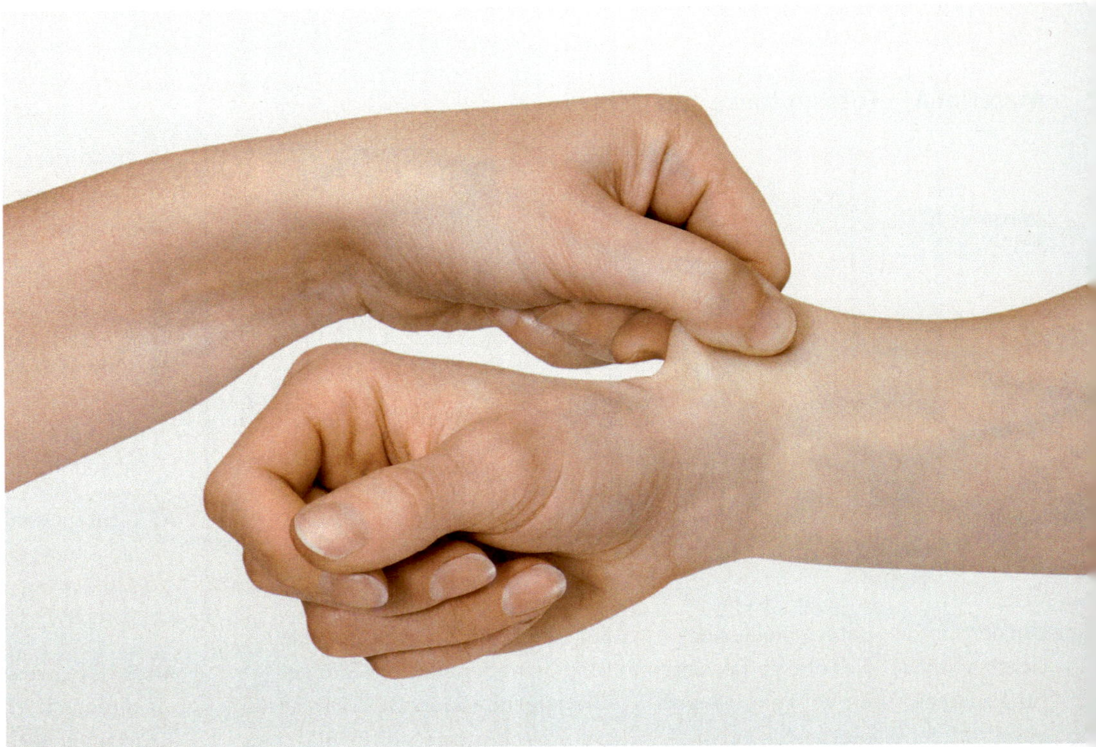

01 Gedehnte Haut eines Menschen

Zellen bei Tieren

Zellbestandteile von Pflanzen: siehe Seite 16 und 17

Die Haut eines Menschen lässt sich leicht zwischen zwei Fingern dehnen, ohne dass sie Schaden nimmt. Versucht man dies bei einem Laubblatt, so reißt es. Wie lässt sich diese Beobachtung mithilfe des Zellaufbaus erklären?

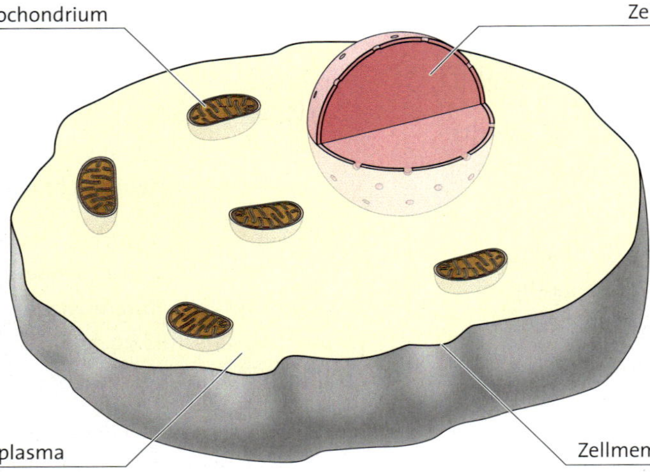

02 Tierzelle (Schema)

ZELLBESTANDTEILE · Die Hautzellen sind von einer verformbaren *Zellmembran* begrenzt. Eine zusätzliche stabilisierende Hülle aus einer *Zellwand* fehlt, so wie bei allen tierischen Zellen. Tierische Zellen sind daher weich, ihre Form ist weniger festgelegt. Pflanzliche Zellen, die eine feste Zellwand aus Zellulose besitzen, können bei Zug schneller zerreißen. Das Fehlen einer Zellwand ist ein wichtiger Unterschied zwischen tierischen und pflanzlichen Zellen.
Das Zellinnere einer tierischen Zelle ist wie das einer pflanzlichen Zelle mit *Zellplasma* gefüllt. Tierische Zellen haben jedoch keine *Vakuole*, sodass sie im Verhältnis häufig mehr Zellplasma als pflanzliche Zellen enthalten. Im Zellplasma liegen der *Zellkern* und zahlreiche *Mitochondrien*. Eine einzige Leberzelle kann bis zu 2000 Mitochondrien enthalten. *Chloroplasten* fehlen in tierischen Zellen. Daher können Tiere im Gegensatz zu Pflanzen keine Nährstoffe selbst herstellen; sie sind **heterotroph.**

ZELLDIFFERENZIERUNG · Alle Lebewesen bestehen aus Zellen. Wie die meisten Lebewesen wächst auch der Mensch aus einer einzigen Zelle heran, der befruchteten Eizelle. Sie wird auch **Zygote** genannt. Aus der *Zygote* entstehen acht gleiche Tochterzellen. Man nennt sie **Stammzellen.** Diese *Stammzellen* haben noch alle Entwicklungsmöglichkeiten. Im Laufe des weiteren Wachstums gehen aus den Stammzellen zahlreiche verschiedenartige, für bestimmte Aufgaben spezialisierte Zellen hervor. Diesen Vorgang nennt man **Zelldifferenzierung.**

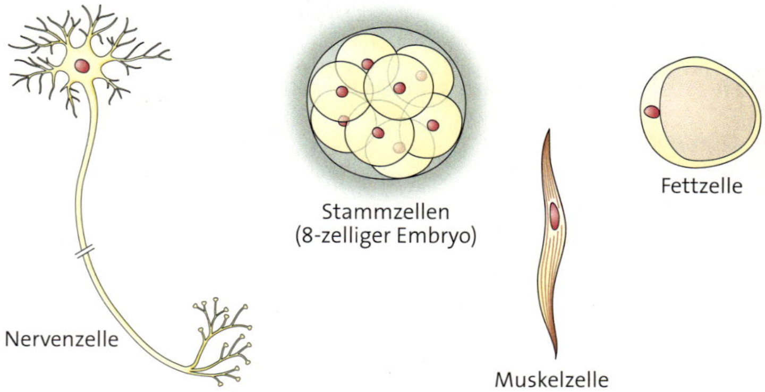

03 Zelldifferenzierung

ZELLTYPEN · Bei Lebewesen kann man verschiedene Zelltypen unterscheiden. Zellen zeigen je nach Funktion eine andere Struktur, sodass sich die *differenzierten Zellen* in Bau und Ausstattung unterscheiden. Jeder Zelltyp erfüllt eine bestimmte Aufgabe, es findet eine *Arbeitsteilung* statt. Beim Menschen findet man etwa 200 verschiedene Zelltypen. So sind zum Beispiel Fettzellen kugel- bis eiförmig. Sie enthalten viel flüssiges Fett, sodass Zellkern und Zellplasma an den Zellrand gedrängt werden. Dagegen haben Muskelzellen eine lang gestreckte Form. Sie enthalten feine fadenartige Strukturen, die sich verkürzen können.

GEWEBE · Differenzierte Zellen kommen in Lebewesen nur selten einzeln vor, sondern bilden Verbände aus gleichartigen Zellen mit einer gemeinsamen Aufgabe. Diese Zellverbände nennt man **Gewebe.** Die Gewebe von Tieren lassen sich vier Hauptgruppen zuordnen: Gewebe, die einen Körper nach außen abgrenzen, Organe umschließen oder Körperhohlräume auskleiden, nennt man **Deckgewebe.** Sie dienen dem Schutz und sind auf die Stoffaufnahme oder -abgabe spezialisiert. Gewebe, die andere Gewebe verbinden, stützen und schützen, nennt man **Bindegewebe.** Die Zellen dieser Gewebe sind meistens in einer von ihnen ausgeschiedenen Grundsubstanz eingebettet. Die Grundsubstanz kann zugfest sein wie bei Sehnen oder hart wie bei Knochen. Auch Fettgewebe ist ein Bindegewebe, das sowohl der Stoßdämpfung und Wärmedämmung als auch der Speicherung von Nährstoffen dient. Gewebe, die sich verkürzen können und damit Bewegungen ermöglichen, nennt man **Muskelgewebe.** Besteht ein Gewebe aus einem Geflecht von Nervenzellen, die über Verästelungen und lange Ausläufer untereinander in Verbindung stehen, nennt man es **Nervengewebe.** Es dient der Weiterleitung und Verarbeitung von Informationen.

Auch bei Pflanzen findet man unterschiedliche Gewebetypen, zum Beispiel Abschlussgewebe oder Speichergewebe.

1 Vergleiche tabellarisch den Bau einer tierischen Zelle mit dem einer pflanzlichen!

2 Beschreibe anhand von zwei ausgewählten Zellen aus Abbildung 03 den Zusammenhang zwischen Struktur und Funktion!

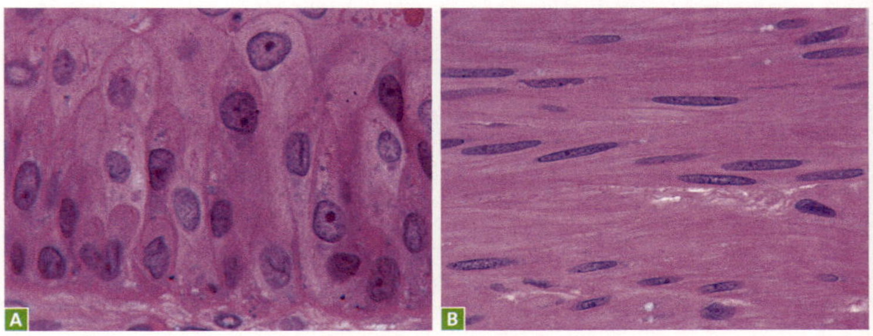

04 Gewebe von Tieren: **A** Deckgewebe, **B** Muskelgewebe

METHODE

Herstellung und Färbung eines mikroskopischen Präparats von Tierzellen

Material:
Mikroskop, Holzspatel, zwei Pipetten, Präpariernadel, Objektträger, Deckglas, Filterpapier, Methylenblau

Hinweis:
Methylenblau ist giftig und gibt dauerhafte Flecke. Berührung mit der Haut und der Kleidung vermeiden!

Durchführung:
a) *Herstellung des mikroskopischen Präparats einer menschlichen Mundschleimhautzelle*

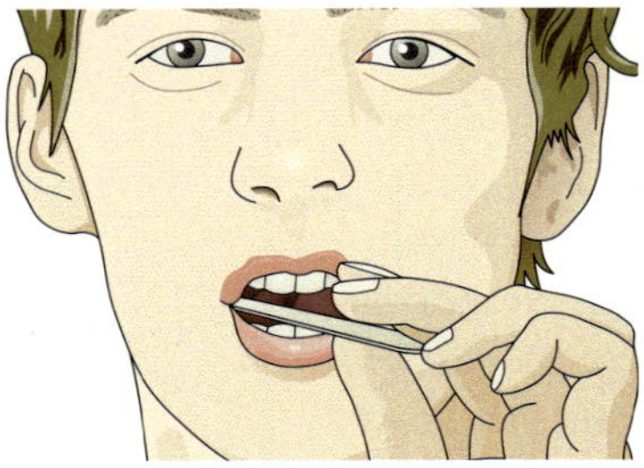

1) *Schabe mit einem Holzspatel vorsichtig von der Innenseite der Wange etwas Mundschleimhaut ab.*

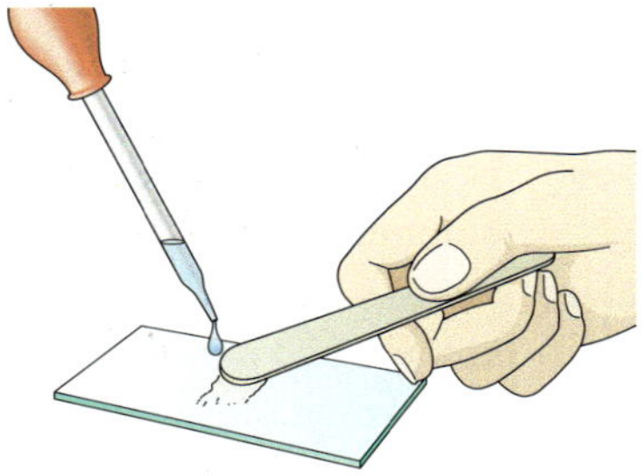

2) *Übertrage die Mundschleimhautzellen auf einen Objektträger. Gib mit der ersten Pipette zwei Tropfen Wasser hinzu. Verrühre vorsichtig mit einer Präpariernadel.*

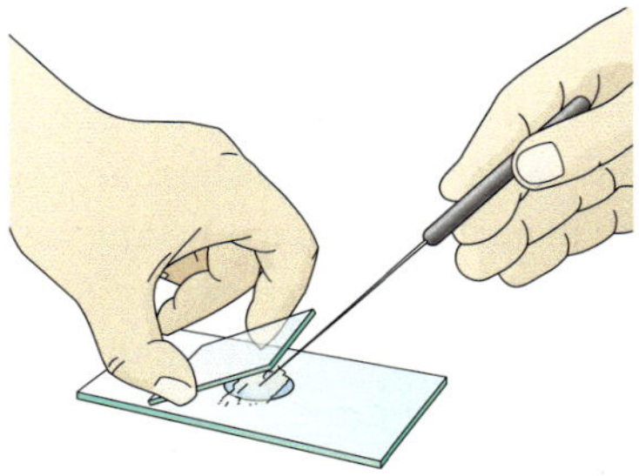

3) *Lege ein Deckglas mit einer Kante an den Rand der Flüssigkeit auf den Objektträger und senke es mit einer Präpariernadel langsam ab.*

b) *Färbung des mikroskopischen Präparats einer menschlichen Mundschleimhautzelle*

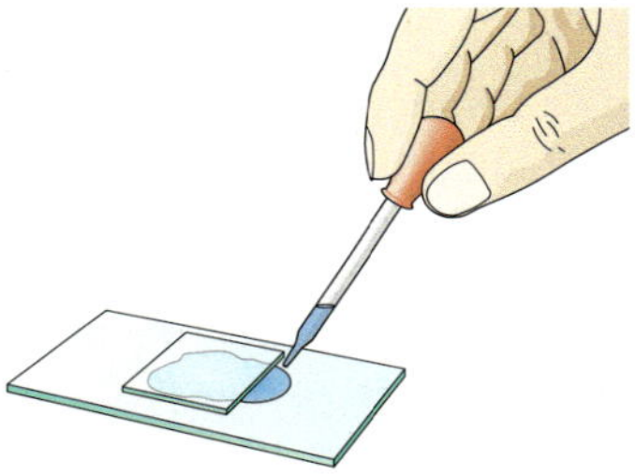

1) *Gib mit der zweiten Pipette einen Tropfen Methylenblau neben den Rand des Deckglases.*

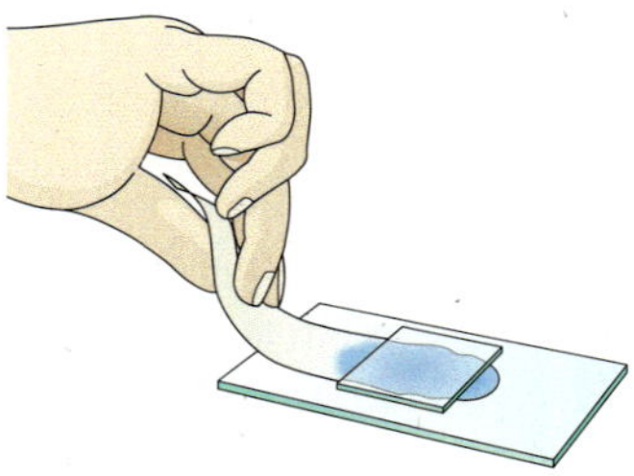

2) *Sauge mit einem Streifen Filterpapier vom gegenüberliegenden Rand her die Färbeflüssigkeit durch das Präparat. Gib nun mit der Wasserpipette einen Tropfen Wasser neben das Deckglas und sauge ihn mit Filterpapier durch das Präparat, um es zu spülen.*

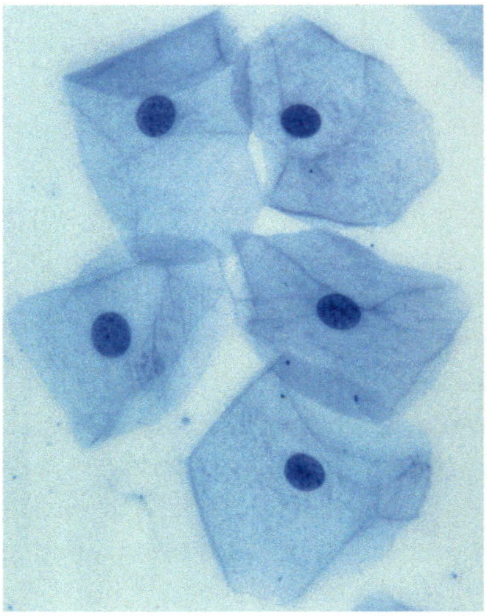

01 Mikroskopisches Bild von angefärbten Zellen der Mundschleimhaut des Menschen

Material A ▸ Vergleich von Tier- und Pflanzenzellen

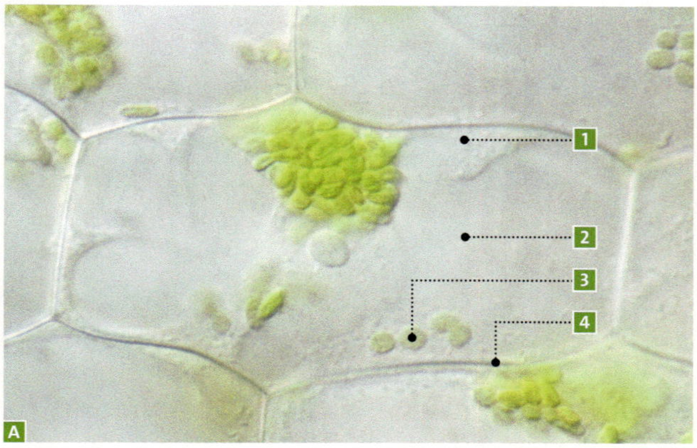

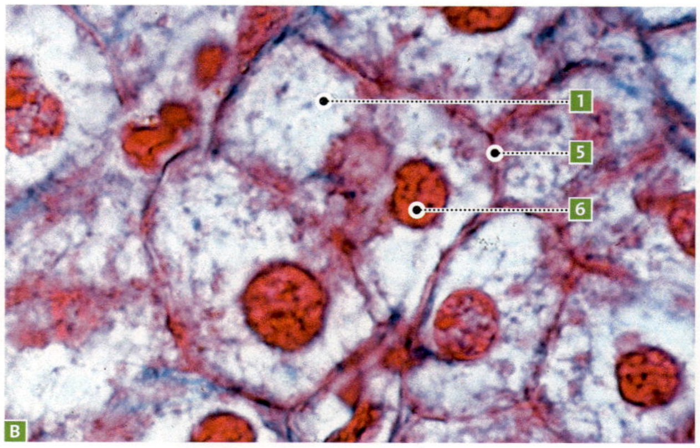

A1 Nenne die Fachbegriffe für die mit Zahlen gekennzeichneten Bereiche!

A2 Ordne die mikroskopischen Aufnahmen von Zellen folgenden Bildunterschriften zu: „Zellen aus dem Blatt der Wasserpest“ oder „Zellen aus der Leber einer Maus“! Begründe die Zuordnung!

A3 Vergleiche in Form einer Tabelle die beiden Zelltypen! Berücksichtige darin die in den Abbildungen erkennbaren Zellbestandteile!

A4 Nenne Bestandteile der Zellen, die in den Abbildungen nicht zu erkennen sind!

A5 Erläutere, woher die beiden Zelltypen ihre Nährstoffe erhalten! Nenne den Ort in den Zellen, an dem die in den Nährstoffen enthaltene Energie freigesetzt wird!

Material B ▸ Zuordnung von Tier- und Pflanzenzellen

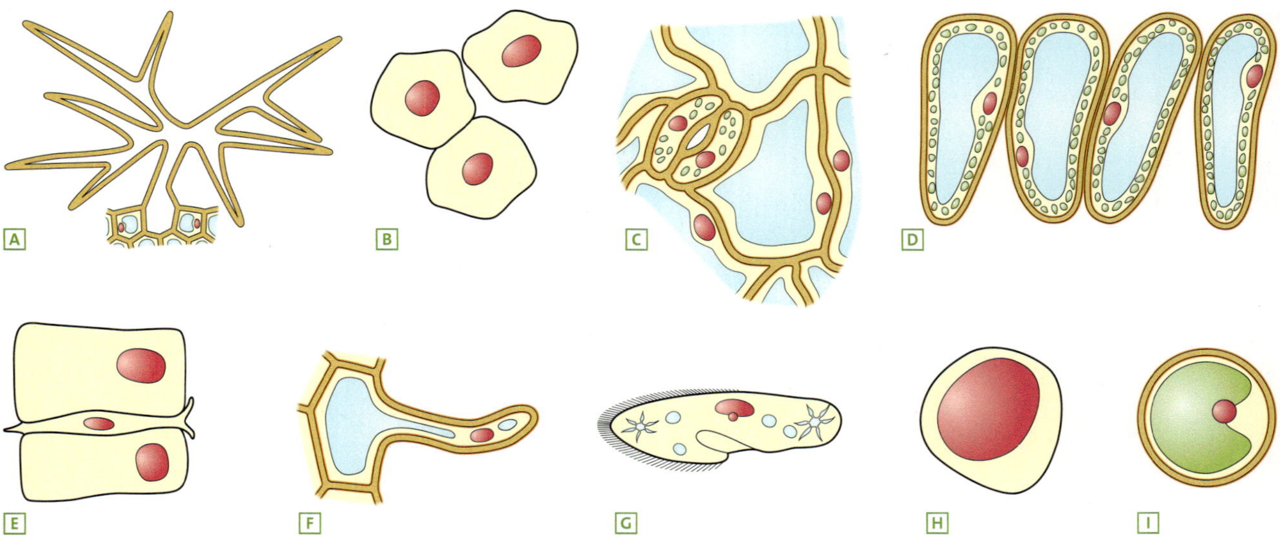

B1 Ordne jede Abbildung entweder den Pflanzen oder den Tieren zu! Begründe jede Zuordnung!

B2 Die Abbildung A stellt eine tote Zelle dar. Nimm Stellung zu dieser Aussage!

B3 Nenne die Zellen, die vermutlich selbst keinen Zucker herstellen können! Begründe!

01 Hummel saugt Nektar

Pflanzen und Tiere atmen

Es gibt besondere Pflanzen, die ihren Nektar in den Blüten erwärmen. Hummeln fliegen vorzugsweise die Blüten an, in denen der Nektar eine höhere Temperatur hat als in den anderen Blüten.
Woher nimmt die Pflanze die Energie, um den Nektar zu erwärmen?

O_2 = Sauerstoff
CO_2 = Kohlenstoffdioxid

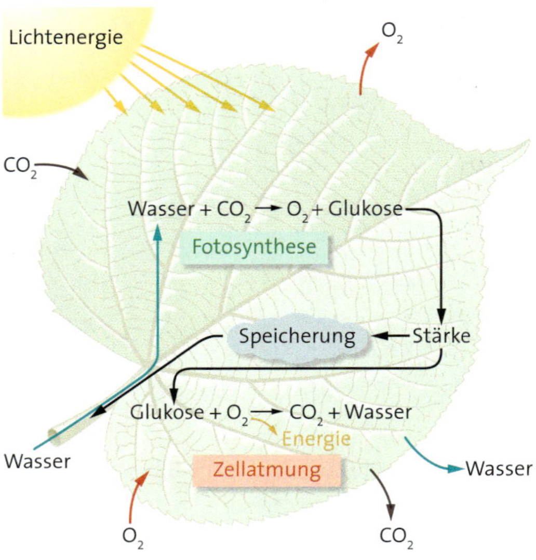

02 Stoff- und Energieumwandlung in der Pflanze

ZELLATMUNG · Pflanzen brauchen für viele Lebensprozesse Energie, beispielsweise für das Austreiben der Blüten und Blätter im Frühjahr, für das Wachsen, aber auch für die Wärmeproduktion, um den Nektar zu erwärmen.
Diese Energie kann die Pflanze aus Glukose freisetzen. Die energiereiche Glukose wird mithilfe von Sauerstoff in die energiearmen Stoffe Kohlenstoffdioxid und Wasser umgewandelt. Bei dieser Umwandlung wird die gespeicherte Energie frei und die Pflanze kann sie nutzen. Dieser Vorgang findet in allen Zellen statt. Man bezeichnet ihn als **Zellatmung,** da für diesen Vorgang Sauerstoff notwendig ist.
Die Glukose für die Zellatmung bilden Pflanzen bei der *Fotosynthese* selbst. Daher nennt man sie *autotroph.*

ZELLATMUNG BEI MENSCH UND TIER · Auch Tiere und Menschen benötigen wie die Pflanzen für ihre Lebensvorgänge Energie. Bei ihnen wird zudem sehr viel Energie in Bewegungsenergie umgewandelt. Vögel, Säugetiere und der Mensch wandeln Energie zur Aufrecht-

erhaltung ihrer Körpertemperatur in Wärme um. Nicht zuletzt benötigt das Gehirn der höheren Tiere sehr viel Energie, besonders das des Menschen.
Wie bei den Pflanzen wird Glukose unter Sauerstoffverbrauch zu Kohlenstoffdioxid und Wasser abgebaut. Dabei wird die darin gespeicherte Energie frei und für das Lebewesen nutzbar.
Tiere und Menschen beziehen die für die Zellatmung notwendige Glukose aus Nährstoffen, die sie aufnehmen müssen. Man nennt alle Lebewesen, die ihre Nährstoffe nicht selbst bilden können, *heterotroph*.

STOFF- UND ENERGIEUMWANDLUNG · Lebewesen brauchen zur Erhaltung ihrer Lebensprozesse, zum Wachsen und zur Fortpflanzung Energie.
Pflanzen, Tiere und Menschen gewinnen diese Energie durch Zellatmung. Dabei wandeln sie Stoffe um und geben die Stoffwechselendprodukte an die Umgebung ab. Mit der **Stoffumwandlung** ist immer eine **Energieumwandlung** verbunden. Durch die Zellatmung wird chemische Energie in andere Energieformen umgewandelt, beispielsweise in Bewegungsenergie.
Allerdings ist nur ein Teil der freigesetzten Energie für die Lebewesen nutzbar. Neben nutzbarer Energie entsteht immer Wärmeenergie, die an die Umgebung abgegeben wird. Lebewesen sind also gleichzeitig Stoff- und Energiewandler.

FOTOSYNTHESE UND ZELLATMUNG · Die beiden wichtigsten Stoff- und Energieumwandlungsprozesse der Erde sind Fotosynthese und Zellatmung. Dabei ist die *Fotosynthese* ein **aufbauender Prozess,** bei dem mithilfe der Lichtenergie der Sonne aus den energiearmen Stoffen Kohlenstoffdioxid und Wasser der energiereiche Stoff Glukose aufgebaut wird. Durch die Fotosynthese wird die Lichtenergie der Sonne in chemische Energie umgewandelt, die dann in der Glukose gespeichert ist.
Die *Zellatmung* dagegen ist ein **abbauender Prozess,** bei dem der energiereiche Stoff Glukose zu den energiearmen Stoffwechselendprodukten Kohlenstoffdioxid und Wasser abgebaut wird. Die in der Glukose gespeicherte chemische Energie wird dabei in eine andere, für das Lebewesen nutzbare Energieform umgewandelt.

1 Nenne die Wortgleichung von Fotosynthese und Zellatmung!

2 Erkläre die Begriffe heterotroph und autotroph!

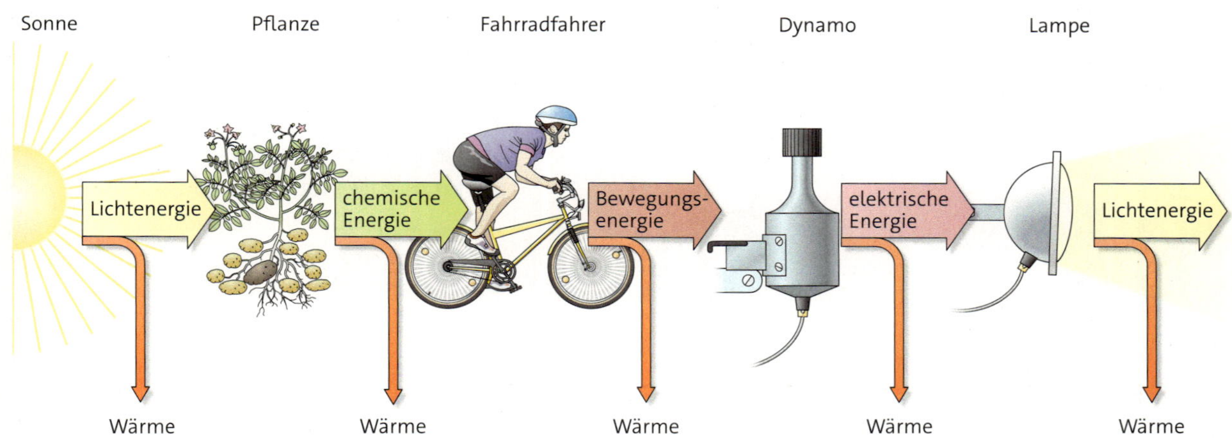

03 Energieumwandlung

ORTE DER ZELLATMUNG · Die Zellatmung beginnt im Zellplasma und findet hautpsächlich in den **Mitochondrien** statt. Mitochondrien gibt es in Zellen von Tieren und Pflanzen. Glukose wird mithilfe von Sauerstoff in Kohlenstoffdioxid und Wasser umgewandelt. Bei dieser *Stoffumwandlung* wird die in der Glukose gespeicherte chemische Energie für die Pflanze, das Tier oder den Menschen nutzbar gemacht und so für verschiedenste Lebensvorgänge bereitgestellt. Ähnlich wie in Mitochondrien wird auch in Kraftwerken Energie umgewandelt und nutzbar gemacht. Daher nennt man diese *Zellorganellen* „Kraftwerke der Zelle“.

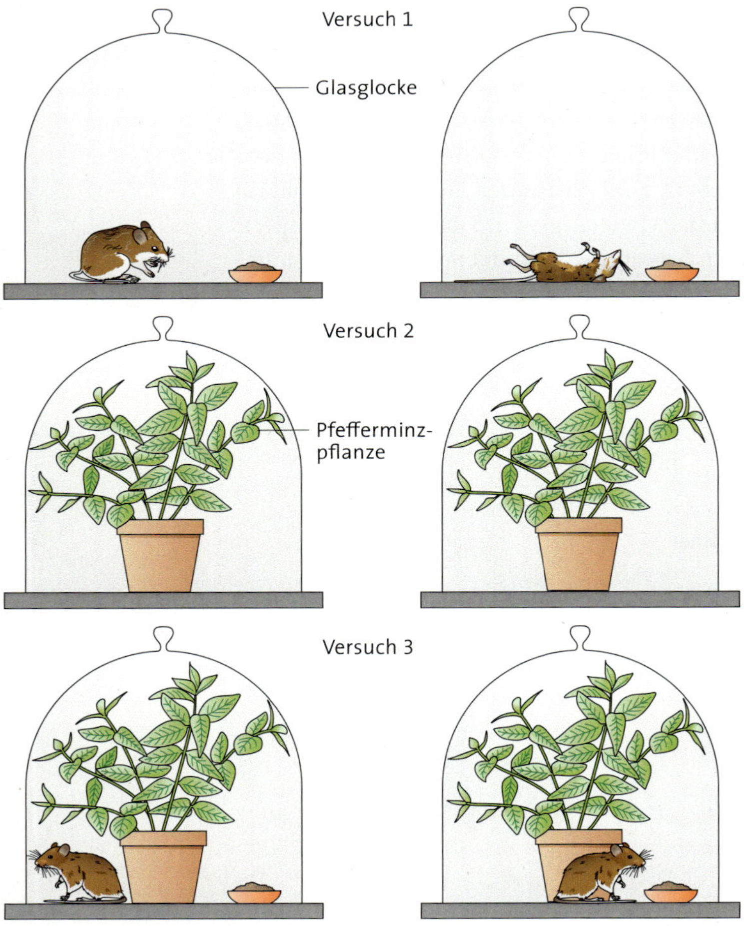

04 Glasglockenversuch von PRIESTLEY

DIE VERSUCHE VON PRIESTLEY · Bereits 1771 untersuchte der englische Naturforscher Josef PRIESTLEY, wie sich die Lebensvorgänge von Tieren und Pflanzen gegenseitig beeinflussen. Dafür führte er verschiedene Versuche durch:
In Versuch 1 setzte er eine Maus mit Futter unter eine luftdicht abgeschlossene Glasglocke. Die Maus wurde nach einiger Zeit ohnmächtig und starb.
In Versuch 2 stellte er eine Pfefferminzpflanze unter eine luftdicht abgeschlossene Glasglocke, wie im ersten Versuch. Die Pflanze gedieh auch über mehrere Tage gut.
In Versuch 3 setzte er nun eine Maus zusammen mit etwas Futter und mit einer Pfefferminzpflanze wiederum unter eine luftdicht abgeschlossene Glasglocke. Er konnte beobachten, dass sowohl die Maus als auch die Pfefferminzpflanze über mehrere Tage überleben konnte.
PRIESTLEYs Schlussfolgerung aus diesen Versuchen war, dass die Maus die Luft in der Glasglocke „verschlechterte“, während die Pflanze sie „verbesserte“.

Zur damaligen Zeit war die Zusammensetzung der Luft noch nicht bekannt.
Heute wissen wir, dass für die „Verschlechterung“ der Luft unter der abgeschlossenen Glocke zwei Veränderungen in ihrer Zusammensetzung verantwortlich sind: die Abnahme des Sauerstoffgehalts und die Zunahme des Kohlenstoffdioxidgehalts.
Diese Änderungen von Sauerstoffgehalt und Kohlenstoffdioxidgehalt kommen durch die Vorgänge der *Zellatmung* und der *Fotosynthese* zustande. Die Pflanze nimmt durch die Fotosynthese Kohlenstoffdioxid auf und gibt Sauerstoff ab. Dadurch „verbessert“ sie laut PRIESTLEY die Luft, sodass Sauerstoff für die Zellatmung der Maus und auch für die Zellatmung der Pflanze zur Verfügung steht. Das ausgeatmete Kohlenstoffdioxid wird wieder von der Pflanze aufgenommen.

Material A ▸ Keimende Erbsen

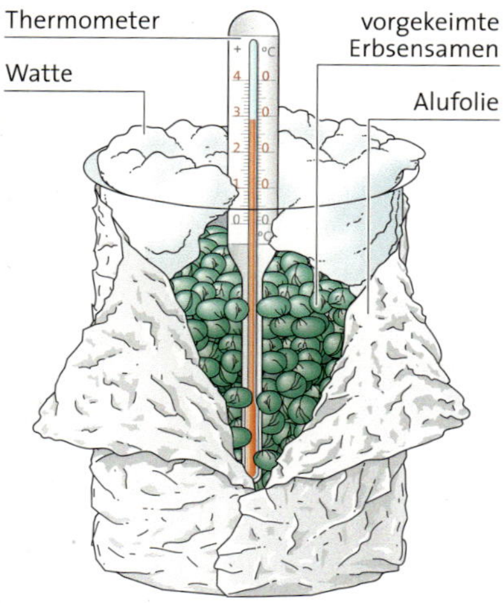

In einem Experiment wurden vorgequollene Erbsensamen in einen Glaszylinder gefüllt. Anschließend wurde ein Thermometer in den Glaszylinder gesteckt und mit einem feuchten Wattebausch verschlossen. Das Gefäß wurde zusätzlich mit Alufolie locker umwickelt. Alle zwei Minuten wurde die Temperatur am Thermometer abgelesen und in die unten stehende Tabelle eingetragen.

A1 Stelle das Versuchsergebnis in einem Liniendiagramm dar!

A2 Beschreibe das Liniendiagramm und den Kurvenverlauf!

A3 Nenne die Frage, die durch den Versuch beantwortet werden soll!

A4 Deute das Versuchsergebnis!

A5 Stelle Vermutungen an, weshalb die Erbsen vorgekeimt wurden!

Zeit in Stunden	0	2	4	6	8	10	12	14
Temperatur in Grad Celsius	22	23,5	25,4	26	26,8	27,2	27,8	28,4

Material B ▸ Kohlenstoffdioxid

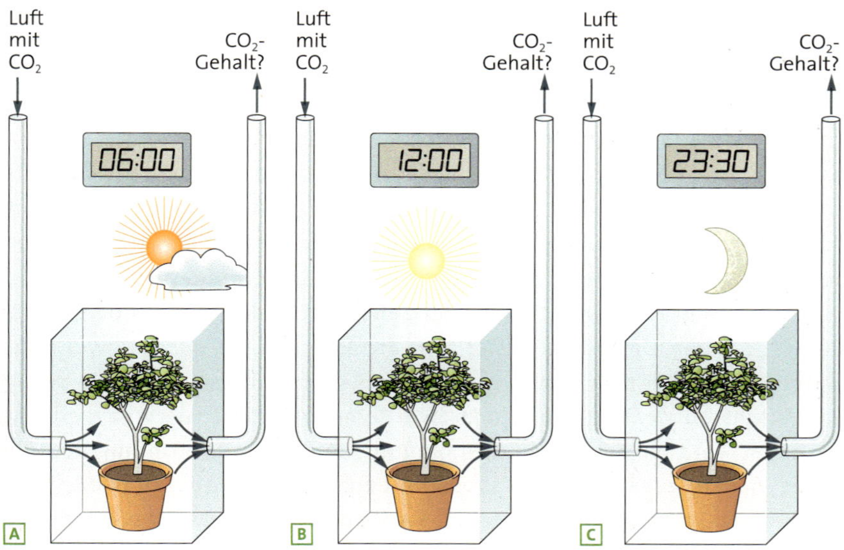

Eine Pflanze wird in eine lichtdurchlässige Kammer eingeschlossen, durch die langsam Luft mit gleichem Kohlenstoffdioxidgehalt gepumpt wird. Ein Messgerät misst den Kohlenstoffdioxidgehalt der ausströmenden Luft. An der Mess-Skala wird abgelesen, wann und wie viel Kohlenstoffdioxid die Pflanze im Verlauf von 24 Stunden aufnimmt und abgibt.

B1 Ordne folgende Beschreibungen des Kohlenstoffdioxidgehalts der ausströmenden Luft den Abbildungen zu: „nimmt zu“, „bleibt gleich“, „nimmt ab“!

B2 Vergleiche den Gehalt an Kohlenstoffdioxid der ausströmenden und einströmenden Luft in den drei Abbildungen!

B3 Erkläre für jede Abbildung, wie es zu dem Kohlenstoffdioxidgehalt in der Kammer und in der ausströmenden Luft kommt!

B4 Pflanzen zehren nachts von den Nährstoffen, die sie tagsüber gebildet haben. Stelle eine Vermutung an, wie sie dennoch wachsen können!

01 Wachstum der Wurzeln einer Küchenzwiebel, aufgenommen im Abstand von einigen Tagen

Pflanzen und Tiere wachsen

Wenn man eine Küchenzwiebel auf ein mit Wasser gefülltes Glas setzt, beginnt sie in der feuchten Umgebung Wurzeln zu treiben. Innerhalb weniger Tage wachsen sie um mehrere Zentimeter. Welche Prozesse in den Wurzeln führen zum Wachstum?

WACHSTUM · Wenn man im Mikroskop eine junge, kurze Zwiebelwurzel mit einer älteren, langen vergleicht, stellt man fest, dass beide aus gleich großen Zellen bestehen. Die Wurzel wird also nicht dadurch länger, dass sich ihre Zellen vergrößern. Das Wachstum der Wurzeln beruht vor allem auf der Vermehrung der Anzahl der Zellen. Die neuen, zusätzlichen Zellen entstehen durch einen Prozess, der als **Zellteilung** bezeichnet wird. Auch Tiere und der Mensch wachsen durch Zellteilungen. Beim Menschen muss in der Kindheit und Jugend eine riesige Anzahl von Zellen durch Zellteilungen neu gebildet werden. Ein neugeborenes Kind besteht aus etwa 2 Billionen, ein Erwachsener aus etwa 60 Billionen Zellen.

VERLAUF DER ZELLTEILUNG · Noch vor Beginn der Zellteilung wurde die Erbsubstanz im Zellkern durch einen Kopiervorgang verdoppelt. Ihr Original und die Kopie enthalten dieselbe Erbinformation. In der *ersten Phase* der Zellteilung lösen sich die Membranen des Zellkerns auf. In der *zweiten Phase* trennen sich Original und Kopie der Erbsubstanz voneinander und wandern in gegenüberliegende Bereiche der Zelle. Dort bilden sich neue Membranen um die Erbsubstanz, sodass zwei neue Zellkerne entstehen. Diese Vorgänge nennt man zwar *Kernteilung*, durch die vorangehende Verdopplung entspricht der Umfang der Erbsubstanz jedoch dem der Ausgangszelle. Zwischen den beiden Zellbereichen, in denen jeweils ein Zellkern liegt, entstehen neue Zellmembranen und bei Pflanzenzellen zusätzlich neue Zellwände. Nach Abschluss dieser *dritten Phase* der Zellteilung sind aus einer Zelle zwei entstanden. Die Erbinformation der beiden Zellen ist identisch. Bei Tieren verläuft die Zellteilung sehr ähnlich wie bei Pflanzen.

ZELLWACHSTUM · Jede der beiden durch eine Zellteilung entstandenen Zellen ist zunächst nur ungefähr halb so groß wie die Ursprungszelle. Durch Neubildung von Zellplasma wachsen sie zu ihrer endgültigen Größe heran. Bei den meisten Pflanzenzellen vergrößert sich die Vakuole dabei so stark, dass das Zellplasma an den Rand der Zelle gedrängt wird. Zellteilungen dauern je nach Lebewesen unterschiedlich lang, beim Menschen in vielen Fällen ungefähr einen Tag. Die Vermehrung von Zellen durch Zellteilungen ist zusammen mit dem daran anschließenden Zellwachstum dafür verantwortlich, dass Lebewesen wachsen. Zum Beispiel werden die Wurzeln der Küchenzwiebel auf diese Weise länger oder der Körper von Kindern größer.

ZELLDIFFERENZIERUNG · Durch eine Zellteilung entstehen zwei gleiche Zellen. Während des darauffolgenden Wachstums erhalten sie meistens eine Form und Ausstattung, durch die sie für die Erfüllung bestimmter Aufgaben spezialisiert sind, zum Beispiel für die Aufgaben, die die Zellen der Zwiebelwurzel zu erfüllen haben. Man nennt diesen Vorgang *Zelldifferenzierung*. Durch Differenzierung können sehr unterschiedliche Zelltypen entstehen. Alle haben aber dieselbe Erbinformation, weil bei jeder Zellteilung die Erbsubstanz kopiert wird. In der Regel differenziert sich nur eine der beiden entstandenen Zellen. Diese differenzierte Zelle verliert ihre Fähigkeit, sich zu teilen.

1 Beschreibe den Verlauf einer Zellteilung!

2 Vergleiche die Erbinformation in den bei der Zellteilung entstehenden Zellen!

3 Begründe, weshalb die Bezeichnung „Kernteilung“ ungünstig ist!

4 Beschreibe die Veränderungen der Pflanzenzelle während des Zellwachstums!

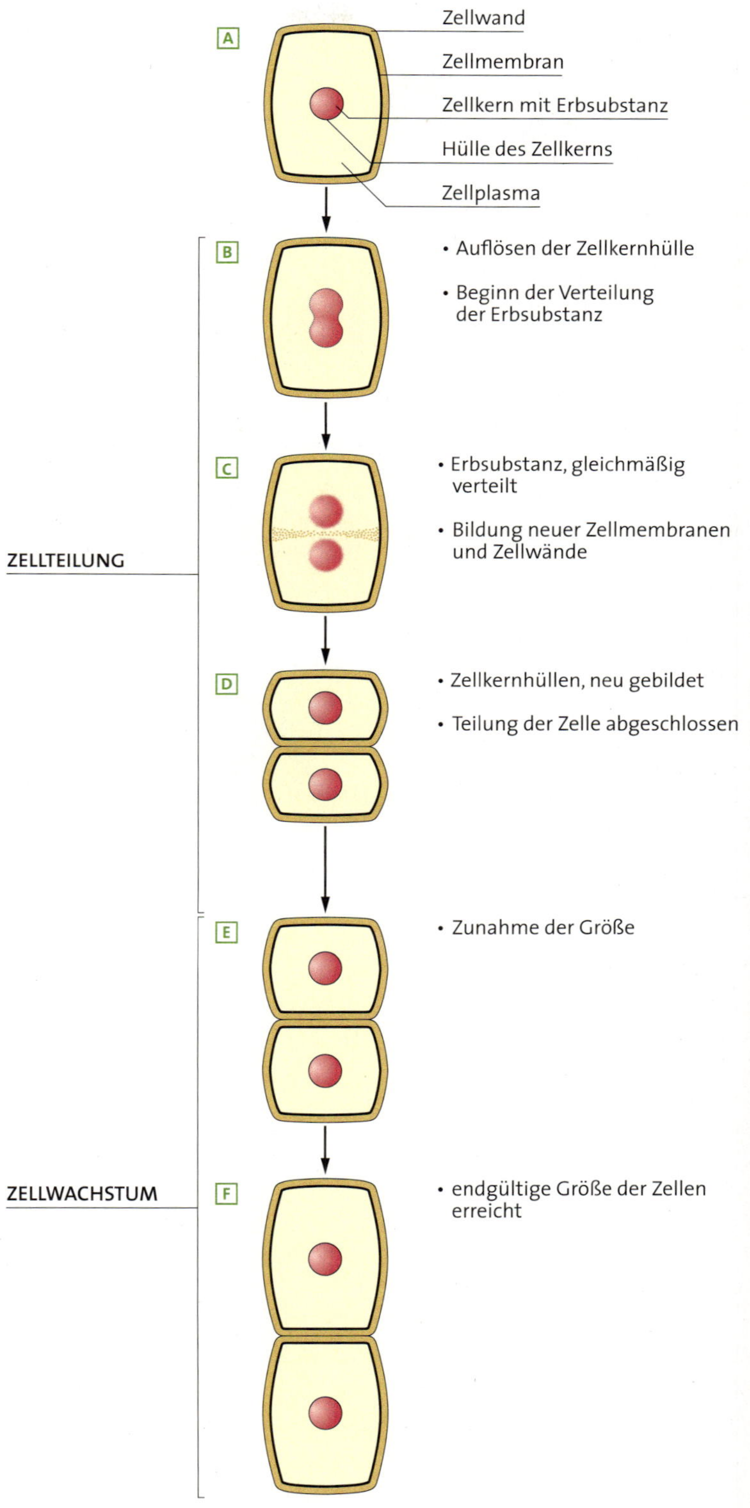

02 Zellteilung und Zellwachstum bei Pflanzenzellen

BASISKONZEPT

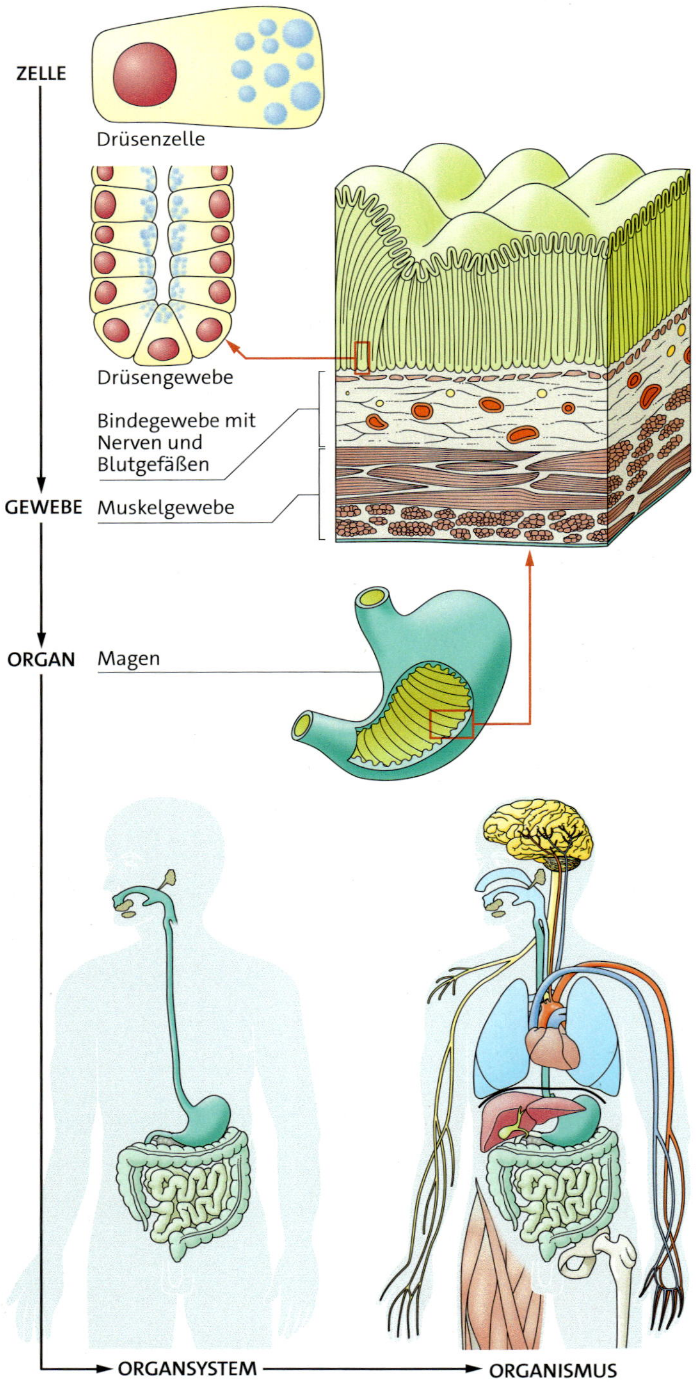

01 Organisationsstufen am Beispiel der menschlichen Verdauung

System

Aus der befruchteten Eizelle, der Zygote, gehen durch zahlreiche Zellteilungen und durch die Zelldifferenzierung spezialisierte Zellen hervor, wie Muskelzellen, Fettzellen, Blutzellen, Nervenzellen. Eine einzelne spezialisierte ***Zelle*** *stellt die unterste Organisationsstufe eines vielzelligen Lebewesens dar. Jeder Zelltyp hat eine bestimmte Aufgabe, die aber in der Regel von vielen gleichartigen Zellen gemeinsam erfüllt wird. Diese sind zur nächsten Organisationsstufe, einem Zellverband, dem* ***Gewebe,*** *zusammengeschlossen.*

So enthält zum Beispiel die innerste Schicht des Magens zahlreiche Drüsenzellen. Sie kleiden als Drüsengewebe den Magen aus. Am Aufbau des Magens sind aber auch Bindegewebe, Muskelgewebe und Nervengewebe beteiligt. Erst gemeinsam können sie die Verdauungsaufgaben des Magens erfüllen. Wenn so verschiedene und räumlich eng zusammenliegende Gewebe bestimmte Aufgaben gemeinsam erfüllen, spricht man von einem ***Organ.***

Außer dem Organ Magen sind an der Verdauung noch weitere Organe beteiligt, zum Beispiel der Dünndarm und die Bauchspeicheldrüse. Die Gesamtheit aller Organe, die der Verdauung dienen, bilden das Verdauungssystem, ein ***Organsystem.*** *Zahlreiche Organsysteme, zum Beispiel das Nervensystem, das Blutkreislaufsystem und das Verdauungssystem, arbeiten bei der Bewältigung der Aufgaben eines vielzelligen Lebewesens, dem* ***Organismus,*** *zusammen.*

Jede Organisationsstufe, wie Zelle, Gewebe, Organ, Organsystem und Organismus, bildet jeweils ein ***System.*** *Unter einem System versteht man Dinge, Prozesse oder Teile von ihnen, die zueinander in Beziehung stehen und ein geordnetes und funktionstüchtiges Ganzes bilden.*

Weil sich solche Systeme bei der Betrachtung der belebten Welt überall nachweisen lassen, spricht man vom ***Basiskonzept System.***

Material A ▸ Gewebe bei Tieren

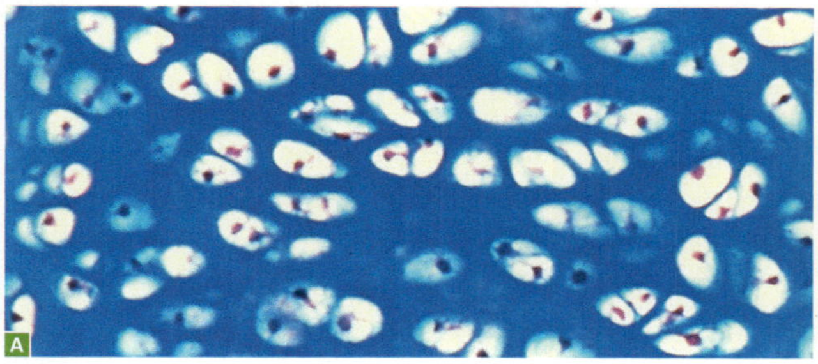

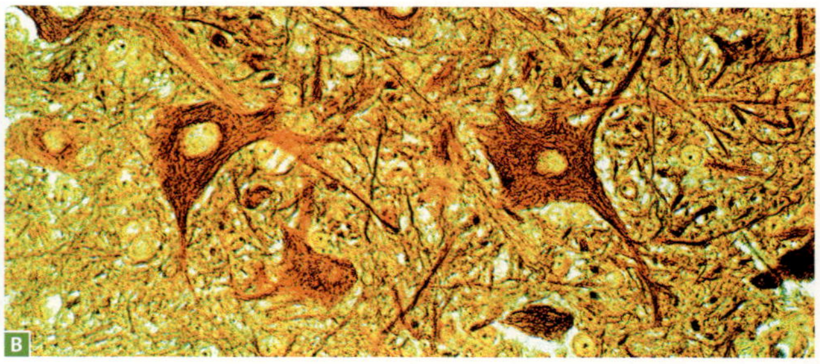

A1 Betrachte die abgebildeten Gewebe mit einer Lupe! Zeichne und beschrifte jeweils eine typische Zelle!

A2 Benenne die Gewebe mithilfe der gezeichneten Zellen! Nimm Abbildung 04 auf Seite 33 zu Hilfe!

A3 Vergleiche die gezeichneten Zellen mit einer Mundschleimhautzelle! Nimm Seite 34 zu Hilfe!

Material B ▸ Organisationsstufen bei Pflanzen

A

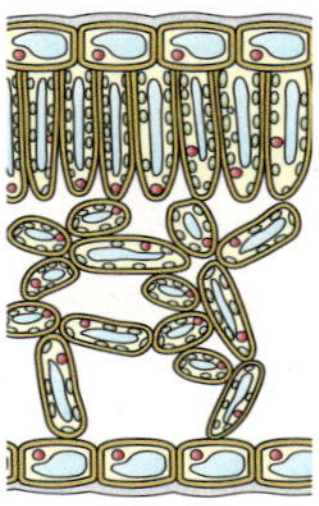
B

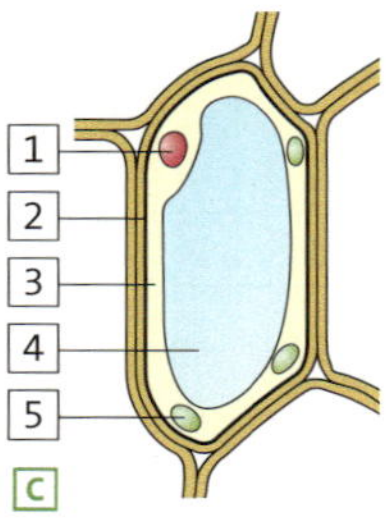

C

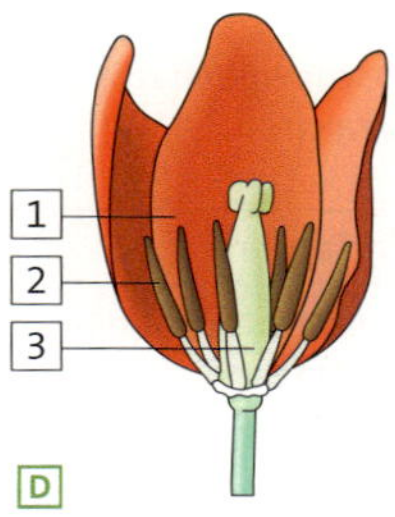

D

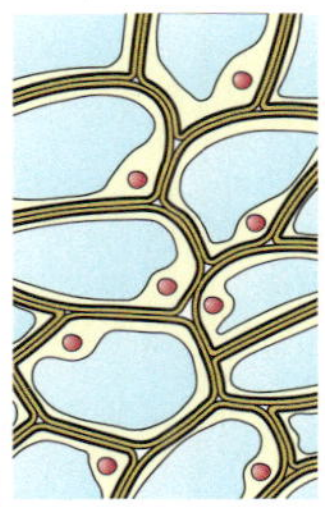
E

B1 Ordne die Abbildungen A bis E nach ihrer Organisationsstufe und nenne den Fachbegriff jeder Stufe!

B2 Benenne die in C mit Zahlen gekennzeichneten Bereiche!

B3 Benenne die in D mit Zahlen gekennzeichneten Bereiche!

Material C ▸ Geschichte der Zellbiologie

C1 Informiere dich im Internet darüber, was die abgebildeten Forscher zur Erforschung von Zellen beigetragen haben! Stelle deine Ergebnisse in einer Tabelle zusammen, in die du jeweils den Namen und die Lebenszeit sowie den Zeitpunkt und die Art der neuen Erkenntnisse einträgst!

METHODE

Diagramme erstellen und auswerten

01 Wachstumsbeobachtung bei einer Bohnenpflanze

Alter in Tagen	4	8	12	16
Länge der Sprossachse in Millimeter	3	11	50	80

02 Messergebnisse der Wachstumsbeobachtung in einer Tabelle

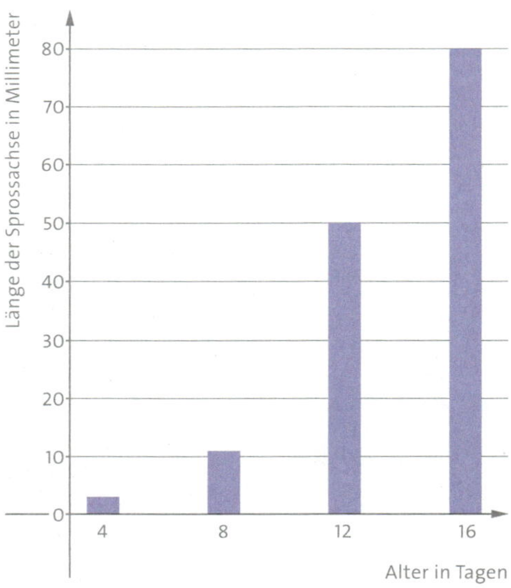

03 Messergebnisse der Wachstumsbeobachtung in einem Säulendiagramm

Viele Fragen über die Natur können nur durch Beobachtungen und Experimente sowie deren Auswertung beantwortet werden. Bei Experimenten werden bestimmte Bedingungen gezielt geändert, um etwas genauer zu untersuchen. Deshalb bezeichnet man die Biologie, wie alle Naturwissenschaften, als experimentelle Wissenschaft.

Wenn man beispielsweise wissen möchte, wie schnell eine Bohnenpflanze wächst, versucht man, diese Frage mithilfe einer Beobachtung zu beantworten. Dabei werden die Länge der Sprossachse an verschiedenen Tagen gemessen und die Messwerte notiert.

DARSTELLUNG VON MESSERGEBNISSEN · *Wenn mehrere Messwerte erfasst werden sollen, ist es oft sinnvoll, sie in einer* ***Tabelle*** *darzustellen. Im Fall der Bohnenpflanze wird das Alter der Pflanze in Tagen zum Messzeitpunkt in die obere Zeile eingetragen. In die zweite Zeile wird die gemessene Länge der Sprossachse eingetragen. So sieht man deutlich, wie groß die Bohnenpflanze an einem bestimmten Tag war. Um die erfassten Messwerte noch schneller und einfacher überblicken zu können, werden sie in einem Diagramm zeichnerisch dargestellt.*

SÄULENDIAGRAMM · *Auf der Hochachse, der* ***y-Achse,*** *des Diagramms wird die Länge der Sprossachse in Millimetern abgebildet. Auf der Rechtsachse, der* ***x-Achse,*** *des Diagramms wird das Alter der Pflanze in Tagen eingetragen. Markiert man die Länge der Sprossachse an einem bestimmten Tag und zeichnet einen senkrechten Balken von diesem Punkt nach unten, erhält man ein Säulendiagramm. Die Höhe der Säule entspricht also der Länge der Sprossachse an einem bestimmten Tag.*

LINIENDIAGRAMM · *Wenn man die im Säulendiagramm ermittelten Punkte durch eine Linie miteinander verbindet, erhält man ein Liniendiagramm.*

Aus Liniendiagrammen kann der Verlauf oder eine Änderung von Daten leicht abgelesen werden. Im Beispiel der Bohnenpflanze zeigt das Liniendiagramm den Wachstumsverlauf der Pflanze. Je mehr Messpunkte man hat, desto genauer kann ein Verlauf aus dem Diagramm abgelesen werden.

KREISDIAGRAMM · *Mit einem Kreisdiagramm können besonders gut Anteile eines Ganzen abgebildet werden. Kreisdiagramme werden auch Tortendiagramme genannt, da ihre einzelnen Teile wie Tortenstücke aussehen.*

Beim Erstellen eines Kreisdiagramms muss berücksichtigt werden, dass der Kreis eine Winkelsumme von 360° aufweist. Der Kreisausschnitt eines Anteils richtet sich nach dem Winkel am Kreismittelpunkt. Die Kreisausschnitte der einzelnen Anteile kann man mithilfe des Dreisatzes errechnen:

$100\,\% = 360°$
$1\,\% = 360° : 100 = 3{,}6°$
$25\,\% = 360° : 100 \times 25 = 90°$

Diagramme helfen dabei, sich schnell einen Überblick über Daten zu verschaffen. Sie lassen sich so leichter interpretieren. Erklärungen für Beobachtungen oder Ergebnisse von Experimenten können Diagramme jedoch nicht liefern.

1 *Zeichne aus den Daten der Tabelle in Abbildung 06 ein Säulendiagramm und ein Liniendiagramm!*

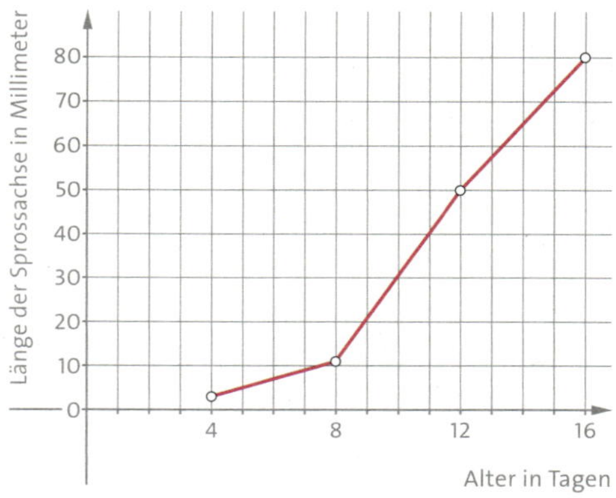

04 Messergebnisse der Wachstumsbeobachtung in einem Liniendiagramm

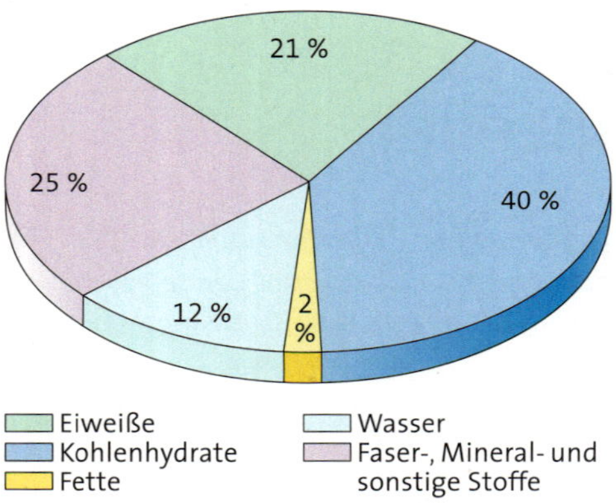

05 Inhaltsstoffe eines reifen Bohnensamens in einem Kreisdiagramm

Alter der Pflanze	Länge der Sprossachse
1 Tag	5 Millimeter
2 Tage	10 Millimeter
3 Tage	35 Millimeter
4 Tage	63 Millimeter
5 Tage	75 Millimeter
6 Tage	120 Millimeter
7 Tage	140 Millimeter
8 Tage	155 Millimeter

06 Wachstum einer Rapspflanze

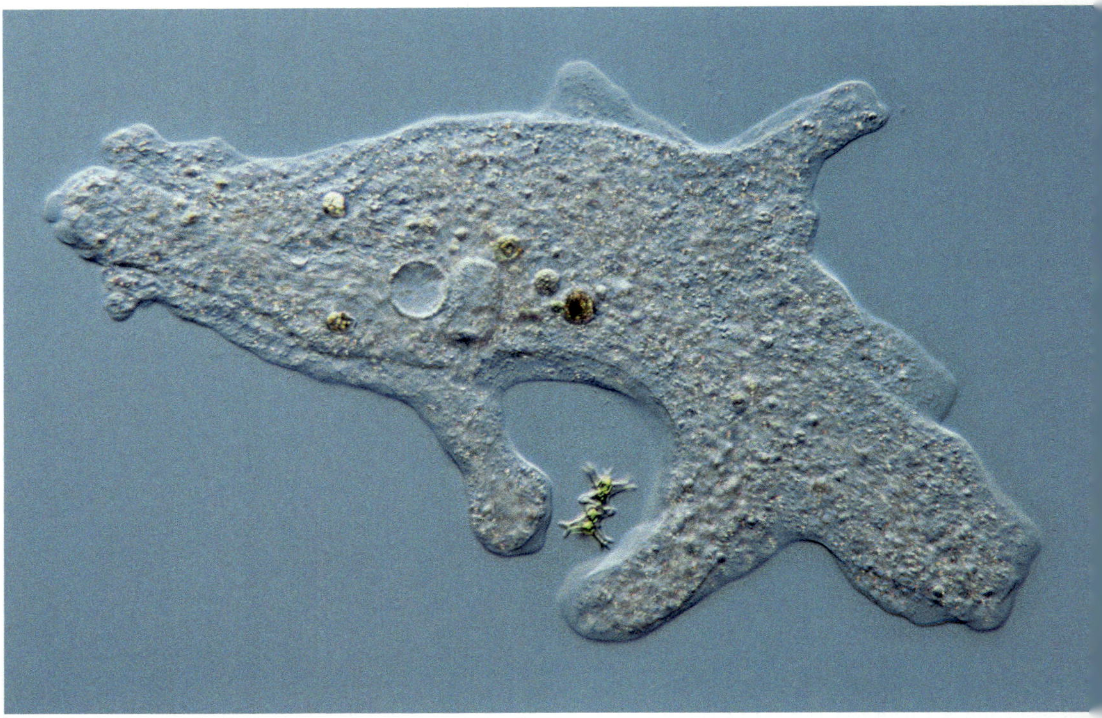

01 Amöbe beim Fressen einer Zieralge

Einzeller

Fortbewegung, Nahrungsaufnahme und Verdauung erfolgen bei vielzelligen Lebewesen arbeitsteilig mithilfe verschiedener Organe und zahlreicher spezialisierter Zellen. Bei Einzellern leistet dies eine einzige Zelle. Wie ist das möglich?

WECHSELTIERCHEN · In Tümpeln kann man auf faulenden Pflanzenteilen winzige Schleimklümpchen finden, die mit bloßem Auge gerade noch sichtbar sind. Dabei handelt es sich um etwa 0,5 Millimeter große Lebewesen, die aus einer einzigen, unregelmäßig geformten Zelle mit einem großen Zellkern bestehen. Diese Lebewesen werden als **Amöben** bezeichnet. Weil die Zelle ständig ihre Gestalt wechselt, nennt man sie auch **Wechseltierchen.** Amöben und alle anderen Lebewesen, die nur aus einer Zelle bestehen, bezeichnet man als *Einzeller.* Eine Amöbe kann an jeder beliebigen Stelle das von der Zellmembran umgebene Zellplasma ausstülpen. Dadurch entstehen sogenannte *Scheinfüßchen.* An einer anderen Stelle werden diese eingeschmolzen, indem Zellplasma ins Zellinnere zurückfließt. Durch das Ausstülpen und Einschmelzen von Scheinfüßchen können sich Amöben kriechend fortbewegen.

Trifft eine Amöbe auf ein Nahrungsteilchen, umfließt sie es mit ihrer Zelle und schließt es damit in ein *Nahrungsbläschen* ein. Dieses wandert im Zellplasma umher. Dabei findet der Abbau der Nahrung durch Verdauung statt. Die Nährstoffe werden durch die Membran des Bläschens ins Zellplasma aufgenommen. Unverdauliche Reste bleiben im Bläschen und werden an den Rand der Zelle transportiert. Dort verschmilzt die Membran des Bläschens mit der Zellmembran und die Abfallstoffe gelangen nach außen. Neben zahlreichen Nahrungsbläschen besitzt eine Amöbe noch ein größeres Bläschen, das rhythmisch schrumpft und anschwillt. Dieses *pulsierende Bläschen* pumpt ständig in die Zelle eindringendes Wasser wieder nach außen.

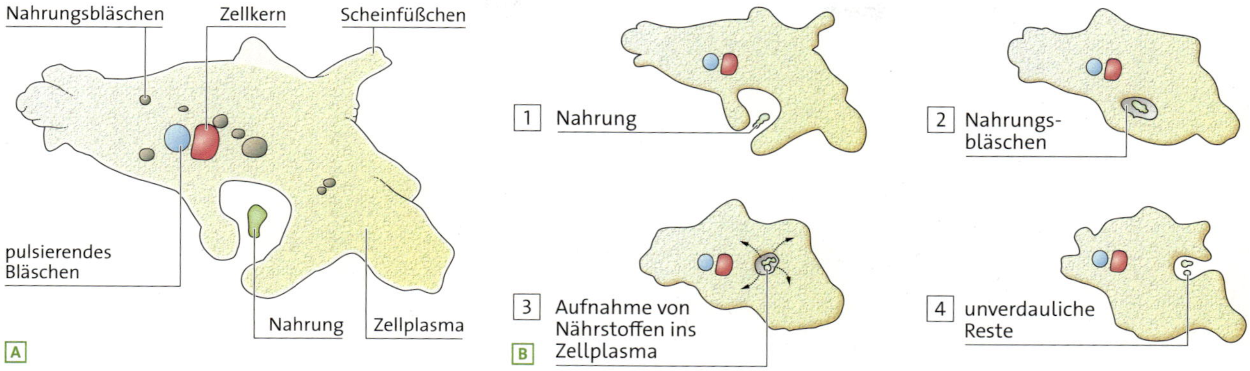

02 Amöbe: **A** Bau, **B** Nahrungsaufnahme

PANTOFFELTIERCHEN · In Proben von fauligem Wasser fallen beim Mikroskopieren schnell umherschwimmende Einzeller auf. Sie sind etwa 0,3 Millimeter lang und haben eine gleichbleibende Form, die an Pantoffeln erinnert. Man nennt sie **Pantoffeltierchen.**

Ihre rasche Fortbewegung erfolgt durch ständig schlagende, haarähnliche *Wimpern,* mit denen die Zelloberfläche dicht besetzt ist. Beim Schwimmen dreht sich das Pantoffeltierchen schraubenförmig um seine Längsachse. Stößt es auf ein Hindernis, ändert es schlagartig seine Bewegungsrichtung. Im Unterschied zur Amöbe kann das Pantoffeltierchen nur an einer bestimmten Stelle der Zelle, dem *Zellmund,* Nahrung aufnehmen. Der Zellmund ist eine trichterförmige Einstülpung der Zellmembran. Davor befindet sich ein dicht mit Wimpern besetzter Bereich, das *Mundfeld.* Durch das Schlagen dieser Wimpern werden Nahrungspartikel in den Zellmund gestrudelt und an dessen Ende als Nahrungsbläschen aufgenommen. Wie bei der Amöbe durchwandern diese die Zelle. Unverdauliche Reste werden aber nur an einer bestimmten Stelle, dem *Zellafter,* ausgeschieden. Pantoffeltierchen haben einen großen Zellkern und zwei *pulsierende Bläschen,* die sich in rhythmischem Wechsel füllen und entleeren. Unter der Zellmembran liegen zahlreiche spitze *Eiweißnadeln,* die bei Berührung blitzschnell ausgeschleudert werden und zur Verteidigung dienen.

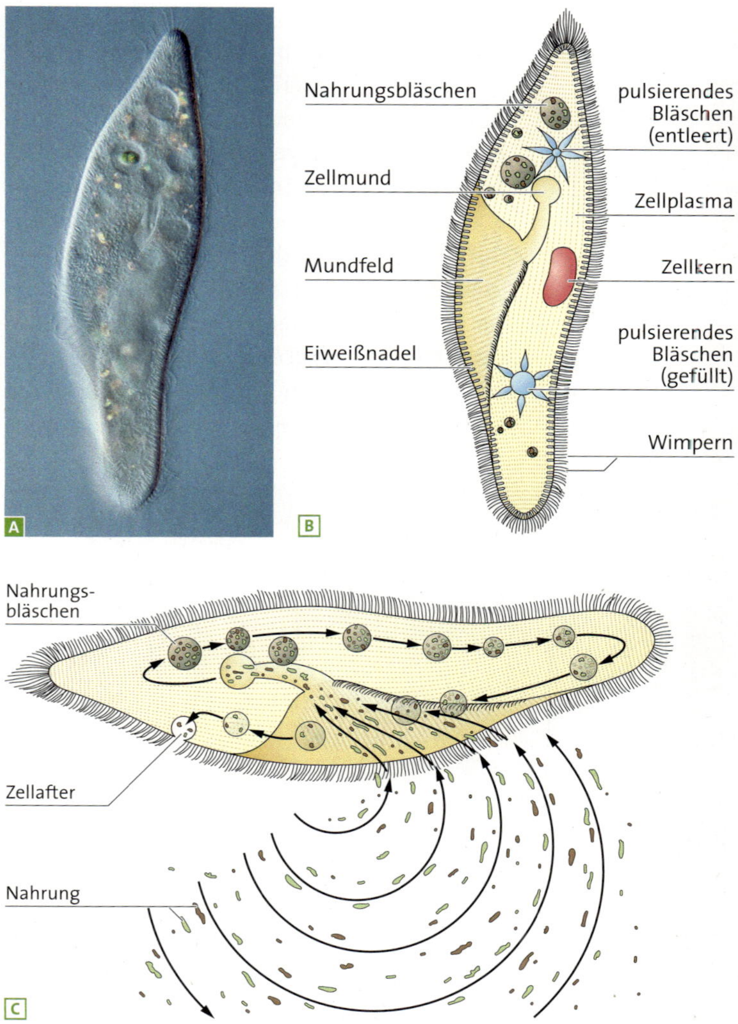

03 Pantoffeltierchen: **A** mikroskopische Aufnahme, **B** Schema, **C** Nahrungsaufnahme

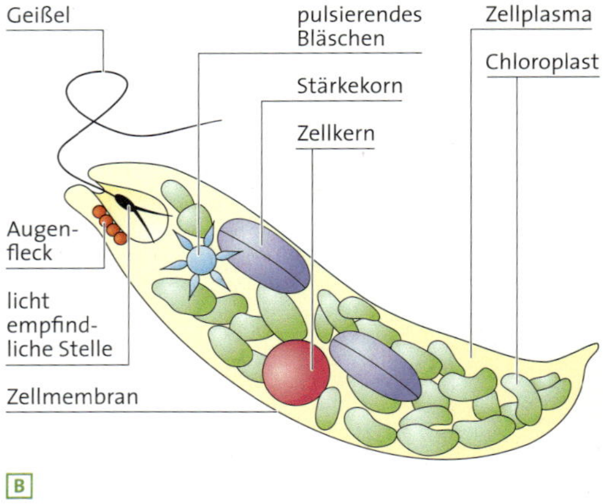

04 Augentierchen:
A mikroskopische Aufnahme,
B Bau

AUGENTIERCHEN · In nährstoffreichen Gewässern leben häufig grün gefärbte Einzeller, die nur etwa 0,05 Millimeter lang sind. Sie haben einen spindelförmigen Zellkörper. Wie Pantoffeltierchen schwimmen sie schraubenförmig durch das Wasser. Eine lange, fadenförmige Geißel am Vorderende zieht sie mit propellerartig kreisenden Bewegungen nach vorn. Bei genauerer Betrachtung erkennt man seitlich der Ansatzstelle der Geißel einen roten Fleck, den *Augenfleck*. Ihm verdanken diese Einzeller ihren Namen: **Augentierchen.** Mithilfe des Augenflecks und einer lichtempfindlichen Stelle können sie die Richtung des einfallenden Lichtes feststellen. Augentierchen besitzen *Chloroplasten* und können daher durch Fotosynthese selber Nährstoffe herstellen. Bei Lichtmangel sind sie aber auch in der Lage, Nahrung aus der Umgebung aufzunehmen. Außerdem haben sie einen *Zellkern* und ein *pulsierendes Bläschen*.

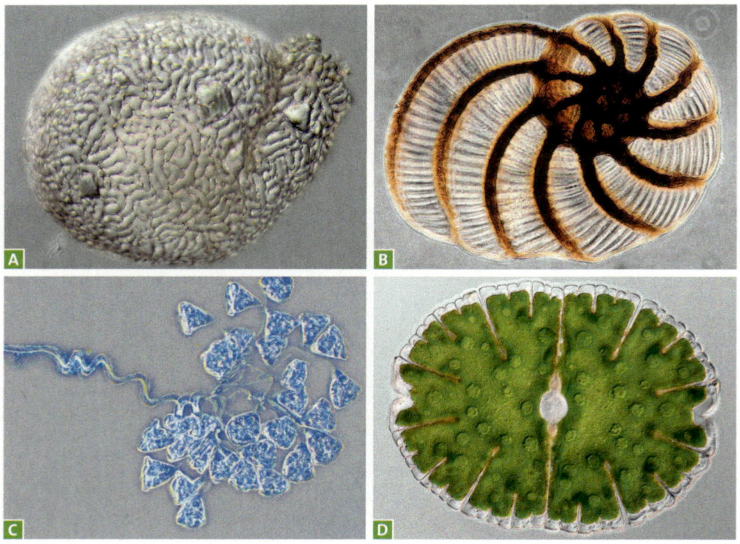

05 Formenvielfalt: **A** Schalenamöbe, **B** Kammerling, **C** Glockentierchen, **D** Zieralge

VERMEHRUNG UND VIELFALT · Wenn eine Amöbe eine bestimmte Größe erreicht hat, teilt sich zunächst der Zellkern. Danach folgt die Teilung des Zellplasmas. Aus der Mutterzelle entstehen zwei gleiche, halb so große Tochterzellen, die später heranwachsen. Verschlechtern sich die Lebensbedingungen, bildet die Amöbe eine dicke Kapsel aus. So kann sie als *Dauerform* Austrocknung und Nahrungsmangel überstehen. Auch andere Einzeller vermehren sich durch Zellteilung, Pantoffeltierchen durch Quer- und Augentierchen durch Längsteilung.

Einzeller weisen eine große Formenvielfalt auf. Sie kommen im Wasser, in feuchten Böden oder im Körper von Tieren vor. *Schalenamöben* besitzen Schutzgehäuse aus Kieselsäure, *Kammerlinge* Skelette aus Kalk. *Glockentierchen* sind mit den Pantoffeltierchen verwandt. Ihre Zellkörper haben lange Stiele, die auf Wasserpflanzen befestigt sind. *Zieralgen* sind Einzeller mit spiegelbildlichen Zellhälften.

IM BLICKPUNKT EVOLUTION

Vom Einzeller zum Vielzeller

Vor etwa zwei Milliarden Jahren entstanden Einzeller mit einem Zellkern, die ersten mehrzelligen Lebewesen vor etwa einer Milliarde Jahren. Wie sich aus Einzellern im Laufe der Evolution Vielzeller entwickelt haben könnten, lässt sich modellhaft an heute in Tümpeln lebenden Grünalgen nachvollziehen.

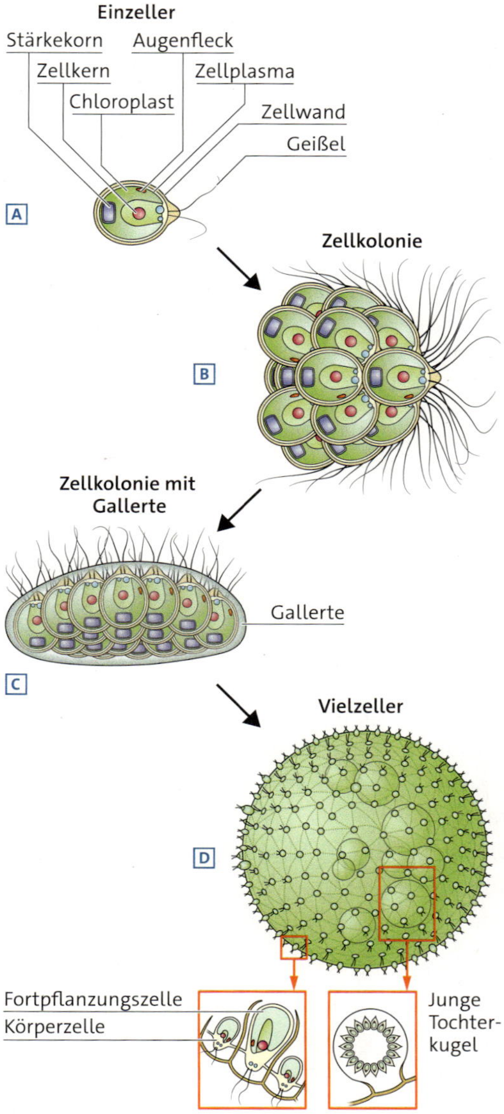

01 Modell einer Entwicklungsreihe:
A Hüllen-Geißelalge, **B** Wirbelnder Tannenzapfen, **C** Mosaikgrünalge, **D** Wimperkugel

Die **Hüllen-Geißelalge,** *Chlamydomonas,* ist ein **Einzeller.** Mithilfe ihrer beiden Geißeln und ihres Augenflecks kann sie sich zum Licht hin bewegen. Die Fortpflanzung erfolgt ungeschlechtlich durch Längsteilung.

Beim **Wirbelnden Tannenzapfen,** *Spondylomorum,* sind 16 Zellen des *Chlamydomonas*-Typs mit ihren Zellwänden verklebt und bilden eine **Zellkolonie.** Durch ungeschlechtliche Fortpflanzung entstehen aus jeder Zelle 16 Tochterzellen, die eine neue Zellkolonie bilden.

Auch die **Mosaikgrünalge,** *Gonium,* besteht aus 16 Zellen des *Chlamydomonas*-Typs und vermehrt sich wie der Wirbelnde Tannenzapfen. Hier sind die Zellen aber durch eine Gallerthülle noch enger zu einer Kolonie verbunden. Die Bildung solcher Zellkolonien aus Einzellern war in der Evolution vermutlich der erste Schritt zur Entstehung von Vielzellern.

Die **Wimperkugel,** *Volvox,* besteht aus 200 bis 20 000 deutlich kleineren Zellen des *Chlamydomonas*-Typs. Neben den Körperzellen gibt es spezielle Fortpflanzungszellen. Sie können sowohl Geschlechtszellen bilden als auch auf ungeschlechtlichem Weg Tochterkugeln, die ins Innere der Mutterkugel abgeschnürt werden. Diese werden später freigesetzt, wenn die Mutterkugel aufreißt und stirbt. Da die Wimperkugel im Unterschied zum Wirbelnden Tannenzapfen und zur Mosaikgrünalge zwei Zelltypen besitzt, ist sie ein **Vielzeller.**

Auch im Laufe der Evolution könnten aus Zellkolonien durch die Ausbildung verschiedener Zelltypen mit unterschiedlichen Aufgaben vielzellige Lebewesen entstanden sein.

VERSUCH A ▸ Einzeller im Heuaufguss

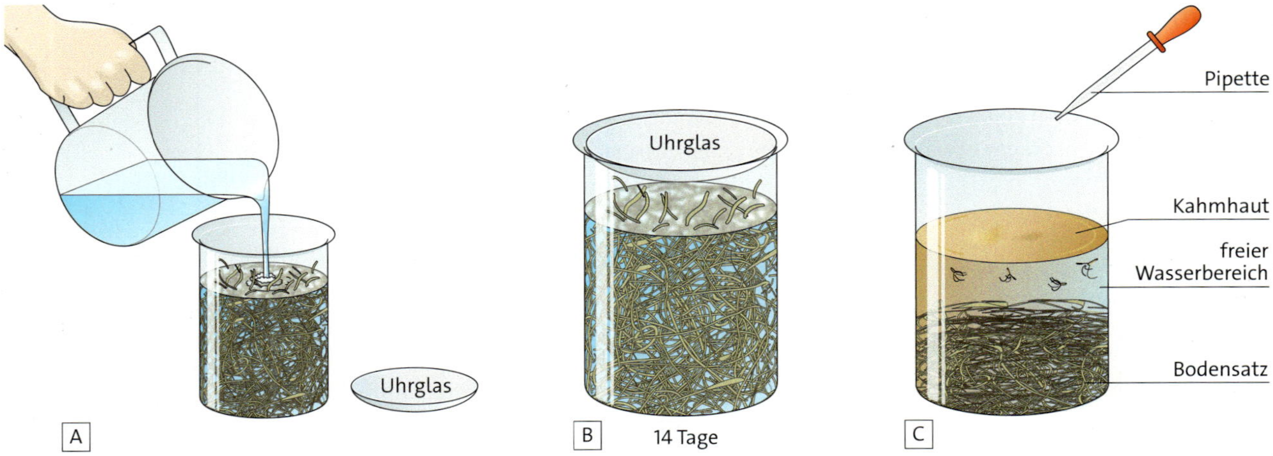

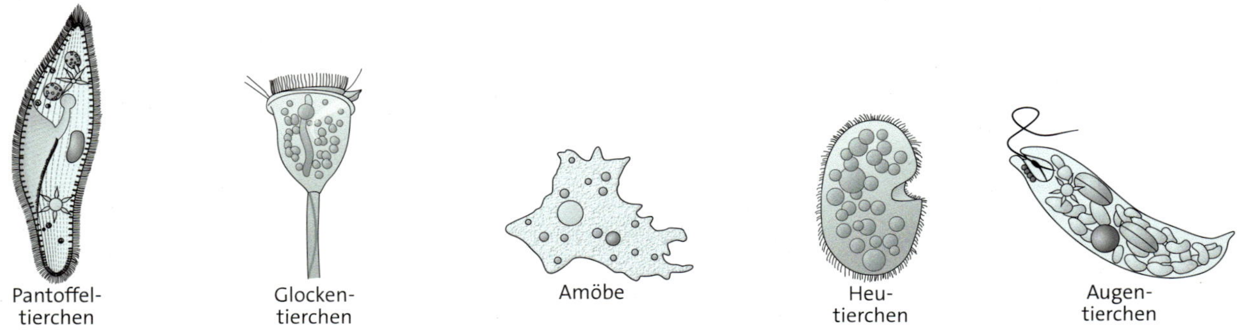

Einzellige Lebewesen gibt es auf der Erde in großer Artenzahl – im Boden, im Wasser und in der Luft.
Um Einzeller mikroskopieren zu können, kannst du sie beispielsweise in einem Heuaufguss züchten.

Für die Herstellung eines Heuaufgusses benötigst du ein großes Glas (etwa ein bis zwei Liter), zwei bis drei Gramm kleingeschnittenes Heu und etwa einen Liter Wasser aus einem Teich, einer Regentonne oder einem Aquarium.
Gib das Heu in das Glasgefäß und übergieße es mit dem Wasser. Decke das Gefäß anschließend mit einer Glasplatte ab und stelle es bei Zimmertemperatur an einen hellen Ort, ohne direkte Sonneneinstrahlung.
Nach wenigen Tagen bildet sich auf der Wasseroberfläche eine dünne, schmierige Schicht. Diese sogenannte Kahmhaut besteht vor allem aus Bakterien, die sich von dem Heu ernähren.
Die Bakterien selbst dienen als Nahrung für verschiedene Einzeller, die sich nun ebenfalls schnell vermehren können.
Die Zusammensetzung der Arten variiert im Laufe der Zeit.

Material:
zwei Wochen alter Heuaufguss, Mikroskop, Objektträger, Deckgläschen, Pipetten

Durchführung:
Entnimm einem zwei Wochen alten Heuaufguss mit einer Pipette jeweils einen Wassertropfen aus den folgenden Schichten:
- dicht unterhalb der Kahmhaut
- freier Wasserbereich
- Bodensatz.

Stelle jeweils ein Frischpräparat her und betrachte es unter dem Mikroskop.

A1 Bestimme die Einzeller mithilfe der Abbildungen!

A2 Fertige eine Skizze an!

A3 Erkläre, wie die Lebewesen in den Heuaufguss gelangen!

Material B ▸ Amöbe

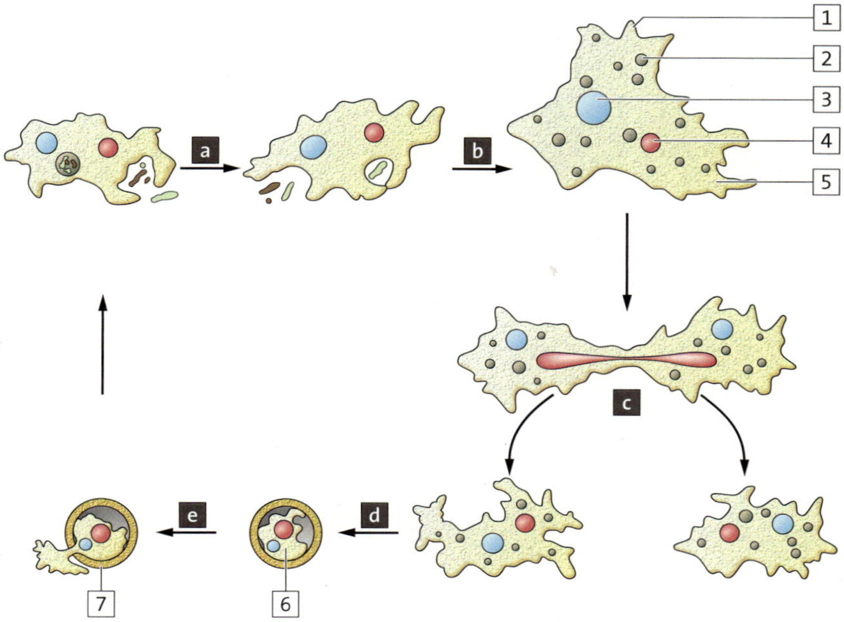

B1 Benenne die mit Zahlen gekennzeichneten Bereiche!

B2 Beschreibe die mit Buchstaben gekennzeichneten Vorgänge!

B3 Nenne Ursachen für die Vorgänge c, d und e!

B4 Nimm Stellung zu der Aussage: „Amöben sterben, wenn sie alt sind“!

B5 Erläutere, wie es die Amöbe schafft, Nahrung aufzunehmen, ohne dass die Zellmembran aufreißt und Zellplasma ausfließt!

Material C ▸ Augentierchen

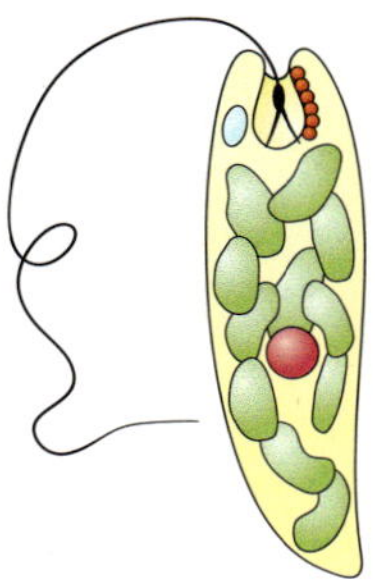

Augentierchen

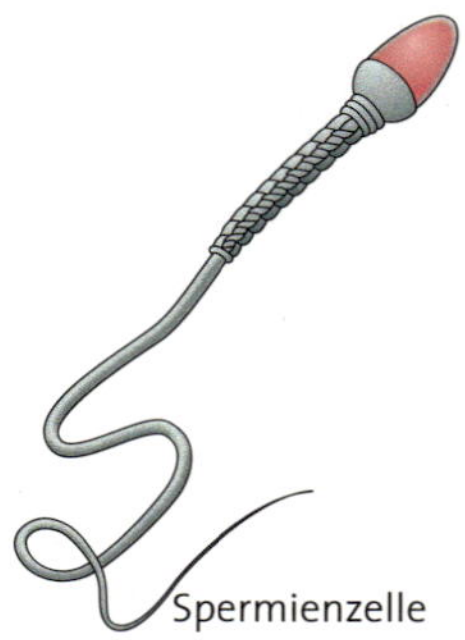

Spermienzelle

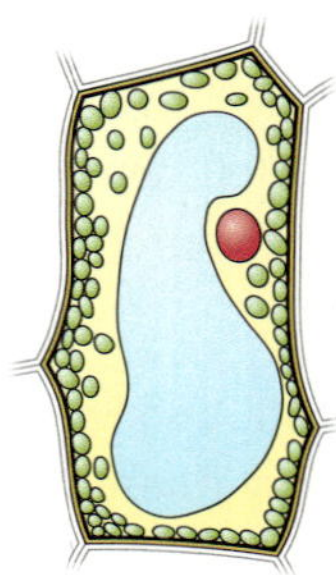

Pflanzenzelle

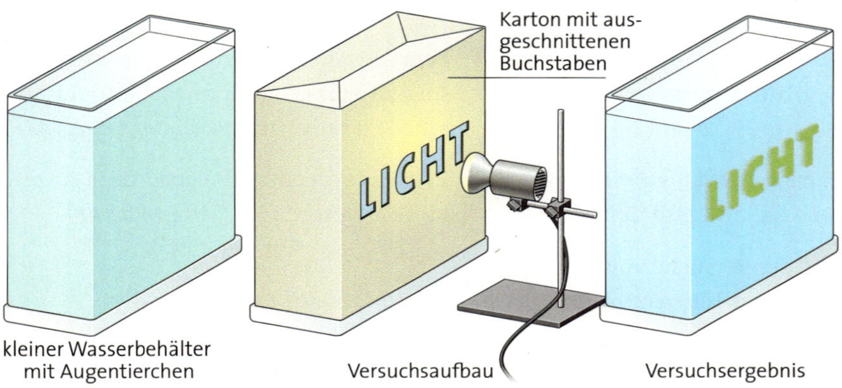

kleiner Wasserbehälter mit Augentierchen

Versuchsaufbau

Versuchsergebnis

C1 Vergleiche das Augentierchen zuerst mit einer Pflanzenzelle und dann mit einer Spermienzelle! Nenne jeweils Gemeinsamkeiten und Unterschiede!

C2 Begründe aufgrund der Ergebnisse von B1, ob das Augentierchen zu den Tieren oder Pflanzen gehört!

C3 Beschreibe den Versuchsaufbau und formuliere eine Frage, die mit diesem Versuch geklärt werden kann!

C4 Formuliere mindestens zwei Schlussfolgerungen, die aus dem Versuchsergebnis gezogen werden können!

C5 Begründe, weshalb das Augentierchen ein Lebewesen ist!

A ▸ Pflanzliche und tierische Zellen

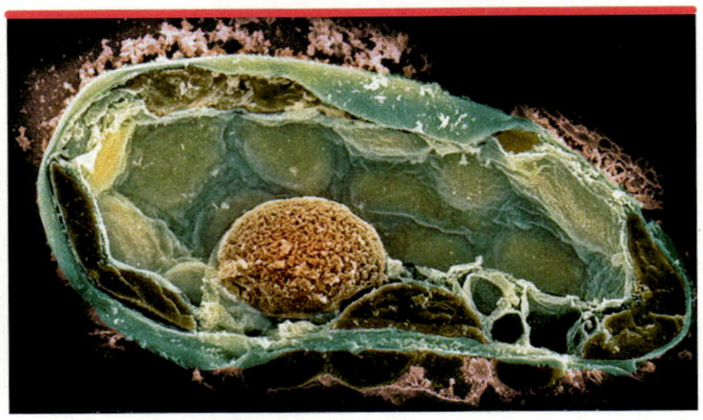

1 Nenne die Kennzeichen des Lebendigen! *(Seite 8 und 9)*

2 Beschreibe, wie du bei der Arbeit mit dem Mikroskop umgehen musst! *(Seite 14 und 15)*

3 Nenne die Bestandteile einer Pflanzenzelle und beschreibe ihre Funktionen! *(Seite 16 und 17)*

4 Benenne die Gemeinsamkeiten und Unterschiede von Tier- und Pflanzenzelle! *(Seite 16, 17 und 32)*

5 Beschreibe die Vielfalt von Zellen! *(Seite 12 und 18)*

6 Erläutere den Vorteil, den die Abgrenzung von Zellorganellen durch Membranen bietet! *(Seite 18)*

7 Erläutere die Stoff- und Energieumwandlung bei der Fotosynthese! *(Seite 28 bis 30)*

8 Benenne Prozesse, für die Lebewesen Energie benötigen, und erkläre, wie sie die benötigte Energie gewinnen! *(Seite 36 und 37)*

9 Erläutere die Begriffe „autotroph“ und „heterotroph“! *(Seite 29, 36 und 37)*

10 Erläutere den Zusammenhang zwischen Fotosynthese und Zellatmung! *(Seite 37)*

11 Erläutere anhand der Versuche von PRIESTLEY, wie sich die Lebensprozesse von Pflanzen und Tieren gegenseitig beeinflussen! *(Seite 38)*

12 Nenne Prozesse, die zum Wachstum von Lebewesen führen! *(Seite 40)*

13 Beschreibe den Verlauf der Zellteilung! *(Seite 40 und 41)*

14 Erläutere die Bedeutung der Zelldifferenzierung! *(Seite 41)*

15 Erkläre, weshalb alle Zellen eines einzelnen Menschen dieselbe Erbinformation haben! *(Seite 40 und 41)*

16 Beschreibe an einem Beispiel die Systemebenen Zelle – Gewebe – Organ – Organsystem – Organismus! *(Seite 42)*

17 Erläutere den Zusammenhang zwischen der Struktur des Palisadengewebes und seiner Funktion! *(Seite 22 und 23)*

B ▸ Einzeller

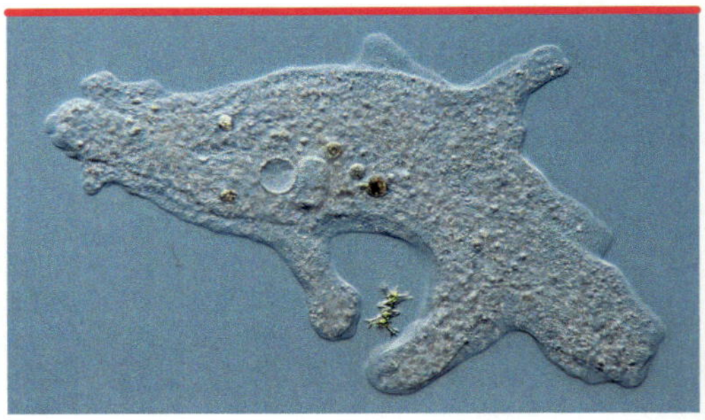

1 Nenne Beispiele für Lebewesen, die nur aus einer Zelle bestehen! *(Seite 46 bis 48)*

2 Vergleiche die Ernährungsweisen von Pantoffeltierchen und Amöbe! *(Seite 46 und 47)*

3 Begründe, dass es schwierig ist, das Augentierchen als pflanzliche oder tierische Zelle zu charakterisieren! *(Seite 48)*

4 Begründe an einem Beispiel, dass Einzeller Lebewesen sind! *(Seite 46 bis 48)*

Erläutere folgende Basiskonzepte:

- Struktur und Funktion
- System

autotrophe Ernährung Es werden anorganischen, körperfremde, energiearme Stoffe aufgenommen und in organische, körpereigene, energiereiche Stoffe umgewandelt. Pflanzen nutzen dazu die Energie des Sonnenlichts.

Chloroplasten Sie sind die Bestandteile pflanzlicher Zellen, die den Farbstoff Chlorophyll enthalten. In den Chloroplasten findet die Fotosynthese statt.

eukaryotische Zelle Zelle, bei der Zellorganellen, insbesondere der Zellkern, vom Zellplasma durch Membranen abgegrenzt ist.

Fotosynthese Sie ist ein Stoff- und Energiewechselprozess, bei dem Kohlenstoffdioxid und Wasser unter Nutzung des Sonnenlichts in energiereiche Glukose und Sauerstoff umgewandelt werden.

Gewebe Ein Gewebe besteht aus gleichartigen, spezialisierten Zellen, die einen Zellverband bilden.

heterotrophe Ernährung Es werden organische, körperfremde, energiereiche Stoffe aufgenommen und in organische, körpereigene, energiereiche Stoffe umgewandelt. Die aufgenommenen organischen Stoffe dienen als Baustoffe und Energiequelle.

Mitochondrien (Einzahl: Mitochondrium) Sie sind die Bestandteile der eukaryotischen Zellen, in denen die Zellatmung stattfindet.

Organ Ein Organ besteht aus verschiedenen räumlich eng zusammenliegenden Geweben, die gemeinsam eine bestimmte Funktion erfüllen.

Organismus Ein Lebewesen wird als Organismus bezeichnet. Es ist durch die Merkmale des Lebens gekennzeichnet und kann aus einer Zelle oder vielen Zellen bestehen.

Organsystem Die Gesamtheit aller Organe, die im Organismus gemeinsam eine Lebensfunktion erfüllen, wird als Organsystem bezeichnet.

Vakuole Sie ist ein Bestandteil der pflanzlichen Zelle und enthält den Zellsaft. Die Vakuole dient der Speicherung von Stoffen.

Zellatmung Sie ist ein Stoff- und Energiewechselprozesse, bei dem Glukose unter Sauerstoffverbrauch zur Gewinnung von nutzbarer Energie zu Kohlenstoffdioxid und Wasser abgebaut wird.

Zelldifferenzierung Es werden spezialisierte Zellen gebildet, die durch ihre besondere Form und Ausstattung bestimmte Funktion erfüllen können.

Zelle Die Zelle ist die kleinste, selbstständige, lebensfähige Struktur und Funktionseinheit des Lebens.

Zellkern Er ist relativ groß und meist kugelförmig. Der Zellkern enthält die Erbsubstanz und steuert die Prozesse in der Zelle.

Zellmembran Die Zellmembran umgibt die Zelle und liegt bei Pflanzen innen der Zellwand an. Wie alle Membranen dient sie der Abgrenzung und dem Stoffaustausch.

Zellplasma Das Zellplasma füllt die Zelle aus. In ihm sind die Zellbestandteile eingebettet. Das Zellplasma stellt die Grundsubstanz der Zelle dar.

Zellwand Jede Pflanzenzelle wird von einer Zellwand umhüllt. Sie besteht aus Zellulose und verleiht der Pflanzenzelle Stabilität.

Lebensräume und ihre Bewohner

In diesem Kapitel beschäftigst du dich mit

- verschiedenen Ökosystemen. Du lernst die Kennzeichen eines Ökosystems kennen und erfährst, wie man ein Ökosystem untersuchen kann.
- dem Ökosystem Wald. Hierbei lernst du unterschiedliche Waldtypen, ihren Bau und ihre Umweltbedingungen kennen. Außerdem beschäftigst du dich mit dem Energiefluss und den Stoffkreisläufen im Wald und lernst etwas über Beziehungen zwischen Waldbewohnern. Du erfährst auch etwas über die Gefährdung von Wäldern und Waldschäden.
- dem Ökosystem See. Du beschäftigst dich mit Nahrungsbeziehungen in einem See und lernst etwas über die Zonierung und die Veränderungen im Jahresverlauf.
- dem besonderen Verhältnis von Mensch und Biosphäre. Du lernst, welche Schwierigkeiten es den Menschen bereitet, die Biosphäre für nachfolgende Generationen lebenswert zu hinterlassen. Dabei erfährst du, was du zum Schutz der Umwelt beitragen kannst.

01 Kiefernwald

Das Ökosystem – mehr als ein Lebensraum

Wenn Bäume einen größeren lückenlosen Bestand bilden, bezeichnen wir dies als Wald. Vergleichst du verschiedene Wälder, bemerkst du typische Unterschiede. Wie entstehen unterschiedliche Waldtypen?

LEBENSGEMEINSCHAFT KIEFERNWALD · Auf den ersten Blick fallen verschiedene Pflanzenarten auf, die in unseren Kiefernwäldern wachsen. Dazu gehören neben den bestandsbildenden Kiefern Farnpflanzen, wie der Adlerfarn, und Blütenpflanzen wie der Schwarze Holunder und die Eberesche. Auf dem Boden finden wir zahlreiche Pilzarten, wie den Maronenröhrling und den Kiefernsteinpilz, sowie verschiedene Moose.

Alle Individuen einer Art, die zum Beispiel in einem Kiefernwald vorkommen, nennt man *Population.* So bilden alle Kiefern eines Kiefernwaldes eine Kiefernpopulation. Alle Pflanzenpopulationen des Kiefernwaldes bilden zusammen die charakteristische Pflanzengesellschaft oder **Flora** des Waldes.

Auch die hier typischen Tierarten, zum Beispiel Bunt- und Schwarzspecht, bilden Populationen, die man in ihrer Gesamtheit als Tiergesellschaft oder **Fauna** bezeichnet. Alle Lebewesen, die in einem Kiefernwald leben, bilden eine Lebensgemeinschaft, eine **Biozönose.** Die Lebewesen einer Biozönose stehen unter anderem durch Konkurrenz um die gleiche Nahrungsquelle oder durch Räuber-Beute-Beziehungen in engen Wechselbeziehungen zueinander. Solche von Lebewesen ausgehenden Bedingungen nennt man **biotische Umweltfaktoren.**

LEBENSRAUM UND LEBENSGEMEINSCHAFT · Physikalische Faktoren, wie Licht, Wind, Wärme oder die Wasserverfügbarkeit, und chemische Faktoren, wie der Mineralstoffgehalt oder der pH-Wert des Bodens, bezeichnet man als **abiotische Umweltfaktoren.** Diese Faktoren bilden für die Lebensgemeinschaft einen Lebensraum, ein **Biotop.**
Die Biozönose des Waldes ist an die abiotischen Umweltfaktoren ihres Biotops gut angepasst. Sie verändert sich, wenn sich diese Faktoren ändern. Umgekehrt beeinflusst aber auch die Biozönose das Biotop, zum Beispiel verändert der Pflanzenbewuchs den Boden.
Biotop und *Biozönose* stehen in Wechselbeziehung zueinander. Sie bilden zusammen eine Funktionseinheit, das **Ökosystem.**

UNTERSCHIEDLICHE WALDTYPEN – EINE FRAGE DES LEBENSRAUMS · Die Böden in Berlin und Brandenburg sind meist trocken und sandig. Kiefern können unter diesen Bedingungen gut wachsen. Für andere Baumarten, zum Beispiel für Buche oder Eiche, sind diese Umweltbedingungen schlechter geeignet. Der Kiefernwald ist daher der häufigste Waldtyp in Berlin und Brandenburg. In kühleren Regionen findet man Kiefern-Birken-Wälder, in wärmeren Gebieten Kiefern-Traubeneichen-Wälder.

AUWÄLDER · Die Böden der **Auwälder** entlang großer Flussläufe sind durch einen hohen Grundwasserspiegel und häufige Überschwemmungen ständig stark durchnässt. Staunässe und häufige Überflutungen ertragen nur wenige Baumarten, auch wenn die klimatischen Bedingungen sonst ideal für sie wären. In diesen Weichholzauen überwiegen Pappeln, Weiden und Schwarzerlen. Wird der Auwald nur selten überschwemmt, sind die dominierenden Baumarten Stieleiche, Ulme, Esche und Bergahorn. Ein solcher Auwald wird als Hartholzaue bezeichnet.
Der weiche Boden und die zahlreichen Überflutungen in Flussauen führen häufig dazu, dass auch völlig gesunde Bäume umstürzen. Pappeln, Weiden und Schwarzerlen sind in der Lage, in solchen Fällen sehr rasch erneut Wurzeln und Zweige in großer Anzahl auszutreiben, was ihnen unter den herrschenden abiotischen Bedingungen einen weiteren Überlebensvorteil sichert. Deshalb spricht man auch von **Auenbruchwäldern.**
Am Rand von Moorgebieten gedeihen auf sehr nassem Untergrund mit sehr saurem pH-Wert kleinflächige Wälder aus Moorbirken, Ebereschen, Stieleichen und Hainbuchen.

1 Beschreibe die Bedingungen, die die Entstehung eines Waldtyps beeinflussen.

02 Auwald:
A Typischer Baumbestand,
B Fischotter – ein Vertreter der Fauna

BUCHENMISCHWÄLDER · Buchen bilden in den meisten Waldgebieten des mitteleuropäischen Tieflands die vorherrschende Baumart, da für sie ideale Wachstumsbedingungen herrschen. Das gemäßigte Klima ist durch mittlere Temperatur- und Niederschlagswerte mit geringen jahreszeitlichen Schwankungen gekennzeichnet. Die durchschnittliche Temperatur liegt in mindestens vier Monaten über zehn Grad Celsius, extreme Frostperioden sind selten und meistens recht kurz. Die durchschnittlichen Jahresniederschläge von etwa 600 bis 800 Litern pro Quadratmeter fallen verteilt über das ganze Jahr.
In Buchenwäldern wachsen nur wenige andere Baumarten, die Buche stellt die beherrschende Baumart dar. Sie bildet ein dichtes Kronendach aus, sodass für andere Baumarten zu wenig Licht übrig bleibt. Junge Buchen überdauern sehr lange in der schattigen Unterschicht und schießen nach oben, wenn eine alte Buche abgestorben oder umgestürzt ist.

In besonders warmen Regionen Deutschlands, zum Beispiel im Rheintal, kommen jedoch neben Buchen auch Eichen vor. In den höheren und damit etwas kühleren und niederschlagsreicheren Mittelgebirgen findet man dagegen Esche, Ahorn und Tanne im Buchenmischwald.

04 Das Reh – ursprünglich ein Bewohner von Wäldern und Waldlichtungen

EINTEILUNG VON ÖKOSYSTEMEN · Das Ökosystem Wald gehört zusammen mit dem Ökosystem Wiese, Gebirgsökosystemen und anderen zu den Landökosystemen. Die Ökosysteme Meer, See und Fluss, die jeweils auch aus verschiedenen kleineren Ökosystemen bestehen, sind dagegen Gewässerökosysteme. Ökosysteme sind keine geschlossenen Systeme, sondern stehen mit anderen Ökosystemen in Verbindung. Die Gesamtheit aller Ökosysteme auf unserer Erde bildet die **Biozönose.**

2 Erkläre, warum die Buche in einem Wald so dominant werden kann.

03 Buchenwald mit charakteristischer Pflanzengesellschaft

METHODE

Herbarium – Sammeln und Bestimmen

01 Sammeln und Bestimmen

02 Pressen und Trocknen

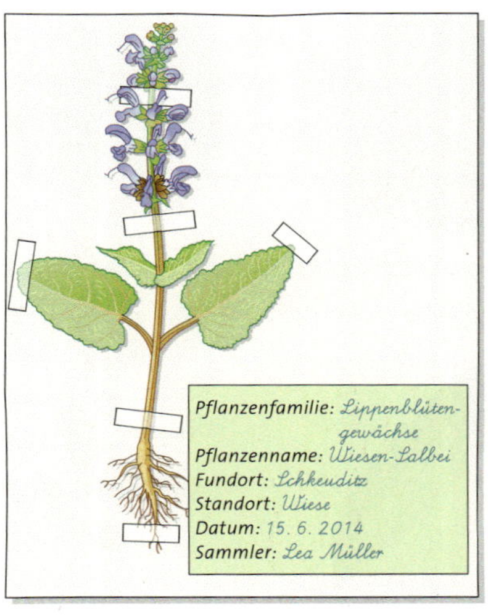

03 Aufkleben und Lagern

Ein Herbarium ist eine Sammlung gepresster und getrockneter Pflanzen oder Pflanzenteile, wie Blätter von Bäumen.

Material:

festes Papier oder leichter Zeichenkarton, Schere, Etiketten (selbstklebend, fünf bis sechs Zentimeter lang), Ziegelsteine oder dicke Bücher, Tageszeitungen, zwei Holzplatten oder starke Pappe, Bestimmungsbuch

Durchführung:

Achtung! Beachte, dass du auch für dein Herbarium keine geschützten Pflanzen sammeln oder beschädigen darfst.

SAMMELN UND BESTIMMEN · *Bevor man eine Pflanze pflückt, muss man mithilfe des Bestimmungsbuchs ihren Namen feststellen. So wird vermieden, dass man aus Versehen eine geschützte Pflanze beschädigt. Außerdem lassen sich die Pflanzen nach dem Pressen und Trocknen oft nur noch schwer bestimmen.*

Transportiere die Pflanzen getrennt in Plastiktüten, in die jeweils ein Zettel mit Artname, Fundort und Funddatum gelegt wird.

PRESSEN UND TROCKNEN · *Lege jede Pflanze einzeln so in gefaltetes Zeitungspapier, dass sie in einer natürlichen Lage ausgebreitet ist. Füge ein Etikett hinzu, auf dem der Artname der Pflanze, die Familie, der Fundort und das Funddatum vermerkt sind.*
Klappe die Papierbögen zu und staple sie abwechselnd mit Zwischenlagen aus mehreren Bögen Zeitungspapier. Lege oben und unten eine Holzplatte oder einen starken Pappkarton auf den Stapel und beschwere ihn mit Ziegelsteinen oder dicken Büchern.
Weil sich leicht Schimmel bildet, müssen die Zwischenlagen aus Zeitungspapier alle ein bis zwei Tage gewechselt werden, bis die Pflanzen völlig getrocknet sind.

AUFKLEBEN UND LAGERN · *Lege jede getrocknete Pflanze einzeln auf je einen festen Bogen Papier oder einen leichten Zeichenkarton. Behandle die Pflanzen sehr vorsichtig, da sie jetzt sehr spröde sind und leicht zerbrechen.*
Schneide aus selbstklebenden Etiketten Streifen und befestige damit die Pflanzen. Klebe dann das vorbereitete, beschriftete Etikett mit dem Namen der Pflanze und allen Funddaten in die rechte untere Ecke des Papierbogens.
Bewahre die Herbarbögen in einer passenden Schachtel oder einer stabilen Mappe auf.

1 Lege ein Herbarium für Laubblätter an! Sammle dafür von jedem deiner ausgewählten Bäume ein Blatt im Sommer und ein Blatt im Herbst ein!

Material A ▸ Blätter einheimischer Laubbäume

Ausschnitt aus einem Bestimmungsbuch für einheimische Laubbäume		
1	Blätter einfach (nur aus einer Fläche bestehend)	weiter bei 3
1*	Blätter zusammengesetzt (aus mehreren Teilblättchen bestehend)	weiter bei 2
2	Blätter gefiedert	Gewöhnliche Esche
2*	Blätter gefingert	Rosskastanie
3	Blätter schmal und lang (lanzettförmig)	Weide
3*	Blätter nicht schmal und lang	weiter bei 4
4	Blattrand ganzrandig	Rot-Buche
4*	Blattrand nicht ganzrandig, sondern gesägt, gebuchtet oder gelappt	weiter bei 5
5	Blattrand gesägt	weiter bei 6
5*	Blattrand gebuchtet	weiter bei 7
5**	Blattrand gelappt	weiter bei 8
6	Blattfläche herzförmig	Sommer-Linde
6*	Blattfläche eiförmig	Hainbuche / Weißbuche
7	Blattfläche gleichförmig gebuchtet, Blattstiel etwa ¼ so lang wie die Blattfläche	Trauben-Eiche
7*	Blattfläche ungleich gebuchtet, Blattstiel sehr kurz	Stiel-Eiche
8	Lappen der Blätter am Ende spitz zulaufend	Spitz-Ahorn
8*	Lappen der Blätter am Ende rundlich	Berg-Ahorn

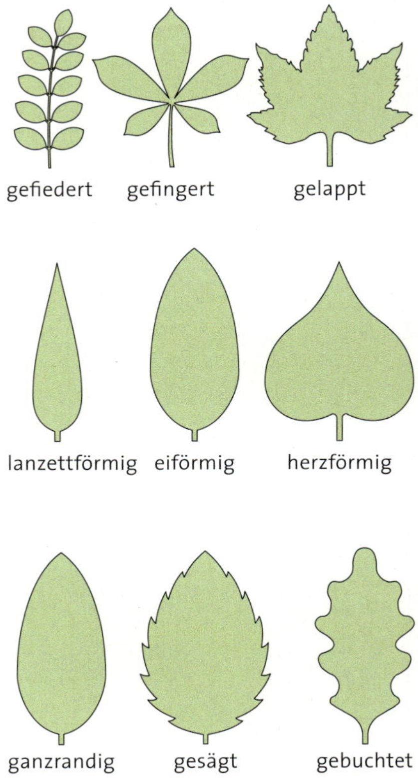

A1 Bestimme mithilfe des Bestimmungsschlüssels die Baumarten, von denen die abgebildeten Blätter stammen!

VERSUCH B ▸ Wir untersuchen eine Waldfläche

Material:

Maßband, Klemmbrett, kariertes Papier, Bestimmungsbücher, Buntstifte

Durchführung:

Stecke in einem Wald eine Fläche von 10 x 10 Metern ab. Nimm dabei ein Maßband zu Hilfe. Zeichne auf kariertes Papier die abgesteckte Waldfläche auf. Ein Meter im Wald entspricht zwei Kästchen auf deinem Papier. Zeichne die Position von Pflanzen, Totholz und Pilzen, die du auf der Untersuchungsfläche gefunden hast, ein.

B1 Bestimme die Baumarten auf deiner Untersuchungsfläche mithilfe von Bestimmungsbüchern! Trage die verschiedenen Baumarten in deine Kartierung ein!

B2 Trage nun Gräser, Kräuter, Sträucher, Totholz und Pilze ein! **Hinweis:** Es sollen keine Artnamen der Sträucher, Gräser, Kräuter und Pilze eingetragen werden.

B3 Beschreibe die Verteilung der Pflanzen auf der Untersuchungsfläche!

Material C ▸ Ökosysteme

Aquarium

Heißer Lavastrom

Quelle

Schulhof

Mond

Kuhfladen

C1 Begründe, ob es sich bei den Abbildungen jeweils um ein Ökosystem handelt!

C2 Erläutere, ob die Bezeichnung „Biotop" für einen im Garten selbst angelegten Teich zutreffend ist!

C3 Ordne in einem Schema folgende natürliche Ökosysteme so an, dass die Rangfolge deutlich erkennbar wird: Binnengewässer, Bach, Wüste, Tiefsee, Gewässerökosysteme, Buchenwald, Biosphäre, See, Regenwälder, Meer, Laubwälder, Fließgewässer, Landökosysteme, Fluss, Tümpel, Moor, Buchenlaubstreu, stehende Gewässer, Watt!

01 Sonnenlicht im Wald

Stockwerke der Mischwälder

In einem Wald leben zahlreiche Pflanzen auf engem Raum zusammen. Das kann Nachteile mit sich bringen. Vielleicht kennst du es aus eigener Erfahrung: Streit um den besten Platz, Streit um das meiste Essen. Auch Pflanzen in einem Wald stehen in einem Wettbewerb. Wie sieht dieser Wettbewerb aus und wer ist überlegen?

LICHT ZUM ÜBERLEBEN · Pflanzen benötigen Licht. Sie wandeln im Rahmen der *Fotosynthese* Wasser und Kohlenstoffdioxid mithilfe der Sonnenenergie in energiereiche Glukose und Sauerstoff um. Die Glukose dient als Ausgangsstoff für die Bildung aller organischen Stoffe, aus denen die Pflanzen bestehen. Man bezeichnet die Pflanzen als *autotroph*. Nur wenn ihnen genügend Licht zur Verfügung steht, können sie ausreichend Nährstoffe bilden. Licht ist für Pflanzen also überlebenswichtig.

autotroph siehe Seite 29

STOCKWERKE DES WALDES · Am Waldboden ist es im Sommer schattig. Nur ein kleiner Teil des Sonnenlichts erreicht den Boden, da die dichten Kronen der Bäume einen Großteil des Lichts aufnehmen. Sie bilden das oberste Stockwerk des Waldes. Unterhalb dieser 5 bis 40 Meter hohen **Baum**- oder **Kronenschicht** gibt es wegen der Beschattung nur noch Pflanzen, die weniger Licht zum Wachsen benötigen. In der **Strauchschicht,** die ein bis fünf Meter hoch ist, kommt ein Viertel des Sonnenlichts an. Es genügt den Sträuchern jedoch, um zu überleben. Zur **Krautschicht** dringen nur noch fünf Prozent des Sonnenlichts vor. Hier können nur Pflanzen mit wenig Lichtbedarf wachsen, beispielsweise Waldmeister und das Kleine Springkraut. Die Krautschicht kann bis zu einem Meter hoch werden. In der **Moosschicht,** die dem Boden direkt aufliegt, wachsen Moose, die sehr wenig Licht zum Überleben benötigen.

02 Lichtverhältnisse in den Stockwerken eines Mischwaldes

Das unterste Stockwerk des Waldes, die **Wurzelschicht,** wird von den unterirdischen Pflanzenorganen gebildet, die keine Fotosynthese betreiben.
Die Pflanzen der verschiedenen Stockwerke stehen im Wettbewerb um notwendiges, aber begrenztes Licht. Man spricht von **Konkurrenz.**

KONKURRENZ · Im Wald überleben solche Pflanzen, die sehr schnell und hoch wachsen, wodurch sie genügend Licht erreichen. Diese Pflanzen sind *konkurrenzstärker* gegenüber Pflanzen, die weniger schnell und hoch wachsen. Andere Pflanzen vermindern die Konkurrenz um Licht, indem sie an ein Leben mit wenig Licht angepasst sind. Sie können mit wenig Sonnenenergie ausreichend Nährstoffe herstellen. Ist nicht ausreichend Licht vorhanden, ist es unmöglich, dass in einem Waldstück zwei Pflanzenarten vorkommen, die beide eine sehr hohe Lichtstärke zum Wachsen benötigen. Die konkurrenzstärkere Art wird den Lebensraum besiedeln. Dieses Prinzip, dass es ausgeschlossen ist, dass Lebewesen zweier Arten mit denselben Umweltansprüchen gemeinsam in einem Lebensraum vorkommen, nennt man **Konkurrenzausschlussprinzip**.

1 Erkläre den Zusammenhang zwischen den Lichtverhältnissen und dem Stockwerkbau des Waldes!

2 Je dichter die Kronenschicht eines Waldes ist, desto weniger ausgeprägt ist die Strauch- und Krautschicht. Begründe!

03 Pflanzen der Krautschicht: A Waldmeister, B Kleines Springkraut

UMWELTFAKTOR WASSER · Neben Licht benötigen Pflanzen zum Überleben und Wachsen weitere Stoffe und Bedingungen aus ihrer Umwelt. Umwelteinflüsse, welche auf Lebewesen einwirken, nennt man **Umweltfaktoren.**
Die Landpflanzen nehmen Wasser über ihr Wurzelsystem aus dem Boden auf und transportieren es über die Sprossachse zu den Blättern. Dort wird es umgewandelt oder in Form von Wasserdampf über die Spaltöffnungen an die Umgebung abgegeben. Eine ausgewachsene Rotbuche benötigt an einem sonnigen Sommertag etwa 400 Liter Wasser zur Aufrechterhaltung aller Lebensvorgänge. Wasser ist ebenso zur Herstellung von energiereicher Glukose notwendig.

Böden speichern je nach Bodenbeschaffenheit unterschiedlich viel Feuchtigkeit. So sind sandige Böden beispielsweise eher trocken, lehmige Böden hingegen feucht. Da Wasserquellen von Pflanzen nicht aktiv aufgesucht werden können, ist es wichtig, dass sie an die Bodenfeuchtigkeit ihres Standortes angepasst sind. Sumpfdotterblumen sind beispielsweise durch ihre großen Laubblätter mit zahlreichen Spaltöffnungen, über die viel Wasser verdunstet werden kann, an einen wässrigen Boden angepasst. Sie kommen an Ufern, auf sumpfigen Wiesen, in Gräben und Auenwäldern vor. Der Scharfe Mauerpfeffer hingegen ist auf sandigen, trockenen Böden, wie etwa in der Lüneburger Heide, an Wegrändern oder auf Trockenrasen zu finden. Sogar auf steinigem Untergrund wie Mauern, wo kein Wasser gespeichert wird, wächst er. Die kleinen Laubblätter, die eine geringe Oberfläche und somit eine geringe Anzahl an Spaltöffnungen besitzen, stellen eine Angepasstheit an solche trockenen Standorte dar, weil der Wasserverlust über die Laubblätter reduziert ist. Zudem sind diese fleischig verdickt, sodass darin größere Mengen Wasser gespeichert werden können.

UMWELTFAKTOR MINERALSTOFFE · Mineralstoffe sind Salze, die im Boden vorkommen und chemisch gebunden Eisen, Phosphat, Kalzium, Natrium und Magnesium enthalten. Magnesium wird von den Pflanzen beispielsweise für die Herstellung von Chlorophyll benötigt, das für die Fotosynthese unerlässlich ist. Mineralstoffe sind daher ebenso wie Wasser überlebenswichtig für die Pflanzen. Pflanzen nehmen die Mineralstoffe gemeinsam mit dem Wasser über die Wurzeln aus dem Boden auf. Dabei begrenzt der Mineralstoff das Wachstum der Pflanzen, der in gerinstem Maße vorhanden ist.
Der Mineralstoffgehalt eines Bodens unterscheidet sich je nach den unterirdischen Gesteinsschichten. Sumpfdotterblumen wachsen auf mineralstoffreichen Böden, während der Scharfe Mauerpfeffer mit geringem Mineralstoffangebot auskommt.

04 Pflanzen: **A** Sumpfdotterblume, **B** Scharfer Mauerpfeffer

Material A ▸ Abiotische Faktoren

Temperaturen in Grad Celsius		
Uhrzeit	Messpunkt 1	Messpunkt 2
15.30 Uhr	19,4	16,0
16.30 Uhr	18,2	15,3
17.30 Uhr	13,9	13,7
18.30 Uhr	12,9	13,0
19.30 Uhr	10,2	12,6

Relative Luftfeuchtigkeit in Prozent		
Uhrzeit	Messpunkt 1	Messpunkt 2
08.00 Uhr	61	91
12.00 Uhr	49	87
16.00 Uhr	44	83
20.00 Uhr	56	85
24.00 Uhr	60	89

An zwei Messpunkten, im Wald und auf einer Wiese, wurden Temperatur und Luftfeuchtigkeit in einem Meter Höhe mehrmals gemessen.

A1 Stelle die Messwerte für Temperatur und Luftfeuchtigkeit jeweils in einem Liniendiagramm dar!

A2 Vergleiche in den Diagrammen jeweils die beiden Kurven!

A3 Ordne die Messpunkte 1 und 2 jeweils einem der beiden Orte zu und begründe!

Material B ▸ Wasser und Boden

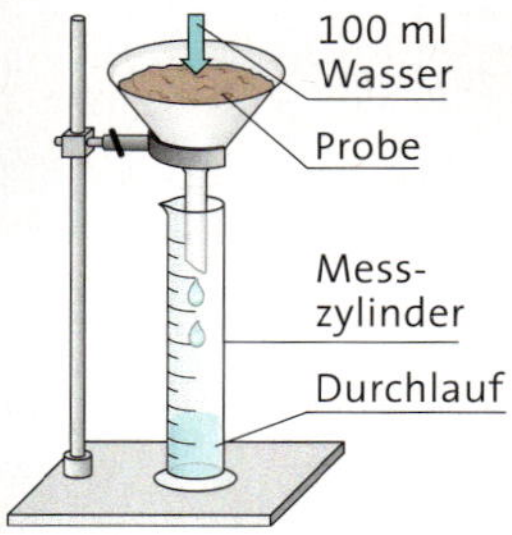

Probenmaterial			
Durchlauf nach	Kies	Sand	Waldhumus
10 Sekunden	19 ml	0 ml	0 ml
20 Sekunden	42 ml	4 ml	0 ml
30 Sekunden	63 ml	15 ml	0 ml
40 Sekunden	82 ml	31 ml	2 ml
50 Sekunden	93 ml	55 ml	5 ml
60 Sekunden	95 ml	70 ml	9 ml

B1 Beschreibe die Durchführung des Versuchs!

B2 Stelle die Werte in einem Diagramm dar!

B3 Leite aus den Ergebnissen eine Funktion des Waldes ab!

Material C ▸ Das Minimumgesetz

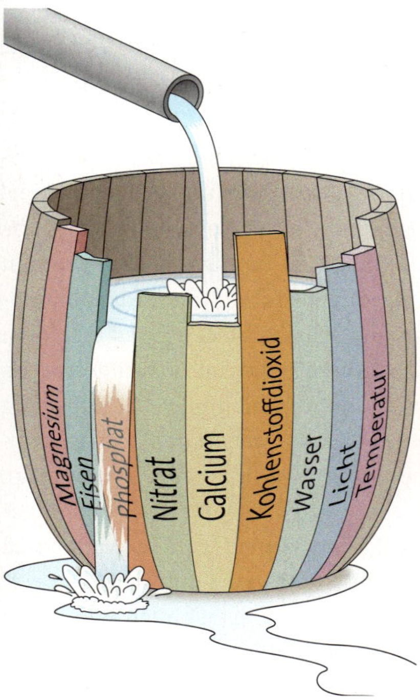

Justus VON LIEBIG (1803–1873), Professor für Chemie und Pharmazie, erkannte durch Versuche die Bedeutung der Mineralstoffe für das Pflanzenwachstum. Er entwickelte den ersten phosphathaltigen Pflanzendünger zur Ertragssteigerung. In der Tabelle sind stark vereinfacht einige Versuchsdaten dargestellt.

Düngung der Pflanzen mit Phosphat	Zusätzliche Düngung mit anderen Mineralstoffen	Wachstumssteigerung der Pflanzen
keine	nein	keine
wenig	nein	kaum
viel	nein	stark
sehr viel	nein	stark
sehr viel	ja	sehr stark

C1 Gib die Kernaussagen der Versuchsdaten aus der Tabelle wieder und formuliere eine Gesetzmäßigkeit!

C2 Ordne den Teilen des Modells die Faktoren des Pflanzenwachstums zu!

C3 Erläutere das Modell der Minimumtonne!

C4 Setze das Modell der Minimumtonne in Beziehung zu der Gesetzmäßigkeit aus Aufgabe C1!

01 Laubwald im Jahresverlauf:
A Frühling,
B Sommer,
C Herbst,
D Winter

Veränderungen im Wald

Betrachtet man einen Laubwald zu verschiedenen Jahreszeiten, so fallen deutliche Unterschiede auf, vor allem in der Belaubung der Bäume und im Wachstum von Kräutern. Welche Faktoren verursachen diese immer wiederkehrenden Veränderungen?

Die Artenzusammensetzung einer Pflanzengesellschaft während einer bestimmten Jahreszeit wird *Aspekt* genannt, ihr jahreszeitlicher Wechsel **Aspektfolge.** Sie geht auf die Schwankungen verschiedener abiotischer Faktoren zurück, zum Beispiel Temperatur und Licht.

LAUBWALD IM JAHRESVERLAUF · Im Frühling entfalten die Laubbäume ihre neuen Blätter. Bereits kurz zuvor beginnen ihre Samen vom vergangenen Herbst auf dem noch kahlen Waldboden zu keimen und Moose, Kräuter und Farne fangen an zu wachsen. Bis in den Sommer hinein treiben Bäume und Sträucher neue Zweige aus. Am Waldboden wachsen dann nur noch wenige und andere Kräuterarten als im Frühling. Im Herbst setzen die Verfärbung und schließlich der Abwurf der Blätter der Laubbäume ein. Am Waldboden vertrocknen die verblühten Kräuter, die allmählich zersetzt werden. Im Winter ruhen nahezu alle pflanzlichen Lebensvorgänge.

TEMPERATUR · Im Winter kann die Temperatur in Mitteleuropa weit unter den Gefrierpunkt absinken. Dünne Gewebe in Kräutern, Farnen und Blättern der Laubbäume werden durch gefrierendes und sich dabei ausdehnendes Wasser in ihren Zellen zerstört. Außerdem können die Wurzeln das im Boden gefrorene Wasser nicht mehr aufnehmen. Der Rückgang der Vegetation im Winter steht also in Zusammenhang mit dem Absinken der Temperatur. Obwohl die jahreszeitlichen Temperaturschwankungen in einem reinen Nadelwald ähnlich sind, ist dort keine deutliche Aspektfolge zu beobachten. Dies ist auch eine Folge der besonderen Lichtverhältnisse.

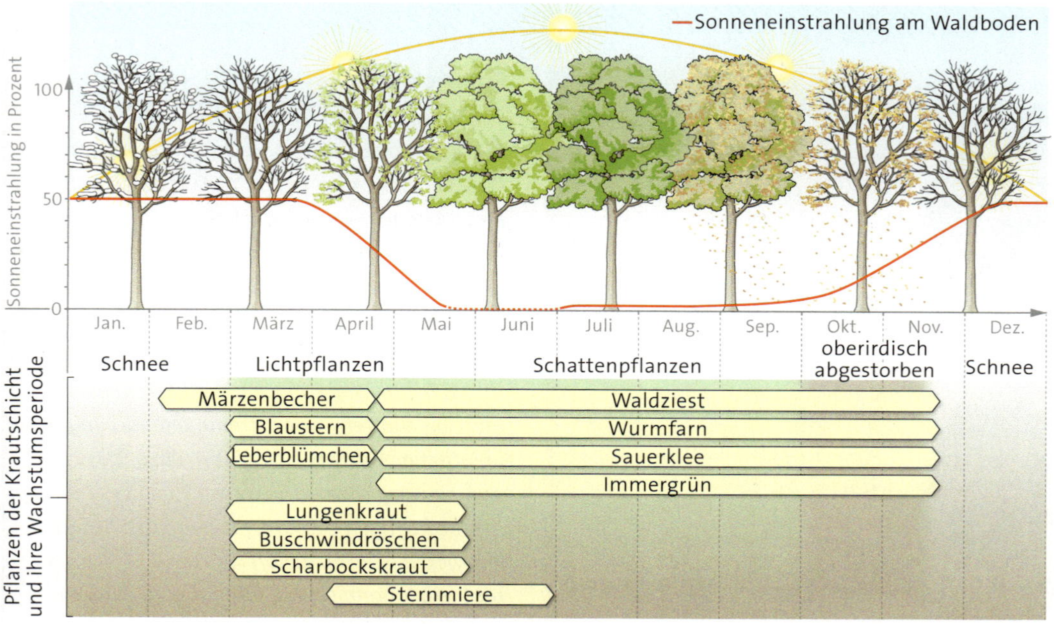

02 Licht und Vegetation im Jahresverlauf

LICHT · Der Tag mit der kürzesten Sonneneinstrahlung und dem niedrigsten Sonnenstand ist der 21. Dezember, die Wintersonnenwende. Danach werden die Tage bis zur Sommersonnenwende am 21. Juni wieder länger und auch der Sonnenstand wird höher. Laubbäume sind im Juni am dichtesten belaubt. Die Vegetation der Kräuter und Farne am Waldboden eines Laubwalds erreicht aber bereits zwischen Ende März und Anfang Mai ihr stärkstes Wachstum. Das einfallende Sonnenlicht wird noch nicht durch das Blätterdach der Bäume abgeschirmt und die Temperaturen erlauben bereits das Wachstum dieser **Frühblüher.** Zu ihnen gehören zum Beispiel *Buschwindröschen, Scharbockskraut, Märzenbecher, Blaustern, Leberblümchen, Sternmiere* und *Lungenkraut*. Sie besitzen besondere Speicherorgane, die den Winter überdauern können. Dadurch können sie sofort mit Anstieg der Temperatur und Sonneneinstrahlung austreiben und wachsen. *Buschwindröschen, Leberblümchen, Sternmiere* und *Lungenkraut* verfügen über verdickte Erdsprosse. *Blaustern* und *Märzenbecher* bilden Zwiebeln und das *Scharbockskraut* besitzt Wurzelknollen. In diesen verdickten Geweben speichern sie Nährstoffe, vor allem Stärke, Mineralstoffe und Wasser. Wenn sich etwa Mitte Mai das Blätterdach der Laubbäume schließt, endet auch die Wachstumsperiode der Frühblüher. Am nun fast völlig beschatteten Waldboden wachsen dann nur noch wenige Pflanzen. *Sauerklee, Immergrün, Waldziest,* Moose und Farne gehören zu diesen **Schattenpflanzen.** Ihre Blätter sind oft auffallend groß, dünn und zueinander versetzt angeordnet. So können sie das geringe Sonnenlicht optimal einfangen. Auch ihr sehr hoher Chlorophyllanteil, der ihren Blättern häufig eine kräftig dunkelgrüne Färbung verleiht, ermöglicht es ihnen, im Schatten noch ausreichend Fotosynthese zu betreiben.

1 Nenne jeweils drei Frühblüher und drei Schattenpflanzen im Laubmischwald!

2 Erläutere die Angepasstheiten von Frühblühern und Schattenpflanzen!

3 Erkläre den Verlauf der Kurve zur Sonneneinstrahlung am Waldboden in Abbildung 02!

03 Buschwindröschen

04 Scharbockskraut

BASISKONZEPT

01 Sukzession im Mischwald

Entwicklung

Der Wald stellt in Mitteleuropa, außer in den Küstenregionen und im Hochgebirge, die natürliche Vegetationsform dar. Wird er durch äußere Einwirkungen wie einen schweren Sturm, einen Waldbrand oder Kahlschlag zerstört, regeneriert er sich im Zeitraum von vielen Jahrzehnten bis Jahrhunderten über mehrere Zwischenstufen wieder bis zu seiner ursprünglichen Form.

Fehlen Bäume und Sträucher, wird der Boden nicht mehr beschattet. Diese extreme Veränderung des abiotischen Faktors Licht führt dazu, dass sich nun eine typische Gemeinschaft aus besonders lichtbedürftigen Gräsern, Kräutern und Stauden entwickelt. Zu ihr gehören Arten wie Weidenröschen, Johanniskraut, Springkraut, Fingerhut, Greiskraut, Goldrute, verschiedene Distelarten und Sauergräser. Nach einigen Jahren können sich die ersten schnellwüchsigen ***Pionierpflanzen*** *wie Hasel, Sandbirke und Salweide durchsetzen. Es entsteht eine strauchartige Vegetation, die durch ihren Schattenwurf die zunächst vorherrschenden lichtbedürftigen Kräuter und Stauden zunehmend verdrängt. Außerdem erhöht diese Beschattung die Bodenfeuchtigkeit. Aber erst nach mehreren Jahrzehnten können sich schließlich die langsamer wachsenden typischen Waldbäume, zum Beispiel Rotbuche, Stieleiche, Weißtanne und Gemeine Fichte, durchsetzen und wieder eine geschlossene Baumschicht ausbilden.*

Die Abfolge dieser verschiedenen Lebensgemeinschaften eines Ökosystems bezeichnet man als ***Sukzession****. Diese Entwicklung führt langfristig im Tiefland oft zu einem Buchenmischwald, im Gebirge hingegen zu einem Nadelmischwald. Da die herrschenden abiotischen Faktoren, zum Beispiel durch einen Klimawandel, nie völlig konstant bleiben, entwickeln sich alle Lebensgemeinschaften ständig weiter. Weil sich alle lebendigen Systeme verändern und so durch Entwicklung gekennzeichnet sind, spricht man vom* ***Basiskonzept Entwicklung****.*

Material A ▸ Lichtverhältnisse am Boden

	Monat	J	F	M	A	M	J	J	A	S	O	N	D
Sonneneinstrahlung: in 30 Zentimetern Höhe, in Prozent der Gesamteinstrahlung	Gebiet A	50	50	50	31	05	01	02	02	03	10	27	48
	Gebiet B	05	05	05	04	02	01	01	01	01	03	04	05
	Gebiet C	100	100	100	100	100	100	100	100	100	100	100	100

Die Sonneneinstrahlung am Boden wurde im Jahresverlauf an drei Standorten gemessen. Dabei handelte es sich um eine Wiese, einen Laubwald und einen Nadelwald.

A1 Stelle die Messwerte in einem Diagramm dar!

A2 Ordne die Datenreihen den drei Standorten zu und begründe!

A3 Stelle mithilfe der Messwerte eine Vermutung über die Vegetation der Krautschicht in einem Nadelwald an!

Material B ▸ Waldbewirtschaftung

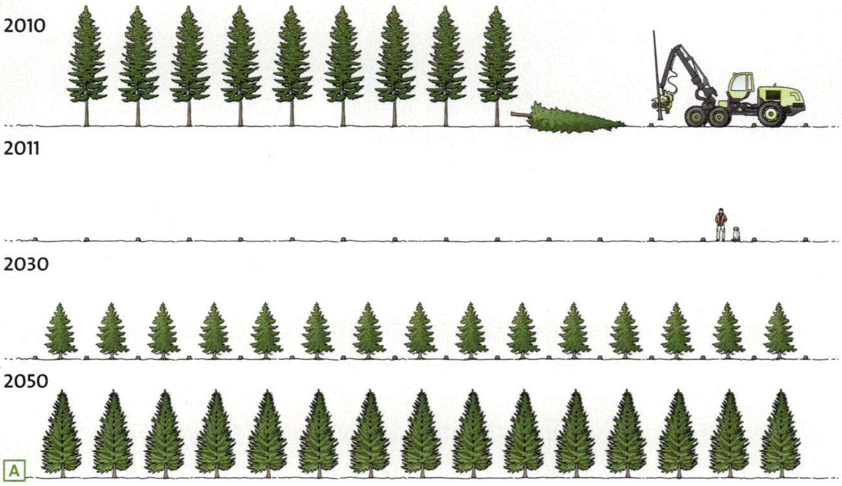

Die Abbildungen zeigen zwei Formen der Waldbewirtschaftung zur Holzgewinnung. In A ist die Kahlschlagernte dargestellt, in B die Methode der Plenterung.

B1 Beschreibe jeweils den Ablauf der beiden Methoden!

B2 Erläutere, weshalb große Holzkonzerne vor allem den Kahlschlag einsetzen und kleine Waldbauernbetriebe häufig mit der Plenterung arbeiten!

B3 Stelle eine Vermutung auf, wie sich die in A dargestellte Fichtenmonokultur ohne Waldbewirtschaftung im Verlauf von etwa 500 Jahren weiterentwickeln würde!

B4 Beurteile die Anfälligkeit der durch die beiden Methoden jeweils entstehenden Waldformen für Sturmschäden und Schädlingsbefall!

01 Schwarzspecht im Wald

Zusammenleben im Wald

Hier hört man den Schwarzspecht klopfen, da hört man die Haubenmeise zwitschern, dort verschwindet das Reh hinter den Bäumen. Im Wald kann man viele Tiere hören oder sehen. Wie ist es möglich, dass so viele verschiedene Tierarten gleichzeitig in diesem Lebensraum leben können?

ÖKOSYSTEM WALD · Der Wald als Lebensraum ist von vielen Umweltfaktoren, wie beispielsweise Klima, Bodenbeschaffenheit und Vorhandensein von Wasser, geprägt. Den Lebensraum mit seiner Struktur zusammen mit diesen Umweltfaktoren nennt man *Biotop*. Das Biotop wird von ganz bestimmten Pflanzenarten und Tierarten besiedelt. Da alle Lebewesen in diesem Biotop miteinander in Beziehung stehen, bezeichnet man die Lebensgemeinschaft in einem bestimmten Lebensraum als *Biozönose*. Die Biozönose und das Biotop zusammen bilden das *Ökosystem*.

griechisch bios = Leben
griechisch topos = Ort
Zönose von griechisch koinos = gemeinsam

UMWELTFAKTOREN · Man unterscheidet Faktoren der unbelebten Umwelt, die *abiotischen Umweltfaktoren*, von Faktoren der belebten Umwelt, den *biotischen Umweltfaktoren*.
Auf den Schwarzspecht wirken abiotische Faktoren ein, beispielsweise Niederschlag und Temperatur.
Ebenso haben aber Artgenossen, Beutegreifer, Beutetiere, Konkurrenten und der Baumbestand als biotische Umweltfaktoren Einfluss auf das Leben des Schwarzspechts.

ÖKOLOGISCHE NISCHE · Der Schwarzspecht hat gewisse Ansprüche an seine Umwelt und tritt in Wechselbeziehung mit den verschiedenen Umweltfaktoren. Nicht nur die Umweltfaktoren haben Einfluss auf den Schwarzspecht. Der Schwarzspecht beeinflusst auch die biotischen Umweltfaktoren seines Biotops und der Biozönose. Die Rinde der Bäume und das darunterliegende Holz werden von ihm während

02 Ökosystem: Biotop und Biozönose

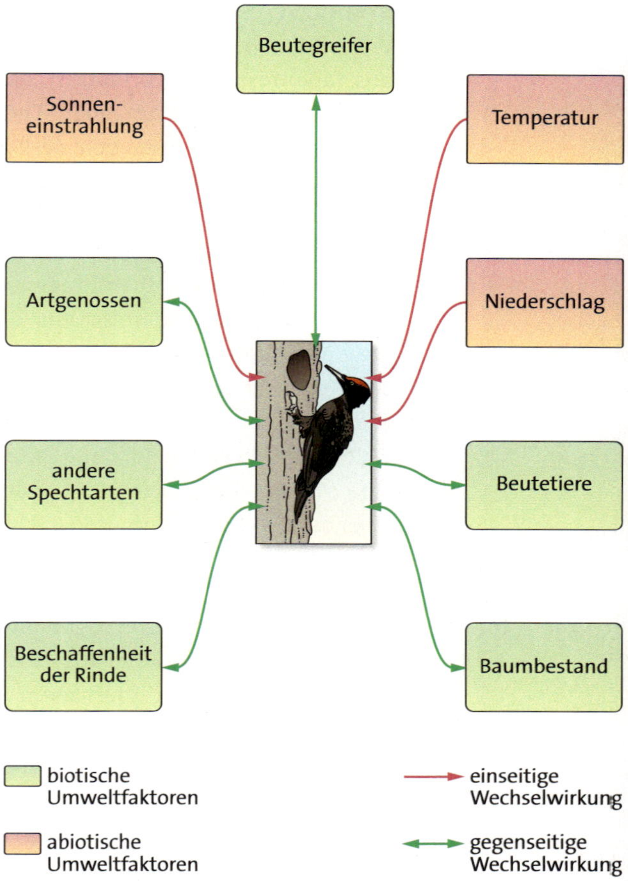

03 Ökologische Nische des Schwarzspechts

des Nahrungserwerbs und beim Bau von Nisthöhlen bearbeitet. Er ernährt sich einerseits von Insekten sowie deren Larven und Puppen, die unter der Rinde leben. Andererseits dient er selbst Beutegreifern, wie Bussarden oder Mardern, als Nahrung. Da der Baumbestand für die Nahrungssuche und den Bau der Nisthöhlen begrenzt ist, kommt es zu *Konkurrenz* zwischen verschiedenen Tieren.
Für den Nahrungserwerb und den Nisthöhlenbau nutzt der Schwarzspecht vor allem Buchen, Tannen und Kiefern. Dagegen ist der Buntspecht besonders auf das Vorkommen von Bergahorn im Wald angewiesen. Der Schwarzspecht unterscheidet sich von anderen Arten in der Wechselbeziehung, die er mit seiner Umwelt eingeht.
So ist der Schwarzspecht nur zu bestimmten Zeiten des Tages aktiv und auf Nahrungssuche. Seine Nahrung sucht er unter der Rinde von Bäumen, während beispielsweise der Grünspecht seine Nahrung am Boden sucht. Durch die unterschiedliche Lebensweise wird Konkurrenz zu anderen Spechtarten vermindert.

Die Gesamtheit der Wechselbeziehungen zwischen Umweltfaktoren und einer Art bezeichnet man als *ökologische Nische.* Jede Art bildet eine spezielle ökologische Nische.

1 Erläutere den Begriff der ökologischen Nische!

2 Beschreibe die ökologische Nische des Schwarzspechts mithilfe von Abbildung 03!

griechisch mykes = Pilz, griechisch rhiza = Wurzel

SYMBIOSE · Die feinen Enden der Wurzeln vieler Bäume sind mit einer dünnen Schicht aus fadenförmigen Fortsätzen, den *Hyphen*, verschiedener Pilze umgeben. Dieses dichte Geflecht aus den Feinwurzeln des Baumes und den Pilzhyphen wird als *Mykorrhiza* bezeichnet. Der enge Kontakt dieser beiden Strukturen ermöglicht einen gegenseitigen Stoffaustausch. Pilze können über ihre feinen Hyphen Wasser und Mineralstoffe aus dem Boden wesentlich besser aufnehmen als Bäume. Sie sind jedoch nicht in der Lage, durch Fotosynthese Kohlenhydrate herzustellen, da sie kein Chlorophyll besitzen. Pilz und Baum gleichen ihre Mängel durch ihren Stoffaustausch aus. Über die Mykorrhiza erhalten die Bäume Wasser und Mineralstoffe von den Pilzen, die wiederum Kohlenhydrate von den Bäumen aufnehmen. Eine solche Lebensgemeinschaft von Lebewesen verschiedener Arten, in der beide Partner voneinander profitieren, ohne sich größeren Schaden zuzufügen, wird als **Symbiose** bezeichnet. Da sich beide in einer wechselseitigen Abhängigkeit befinden, beeinträchtigt die Schädigung eines der beiden Symbiosepartner immer auch den anderen.

PARASITISMUS · Zecken ernähren sich vom Blut verschiedener Säugetiere. Sie gelangen zu ihnen, indem sie auf Grashalme oder kleine Büsche klettern und dort warten, bis sich ein vorbeilaufendes Tier nähert. Dies erkennen sie anhand von Erschütterungen und chemischen Duftstoffen. Werden sie beim Vorbeistreifen berührt, klammern sie sich mit ihrem vordersten Gliedmaßenpaar im Fell des Tieres fest. Nun suchen sie Körperstellen auf, an denen sie mit einem Stich leicht an Blutgefäße gelangen können. Beim Blutsaugen geben die Zecken Speichel in die Wunde ab, dessen Bestandteile die Blutgerinnung und das Schmerzempfinden hemmen. Durch das Blut erhalten sie alle lebensnotwendigen Nährstoffe. Ein solches Verhalten, bei dem ein Lebewesen einen Vertreter einer anderen Art schädigt und selbst davon profitiert, wird als **Parasitismus** bezeichnet. Dabei wird der *Wirt* zwar beeinträchtigt, aber meistens nicht getötet. Im Ökosystem Wald befallen Zecken oft Rehe, aber auch viele kleinere Säugetiere. Sie können jedoch auch an Menschen parasitieren und dabei gefährliche Infektionskrankheiten übertragen.

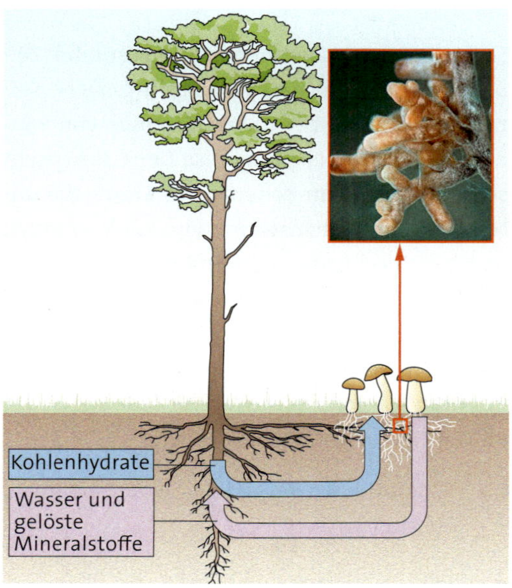

04 Symbiose zwischen Baum und Pilz

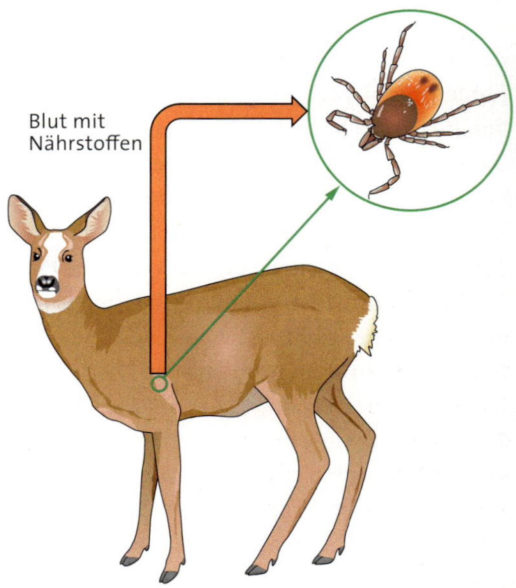

05 Parasitismus zwischen Zecke und Reh

Material A ▸ Spechtarten

Schwarzspecht

Buntspecht

Grünspecht

Der Schwarzspecht ernährt sich hauptsächlich von verschiedenen Insekten. An diese Nahrung gelangt er durch das Anschlagen der Borke des Baumes. Des Weiteren ernährt er sich von Ameisen, Spinnen und selten auch von Beeren und anderen Früchten.
Auch der Buntspecht gelangt mit seinem harten, kräftigen Schnabel an Holz bewohnende Insekten, ernährt sich aber auch von pflanzlicher Kost wie Beeren, Samen und Nüssen.

Der Grünspecht ernährt sich überwiegend von Ameisen, deren Larven und Puppen. Er hackt Löcher in den Boden, um seine Nahrung aus den Wohnröhren herauszuholen. Des Weiteren sucht er in Felsspalten und Baumspalten nach Mücken und Fliegen. Nur selten ernährt er sich von Früchten.

A1 Nenne die Stockwerke des Waldes, in denen sich die Spechtarten zum Nahrungserwerb hauptsächlich aufhalten! Ordne den drei Spechtarten begründet die Begriffe „Baumspecht“ und „Bodenspecht“ zu!

A2 Erkläre, warum die Koexistenz der drei Spechtarten möglich ist!

A3 Manche übersetzen den Begriff der ökologischen Nische mit „Beruf“ oder „Standort“. Nimm Stellung zu diesen Aussagen!

Material B ▸ Spechte in der Biozönose

Spechte sind wichtige Wegbereiter für andere höhlenbrütende Vögel, zum Beispiel den Kleiber, da diese verlassene Spechthöhlen als Nist- und Bruthöhle nutzen. Dabei kann es zu Konkurrenz unter den Vogelarten um die begehrten Höhlen kommen, wie die Tabelle zeigt.
Auf den Waldflächen A und B hat man jeweils die Spechthöhlen gezählt und die Anzahl der Nester aller höhlenbrütenden Vögel sowie der Kleiber bestimmt.

	Fläche A	Fläche B
Anzahl Spechthöhlen	50	25
Anzahl Nester höhlenbrütender Vögel	48	25
Anzahl Kleibernester	5	4

B1 Vergleiche das Vorkommen von Nestern des Kleibers in Spechthöhlen auf den Flächen A und B!

B2 Erkläre diese Beobachtungen mit dem Konkurrenzbegriff!

B3 Erstelle eine Concept-Map zur Wechselbeziehung zwischen den Spechten und den anderen Arten der Biozönose!

01 Eine Kohlmeise auf Nahrungssuche

Nahrungsbeziehungen im Wald

Auf einem Waldspaziergang kannst du viele verschiedene Pflanzen und Tiere entdecken. Es gibt zum Beispiel Bäume wie Eichen und Tiere wie die Raupe des Eichenwicklers, die Kohlmeise oder den Sperber. Doch wie ernähren sich diese verschiedenen Lebewesen im selben Lebensraum?

02 Nahrungsnetz im Wald

NAHRUNGSKETTE · Eichen bieten Lebensraum für eine große Zahl von Tieren. Ein Beispiel ist der Eichenwickler, der zu den Schmetterlingen gehört. Er legt seine Eier auf Blättern von Eichen ab. Daraus schlüpfen Raupen, die sich hauptsächlich von Eichenblättern ernähren. Nicht alle Eichenwicklerraupen können sich zu einem Falter entwickeln, denn sie werden beispielsweise von Kohlmeisen gefressen. Die Kohlmeise ist wiederum die Nahrungsgrundlage für größere Tiere wie den Sperber. Zwischen diesen Tieren besteht eine Nahrungsbeziehung, die sich als Kette beschreiben lässt. Sie wird **Nahrungskette** genannt. Betrachtet man verschiedene Nahrungsketten, so stellt man fest, dass sie Gemeinsamkeiten haben. Am Anfang steht eine Pflanze, es folgen ein Pflanzenfresser und ein oder mehrere Fleischfresser. Somit entsteht eine Nahrungskette aus drei oder mehr Kettengliedern.

NAHRUNGSNETZ · Kohlmeisen ernähren sich nicht ausschließlich von Eichenwicklerraupen, sondern auch von anderen Insekten und von Spinnen. Auch Sperber fressen nicht nur Kohlmeisen, sondern auch andere Vögel vergleichbarer Größe. Da die meisten Tiere verschiedene Nahrungsquellen nutzen, lassen sich mehrere Nahrungsketten miteinander verknüpfen, sodass ein verzweigtes **Nahrungsnetz** entsteht.

PRODUZENTEN · Pflanzen betreiben Fotosynthese und wandeln dabei mithilfe des Sonnenlichts energiearme Stoffe in energiereiche Glukose um, die sie zum Leben benötigen. Deswegen werden sie als Erzeuger oder **Produzenten** bezeichnet.

KONSUMENTEN · Tiere ernähren sich von anderen Lebewesen, da sie energiereiche Stoffe für die Zellatmung aufnehmen müssen. Aus diesem Grund werden sie als Verbraucher oder **Konsumenten** bezeichnet. Die Konsumenten werden entsprechend der Reihenfolge in der Nahrungskette geordnet. Pflanzenfresser, wie die Eichenwicklerraupe, bezeichnet man als *Konsumenten 1. Ordnung.* Der darauffolgende Fleischfresser, wie die Kohlmeise, ist *Konsument 2. Ordnung.* Der Sperber ist ein *Konsument 3. Ordnung.*
Darüber hinaus gibt es noch Tiere wie das Wildschwein, die sowohl pflanzliche als auch tierische Nahrung zu sich nehmen. Sie werden *Allesfresser* genannt.

Die Konsumenten wandeln einen Teil der aufgenommenen Nahrung in eigene Biomasse um. Ein weiterer Teil wird für die Zellatmung genutzt. Der Rest wird mit dem Kot wieder ausgeschieden und kann anderen Tieren, wie dem Regenwurm, als Nahrung dienen.

DESTRUENTEN · Im Wald gibt es neben dem Regenwurm weitere Lebewesen, die sich von den Überresten anderer Lebewesen ernähren. Sie zersetzen tote Pflanzen und Tiere sowie Kot und nutzen darin enthaltene Nährstoffe für die Zellatmung. Diese heterotrophen Lebewesen werden als Zersetzer oder **Destruenten** bezeichnet. Es gibt Destruenten, deren Kot noch viele energiereiche Nährstoffe enthält. Andere Destruenten, wie Bakterien und Pilze, bauen Nährstoffe zu Wasser, Kohlenstoffdioxid und Mineralstoffen ab. Man bezeichnet sie deshalb als *Mineralisierer.*

STOFFKREISLAUF · Die Mineralstoffe, die von den Destruenten abgegeben werden, und das entstandene Kohlenstoffdioxid können von den Produzenten wieder aufgenommen werden. Die von den Destruenten abgegebenen Stoffe düngen also den Waldboden, auf dem die Pflanzen wachsen. Auf diese Weise entsteht ein **Stoffkreislauf,** in dem Produzenten, Konsumenten und Destruenten voneinander abhängig sind.

03 Stoffkreislauf des Waldes

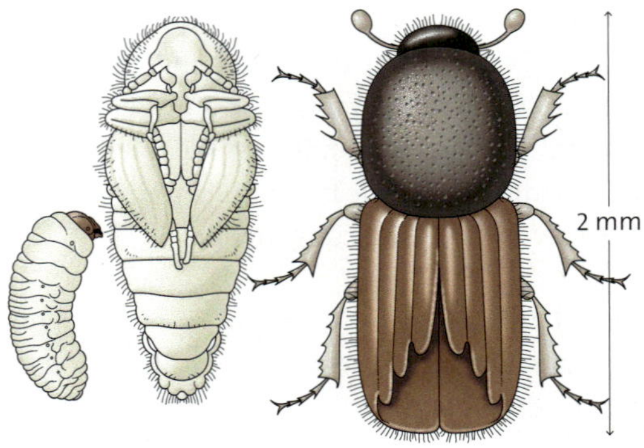

04 Borkenkäfer: Larve, Puppe, Käfer

05 Fraßbild des Borkenkäfers

–	+
Je weniger ..., desto mehr ...	Je mehr ..., desto mehr ...
Je mehr ..., desto weniger ...	Je weniger ..., desto weniger ...

06 Räuber-Beute-Beziehung

BORKENKÄFER UND BUNTSPECHT · Borkenkäfer legen ihre Eier unter die Borke von Laub- und Nadelbäumen. Die Larven fressen dabei Gänge in die Bereiche des Stammes, in denen die Produkte der Fotosynthese transportiert werden. Hierdurch wird ein Baum bei zu starkem Borkenkäferbefall geschädigt.

Buntspechte können die Borke mit ihrem Schnabel aufhacken und mit ihrer langen, klebrigen Zunge die Larven und Käfer aus ihren Gängen holen. Borkenkäfer stellen die Hauptnahrungsquelle der Buntspechte dar. Da sich die Spechte von den Borkenkäfern ernähren, werden die Borkenkäfer als **Beute** und die Spechte als **Räuber** bezeichnet.

In manchen Jahren ist die Anzahl der Borkenkäfer höher als in anderen. Auch die Anzahl der Spechte ist nicht in jedem Jahr gleich. Wenn es in einem Jahr viele Borkenkäfer gibt, haben die Spechte ein großes Nahrungsangebot und viele Jungtiere können versorgt werden. Daraufhin steigt die Anzahl der Spechte an. Diese vielen Spechte benötigen viele Borkenkäfer als Nahrung, sodass die Anzahl der Borkenkäfer sinkt. Durch die sinkende Anzahl der Beutetiere können die Spechte nur wenige Jungtiere großziehen und nicht alle Spechte finden ausreichend Nahrung. Die Anzahl der Räuber sinkt. Da nun weniger Borkenkäfer gefressen werden, steigt ihre Anzahl wieder an. Die Größe einer Räuberpopulation wird also von der Größe der Population der Beutetiere begrenzt. Ebenso wird die Vermehrung der Beutetiere durch die Räuber eingeschränkt. Durch diese Wechselwirkung regulieren sich die Populationen gegenseitig.

1 Notiere mithilfe des Nahrungsnetzes auf Seite 74 zwei Nahrungsketten des Waldes, die man untereinander verknüpfen kann!

2 Formuliere vier Je-desto-Sätze zur Räuber-Beute-Beziehung von Buntspechten und Borkenkäfern!

Material A ▸ Bedeutung von Bodenlebewesen

Häufigkeit von Bodenlebewesen	
Gruppe der Lebewesen	**Anzahl in 1 m² der obersten 10 cm Boden**
Schnecken	50
Asseln	50
Spinnen	50
Regenwürmer	80
Fliegenlarven	100
Käfer und -larven	100
Tausendfüßler	300
Springschwänze	50 000
Milben	100 000
Bärtierchen	100 000
Fadenwürmer	1 000 000
Einzeller	Billionen
Bakterien	Billionen

In einer einzigen Handvoll Waldboden leben Tausende kleine Lebewesen, die eine große Bedeutung für das Ökosystem Wald haben.

A1 Fasse die in der Tabelle dargestellten Ergebnisse mit eigenen Worten zusammen!

A2 Erläutere, welche Folgen für das Ökosystem Wald eintreten würden, wenn ein Großteil der Bodenlebewesen durch Umweltverschmutzung absterben würde!

Material B ▸ Räuber-Beute-Beziehungen

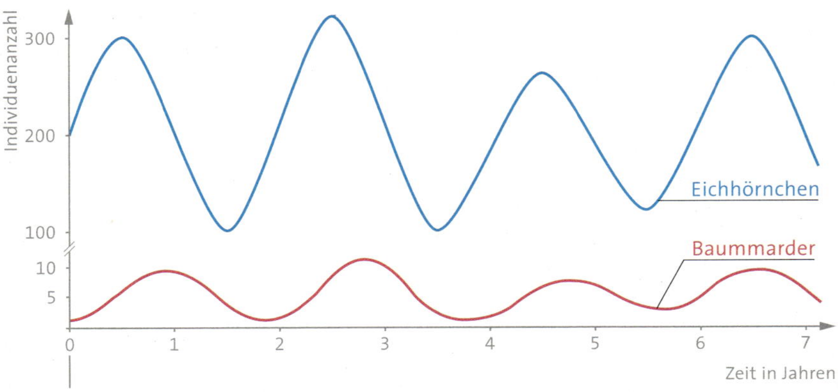

Auf einer Versuchsfläche werden Eichhörnchen und Baummarder gehalten. Den Eichhörnchen wird eine konstante Menge Nahrung zur Verfügung gestellt. Baummarder fressen Eichhörnchen. In regelmäßigen Abständen werden die Tiere gezählt. Die Anzahl der Individuen wird in einem Kurvendiagramm dargestellt.

B1 Beschreibe die Entwicklung der im Diagramm dargestellten Individuenanzahl von Baummardern und Eichhörnchen!

B2 Erkläre, warum sich die Populationen auf diese Weise entwickeln!

B3 In einem natürlichen Wald folgt die Entwicklung einer Eichhörnchen- und einer Baummarderpopulation nicht dem dargestellten Kurvenverlauf.
Stelle eine begründete Vermutung auf, warum dies so ist!

VERSUCH C ▸ Regenwürmer im Boden

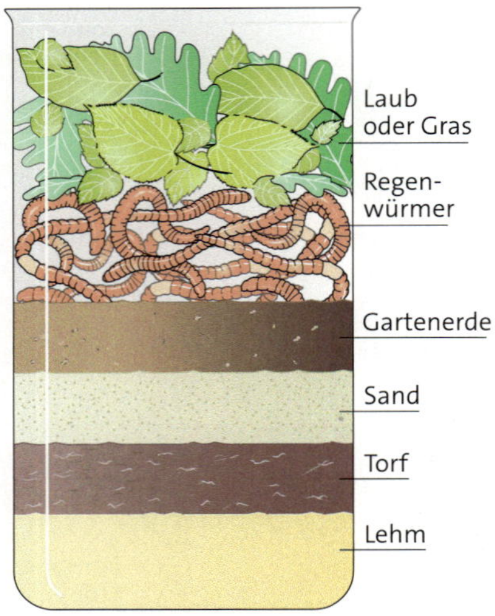

Material:

15 Regenwürmer, großes Becherglas, schwarzes Papier, Gras oder Laub, verschiedene Bodenarten (Sand, Lehm, Gartenerde)

Beachte: Regenwürmer sind Lebewesen. Behandle sie vorsichtig!

Durchführung:

Schichte die verschiedenen feuchten Bodenarten locker in das Becherglas. Setze dann die Regenwürmer auf die oberste Bodenschicht. Decke die Regenwürmer mit Laub oder Gras ab. Mit dem schwarzen Papier wird das Glas umwickelt und an einem ruhigen, nicht zu warmen Platz abgestellt.

C1 Betrachte das Glas eine Woche lang jeden Tag! Protokoliere die Unterschiede!

C2 Leite aus deinen Ergebnissen die Bedeutung der Regenwürmer für den Boden ab!

VERSUCH D ▸ Fortbewegung des Regenwurms

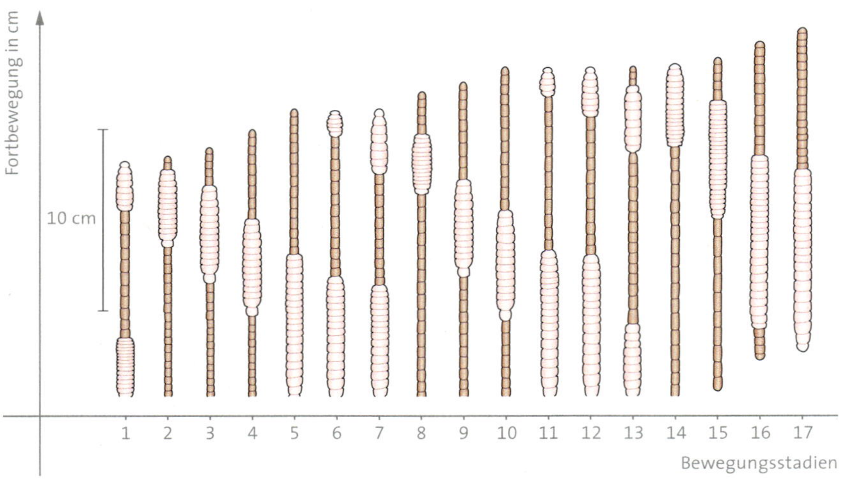

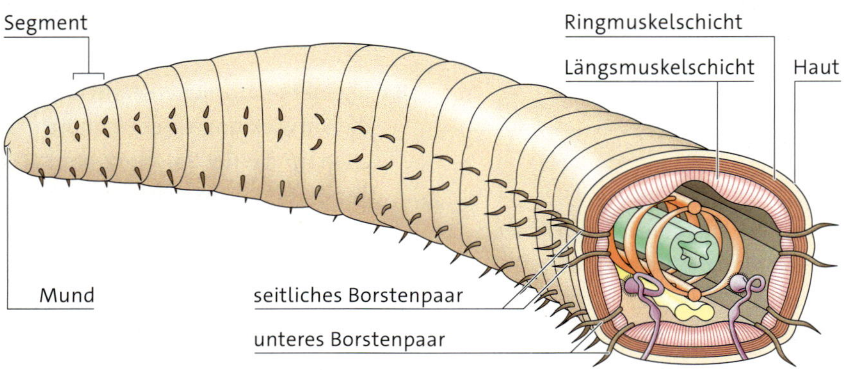

Material:

Regenwurm, weißes Papier, Dach aus dunklem Papier

Beachte: Regenwürmer sind Lebewesen. Behandle sie vorsichtig!

Durchführung:

Lege den Regenwurm auf das Blatt Papier. Beobachte den Regenwurm bei der Fortbewegung. Höre genau hin.

Setze dann das dunkle Dach über eine Hälfte des Regenwurms.

D1 Beschreibe die Fortbewegung des Regenwurms unter Nutzung der Abbildungen! Erläutere, welche Muskulatur im dunkelroten und hellroten Bereich jeweils aktiv ist!

D2 Beschreibe die Reaktion des Regenwurms auf Licht!

D3 Erkläre, warum die Reaktion auf Licht für den Regenwurm lebensnotwendig ist!

VERSUCH E ▸ Reaktion der Asseln auf Licht

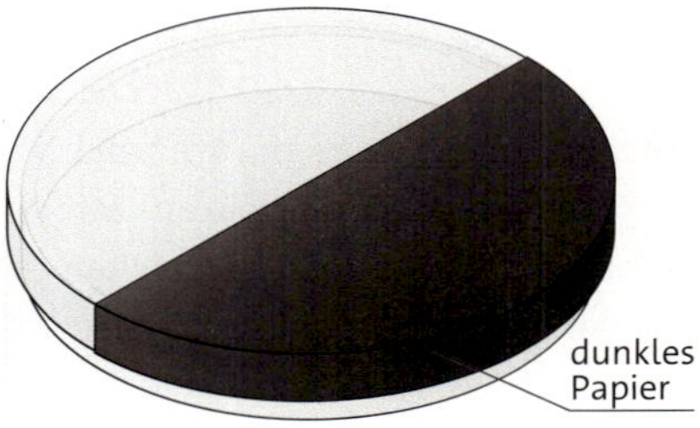

Zeit in s	Anzahl der Asseln im belichteten Raum	Anzahl der Asseln im dunklen Raum
0		
20		
40		
60		
...		

Material:

Petrischale mit Deckel (siehe Abbildung), zehn Asseln

Beachte: Asseln sind Lebewesen. Behandle sie vorsichtig!

Durchführung:

Setze die zehn Asseln in die Petrischale und verschließe sie mit dem verkleideten Deckel.

E1 Beobachte, wie sich die Asseln verhalten. Zähle vier Minuten lang alle 20 Sekunden, wie viele Asseln sich im belichteten Raum der Petrischale befinden!

E2 Trage deine Ergebnisse in eine Tabelle ein!

E3 Übertrage deine Daten in ein Liniendiagramm! Die x-Achse bezeichnet die Anzahl der Asseln und die y-Achse die Zeit!

E4 Werte die Ergebnisse aus!

VERSUCH F ▸ Reaktion der Asseln auf Feuchtigkeit

Material:

Petrischale mit Deckel, Filterpapier, Schere, Stift, Sprühflasche mit Wasser, Papierstreifen (5 × 10 cm), zehn Asseln

Beachte: Asseln sind Lebewesen. Behandle sie vorsichtig!

Durchführung:

Schneide aus dem Filterpapier einen Kreis aus, der genau in die Schale passt.

Falte die Filterpapierscheibe in der Mitte und schneide etwa einen halben Zentimeter breiten Streifen vor der Falznaht ab, sodass zwei knappe Halbkreise entstehen.

Feuchte eine Papierhälfte an.

Falte nun das Papierstück in der Mitte und benutze es, um die Asseln vorsichtig auf den freien Streifen in die Petrischale zu setzen.

F1 Beobachte, wie sich die Asseln verhalten! Zähle vier Minuten lang alle 20 Sekunden, wie viele Asseln sich im jeweiligen Bereich der Petrischale befinden!

F2 Trage deine Ergebnisse in eine Tabelle ein! Orientiere dich an der Tabelle zum Versuch E!

F3 Übertrage deine Daten in ein Liniendiagramm! Die x-Achse bezeichnet die Anzahl der Asseln und die y-Achse die Zeit!

F4 Werte die Ergebnisse aus!

IM BLICKPUNKT BODENÖKOLOGIE

Zersetzung von Laub

Landwirte düngen ihre Felder regelmäßig mit Mineralstoffen, damit die angebauten Pflanzen gut wachsen und die Ernte gut ausfällt. Denn Pflanzen benötigen neben Wasser und Kohlenstoffdioxid auch Mineralstoffe für ihr Wachstum. Wer aber düngt den Wald?

Bei der Untersuchung des Waldbodens lässt sich erkennen, dass er aus verschiedenen Schichten besteht. Auf der Oberfläche liegen abgefallene, vertrocknete Blätter vom letzten Herbst. Man nennt diese Schicht **Laubstreu.** Entfernt man die oberen, noch recht intakten Blätter der Laubstreu, findet man darunter stärker zersetzte Blätter. Man spricht von der **Streuschicht.** Trägt man auch diese Blattreste vorsichtig ab, bleibt, bevor eine feste Bodenschicht kommt, dunkle Erde zurück. Es handelt sich um mikroskopisch kleine Abbauprodukte der einstigen Laubblätter, die man **Humus** nennt.

Nimmt man den Waldboden unter die Lupe, erkennt man, dass dieses zunächst so leblos erscheinende Stockwerk des Waldes der artenreichste Lebensraum im Ökosystem Wald ist. Ein Esslöffel Waldboden enthält mehr Lebewesen als Menschen auf der Erde sind. Es lassen sich verhältnismäßig große Tiere wie Schnecken, Regenwürmer, Ohrwürmer, Tausendfüßer und Asseln erkennen. Genauer hinschauen muss man, um auch Springschwänze und Hornmilben zu entdecken. Mit bloßem Auge nicht mehr sichtbar sind die zahlreichen Bakterien und Pilze, die den Waldboden besiedeln.

Der Abbau der Laubblätter erfolgt unter Verbrauch von Sauerstoff durch die benannten Bodenlebewesen, die Zersetzer oder *Destruenten*. Schnecken, Asseln und Würmer ernähren sich von den zu Boden gefallenen Blättern, wodurch diese zerkleinert werden. Zudem scheiden sie die Blattreste, vermischt mit Bodenteilchen, wieder aus. Die in diesem Kot enthaltenen Stoffe werden schließlich von Pilzen und Bakterien abgebaut. Dabei wird Kohlenstoffdioxid frei und es bleiben nur die nicht abbaubaren Mineralstoffe zurück. Man bezeichnet diesen Prozess daher als **Mineralisation.**

Die Mineralstoffe können erneut von den Pflanzen aus dem Boden über die Wurzeln aufgenommen werden.

Der Wald hat also ein funktionierendes Recyclingsystem, was ein Düngen überflüssig macht: Die Mineralstoffe, die vorher in der Pflanze gebunden waren, werden wieder freigesetzt, wenn die Blätter im Herbst zu Boden fallen und von den Destruenten zersetzt werden. Der Mineralstoffkreislauf ist geschlossen.

01 Zersetzung eines Laubblattes

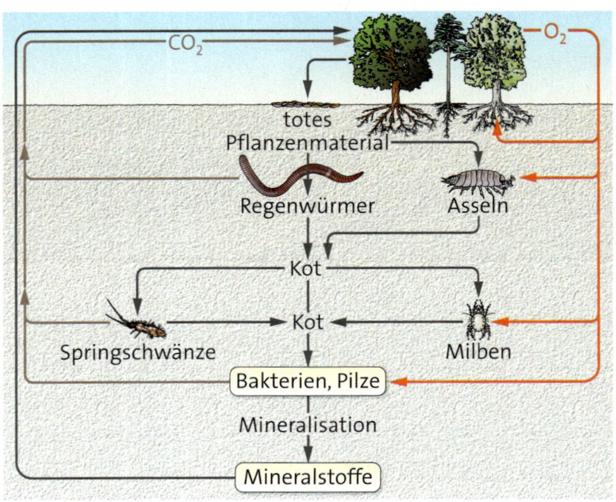

02 Mineralstoffkreislauf

METHODE

Bestimmung von Bodenlebewesen

Bei einem Bestimmungsschlüssel wird unter einer Nummer ein Merkmalspaar betrachtet. Es ist wichtig, immer beide Beschreibungen zu lesen. Daraufhin muss eine Entscheidung getroffen und bei der entsprechenden Nummer fortgefahren werden. So ergibt sich der Weg bis zum gesuchten Tier. Bei der Bestimmung von Tieren der Laubstreu achtet man zunächst darauf, ob bei einem Tier Beine vorhanden sind, und wenn ja, wie viele. Danach unterteilt man in Schnecken, Würmer, Insekten, Spinnentiere, Asseln und Tausendfüßer.

1	Tiere ohne Beine	weiter bei 2
1*	Tiere mit Beinen	weiter bei 6
2	Tiere mit Kriechsohle	weiter bei 3
2*	Tiere mit wurmförmigem Körper	weiter bei 4
3	Tiere mit Gehäuse	**Gehäuseschnecken**
3*	Tiere ohne Gehäuse	**Nacktschnecken**
4	Tier mit Ringelung	weiter bei 5
4*	Tier ohne Ringelung, glatt, weißlich	**Fadenwürmer**
5	rötlich, am Hinterende abgeplattet, bis 200 mm	**Regenwürmer**
5*	weißlich, bis 35 mm, Rückenblutader nur am Vorderende	**Enchyträen**
6	Tiere mit 3 Beinpaaren	weiter bei 8
6*	Tiere mit mehr als 3 Beinpaaren	weiter bei 7
7	Tiere mit 4 Beinpaaren	weiter bei 15
7*	Tiere mit vielen Beinpaaren	weiter bei 18
8	Tiere ohne Flügel	weiter bei 9
8*	Tiere mit Flügeln	weiter bei 10
9	Hinterleib ohne Schwanzfäden, auf Bauchseite meist Sprunggabel	**Springschwänze**
9*	Hinterleib mit zwei Schwanzfäden	**Doppelschwänze**
10	Deckelflügel kurz, größter Teil des Hinterleibs nicht bedeckt	weiter bei 11
10*	Deckelflügel lang, Hinterleib mindestens zu zwei Dritteln bedeckt	weiter bei 13
11	ohne zangenförmigen Anhang	weiter bei 12
11*	mit zwei zangenförmigen Anhängen	**Ohrwürmer**
12	mit Sprungbeinen	**Waldgrille**
12*	ohne Sprungbeine	**Kurzflügelkäfer**
13	ein Flügelpaar	**Zweiflügler**
13*	zwei Flügelpaare	weiter bei 14
14	Vorderflügel hart oder derb als Deckflügel	**Käfer**
14*	Vorderflügel keine Deckflügel, Kopfunterseite mit Saugrüssel	**Wanzen**
15	Vorder- und Hinterleib durch dünnen Stiel verbunden	**Webspinnen**
15*	Vorder- und Hinterleib stoßen in ganzer Breite aneinander	weiter bei 16
16	Körper ungegliedert	weiter bei 17
16*	Hinterleib gegliedert, Taster mit Scheren, bis 4,5 mm	**Afterskorpione**
17	kurze Beine, klein, bis 1 mm	**Milben**
17*	sehr lange, dünne Beine, Körper eiförmig	**Weberknechte**
18	1 Beinpaar pro Segment	weiter bei 19
18*	2 Beinpaare pro Segment	weiter bei 20
19	gedrungener Körper, 14 Beinpaare	**Asseln**
19*	länglicher Körper, mehr als 14 Beine	**Hundertfüßer**
20	spiralig einrollend	**Schnurfüßer**
20*	kugelig einrollend	**Saftkugler**

Schnirkelschnecke

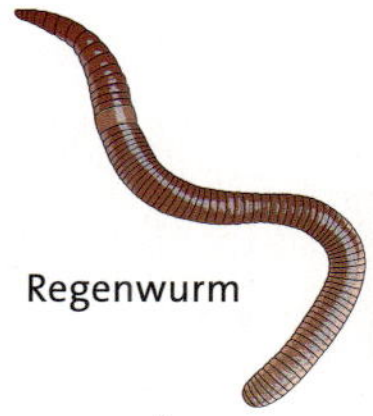
Regenwurm

Ohrwurm

Kurzflügelkäfer

Laufkäfer

Wolfspinne

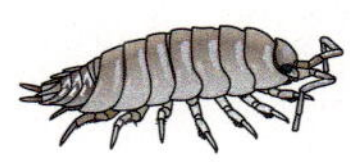
Assel

01 Grillplatz

Energiefluss und Stoffkreisläufe im Wald

Für ein Grillfeuer verwendet man Holz aus dem Wald. Beim Verbrennen des Holzes wird Energie in Form von Wärme frei. Wie ist diese Energie ins Holz gekommen?

ENERGIEUMWANDLUNG · Die Pflanzen des Waldes benötigen für die Fotosynthese *Lichtenergie.* In Mitteleuropa liefert die Sonne im Jahresdurchschnitt täglich etwa 120 000 Kilojoule Energie pro Quadratmeter. Davon können selbst die am stärksten bestrahlten Bäume höchstens fünf Prozent zur Fotosynthese nutzen. Mithilfe der aufgenommenen Lichtenergie stellen diese Produzenten aus den energiearmen anorganischen Stoffen Wasser und Kohlenstoffdioxid den energiereichen organischen Stoff Glukose her. Dabei wird die Lichtenergie in *chemische Energie* umgewandelt. Etwa 50 Prozent dieser chemischen Energie benötigen die Pflanzen für ihre Lebensvorgänge. Sie wird zum großen Teil als *Wärme,* also als *thermische Energie,* bei der Zellatmung abgegeben. Etwa zehn Prozent der chemischen Energie wird in den Aufbau anderer organischer Stoffe wie der *Zellulose* gesteckt. Zellulose dient Pflanzen als Baustoff und ist der Hauptbestandteil von Holz. Verbrennt man Holz, wird Zellulose wieder in energiearme anorganische Stoffe umgewandelt, und die darin gebundene chemische Energie wird als Wärme frei.

CO_2 = Kohlenstoffdioxid

O_2 = Sauerstoff

H_2O = Wasser

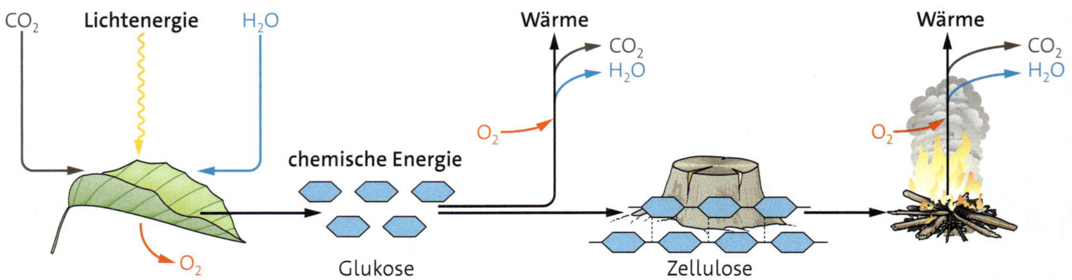

02 Energieumwandlung

ENERGIEFLUSS · Pflanzenfresser, wie Schmetterlingsraupen oder Rehe, fressen lebende Pflanzenteile. Sie bilden als Konsumenten 1. Ordnung dieser *Weidegänger-Nahrungskette* die auf die Produzenten folgende nächsthöhere Ernährungsebene. Sie nehmen nur maximal ein Prozent der von Produzenten chemisch gebundenen Energie auf. Auch sie benötigen den Großteil der aufgenommenen Energie für ihre Lebensvorgänge, sodass davon nur zehn Prozent, also 0,1 Prozent der chemischen Energie der Produzenten, an die Konsumenten 2. Ordnung weitergegeben werden. Die restliche Energie gelangt in Ausscheidungen und toten Tieren auf den Waldboden. Auch beim Übergang zur folgenden Ernährungsebene, den Konsumenten 3. Ordnung, wiederholt sich diese Energieaufteilung.

Die noch verbleibenden 39 Prozent chemische Energie der Produzenten gelangt gebunden in abgestorbenen Pflanzenteilen wie Falllaub auf den Waldboden. Diese Streuschicht bildet die Nahrungsgrundlage für viele kleine und kleinste Lebewesen wie Asseln, Hornmilben und Würmer. Sie sind die Konsumenten 1. Ordnung der *Laubstreuzersetzer-Nahrungskette,* die für das Ökosystem Wald eine große Bedeutung hat. Von diesen Konsumenten 1. Ordnung ernähren sich wiederum Hundertfüßer und Raubmilben, die ihrerseits die Beute von Laufkäfern sind. Diese Nahrungskette steht in enger Wechselwirkung mit den eigentlichen Destruenten, den Bakterien und Pilzen, und ist auch mit der Weidegänger-Nahrungskette zu einem Nahrungsnetz verknüpft. Von den etwa neun Prozent chemische Energie, die von den Konsumenten 1. Ordnung der Laubstreuzersetzer aufgenommen wird, gelangt wiederum nur ein Zehntel zur folgenden Ernährungsebene. Man spricht deshalb bei der Energieweitergabe in Nahrungsketten von der **Zehn-Prozent-Regel.** Der Rest der gebundenen Energie sowie die in toten Tieren und Ausscheidungen noch enthaltene Energie wird schließlich beim Abbau zu anorganischen Stoffen durch die Destruenten freigesetzt. Die von den Produzenten aufgenommene Energie verlässt also letztendlich das Ökosystem Wald in Form von Wärme. Da die Energie von Ernährungsebene zu Ernährungsebene weitergegeben wird und das Ökosystem sozusagen durchfließt, nennt man diesen Prozess **Energiefluss.**

1 Beschreibe die Zehn-Prozent-Regel des Energieflusses im Ökosystem Wald!

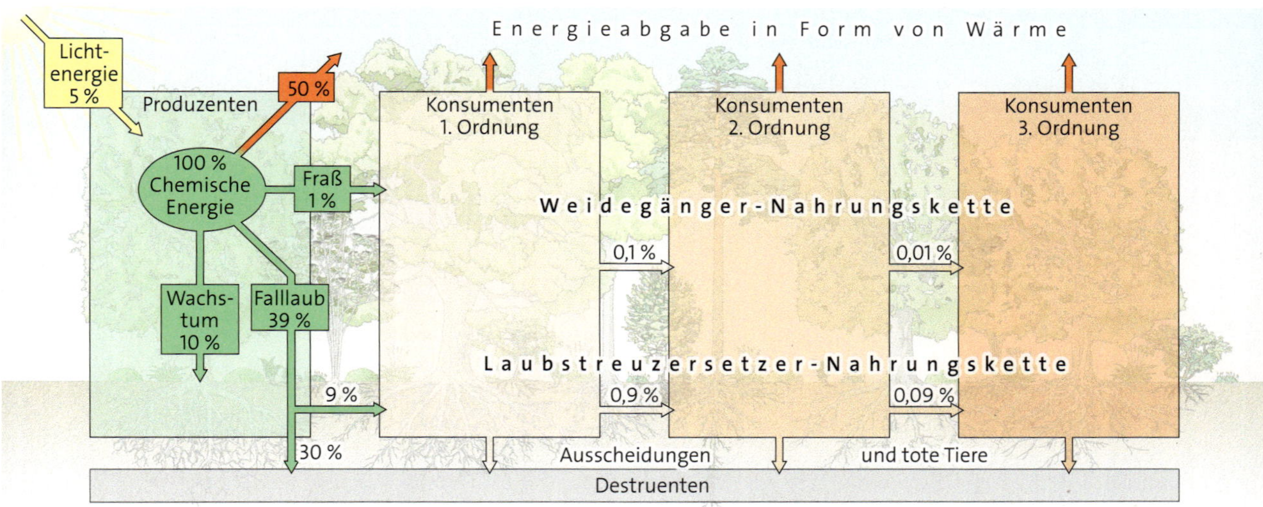

03 Energiefluss im Ökosystem Wald

STOFFKREISLÄUFE · Die Masse organischer Stoffe, die in Lebewesen gebunden ist, nennt man **Biomasse.** Sie besteht vor allem aus den chemisch gebundenen Elementen *Kohlenstoff, Wasserstoff* und *Sauerstoff*. Bei der Fotosynthese bilden die Produzenten zunächst Glukose. Der dazu erforderliche Kohlenstoff und Sauerstoff wird mit dem Kohlenstoffdioxid der Luft aufgenommen. Wasserstoff wird bei der Fotosynthese aus Wasser gewonnen. Dabei wird Sauerstoff frei und entweicht in die Luft. Aus Glukose bauen die Produzenten weitere energiereiche organische Stoffe wie Stärke, Zellulose und Fette auf. Die Konsumenten nehmen diese mit ihrer Nahrung auf und bauen sie durch Zellatmung zu energieärmeren Stoffen ab. Dafür benötigen sie Sauerstoff aus der Luft und geben Kohlenstoffdioxid und Wasser ab. Auch die Destruenten, die totes organisches Material durch Zellatmung zu anorganischen Stoffen abbauen, benötigen Sauerstoff und geben Wasser und Kohlenstoffdioxid ab. Übrig bleiben noch Mineralstoffe, die die Produzenten wieder aufnehmen. Da alle Ausgangsstoffe, die zum Aufbau von Biomasse gebraucht werden, bei deren Abbau wieder frei werden, spricht man von **Stoffkreisläufen.**

CO_2 = Kohlenstoffdioxid

O_2 = Sauerstoff

H_2O = Wasser

05 Regenwurm

2 Beschreibe unter Nutzung konkreter Vertreter den Kohlenstoff- und Sauerstoffkreislauf im Ökosystem Wald.

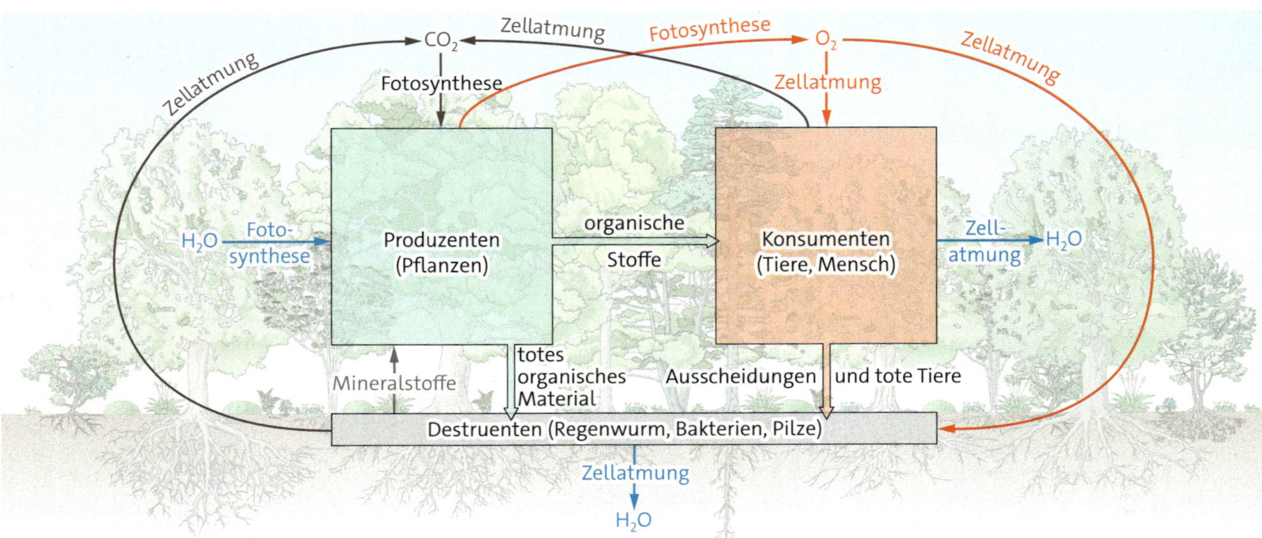

04 Kohlenstoff- und Sauerstoffkreislauf im Ökosystem Wald

IM BLICKPUNKT FORSCHUNG

Bedeutung der Fotosynthese

Im Jahr 1991 wurde in Arizona die „Biosphäre 2“ erbaut. Der riesige Glaskuppelbau enthielt verschiedene Naturlandschaften, Platz für Landwirtschaft und Wohnräume für Menschen. Die Idee war, dass die Pflanzen, Tiere und Menschen darin wie unter natürlichen Bedingungen leben können. Forscher nutzten dieses Modell dazu, Wechselwirkungen zwischen den Lebewesen zu untersuchen.
Die Pflanzen betreiben mithilfe des Sonnenlichts Fotosynthese und bilden aus den Stoffen Kohlenstoffdioxid und Wasser die für die Zellatmung notwendige Glukose. Dabei wird Sauerstoff frei. Die Tiere und Menschen wiederum und auch die Pflanzen betreiben Zellatmung. Sie wandeln Glukose in die Stoffe Kohlenstoffdioxid und Wasser um. Dabei wird die in der Glukose gespeicherte Energie für sie nutzbar. Das frei werdende Kohlenstoffdioxid benötigt wiederum die Pflanze für die Fotosynthese. Tiere, Menschen und Pflanzen sind also aufeinander angewiesen.
Aufgrund dieser Wechselbeziehung können Pflanzen, Tiere und Menschen in „Biosphäre 2“ auch einige Zeit ohne Luftzufuhr überleben.
Diese Vorgänge finden nicht nur in diesem künstlichen System statt. Auch alle Pflanzen, Tiere und Menschen in natürlichen Lebensräumen wie Wäldern, Wiesen, Teichen oder Meeren leben in diesen Wechselbeziehungen zueinander.

1 Nenne die Wortgleichungen von Fotosynthese und Zellatmung!

2 Ordne folgende Begriffe Tieren, Menschen und Pflanzen zu: Zellatmung, Fotosynthese, Mitochondrien, Chloroplasten, Kohlenstoffdioxidabgabe, Sauerstoffabgabe, Sauerstoffaufnahme!

01 Wechselbeziehungen zwischen Pflanze, Tier und Mensch in „Biosphäre 2“: A Innenansicht, B Außenansicht

Material A ▸ Wechselbeziehung zwischen Tieren und Pflanzen

A Tiere mit Licht | B Tiere ohne Licht | C Pflanzen und Tiere mit Licht | D Pflanzen und Tiere ohne Licht

In einem Experiment wurden vier luftdicht verschlossene Aquarien unterschiedlich besetzt und belichtet.

A1 Begründe für jedes Aquarium, wie sich jeweils der Gehalt an Kohlenstoffdioxid und Sauerstoff ändert!

A2 Erkläre, unter welchen Bedingungen offene Aquarien mit Sauerstoff versorgt werden müssen!

Material B ▸ Stoff- und Energieumwandlung zwischen Tieren und Pflanzen

Murmeltiere sind Nagetiere, die sich rein pflanzlich ernähren. Während ihres fast sechsmonatigen Winterschlafs leben sie von einer Speckschicht, die sie in den Sommermonaten aus der Nahrung aufgebaut haben. Im Sommer spielt sich ihr ganzes aktives Leben mit Höhlenbau, Fortpflanzung und Jungenaufzucht ab.

B1 Beschreibe die Stoff- und Energieumwandlungsvorgänge beim Murmeltier, a) während der Fressphase, b) während der Phase des Höhlenbaus und c) während des Winterschlafs!

B2 Vergleiche die Stoff- und Energieumwandlungen im Sommer und im Winter!

Material C ▸ Sauerstoffproduktion und Sauerstoffverbrauch

Laubblätter von Pflanzen stellen, bezogen auf das ganze Jahr, durchschnittlich ungefähr ein Gramm Sauerstoff pro Quadratmeter und Stunde her.
Ein Mensch benötigt in einer Stunde etwa 200 Gramm Sauerstoff.
Ein Interkontinentalflugzeug verbraucht in einer Stunde etwa 35 000 Kilogramm Sauerstoff.

C1 Berechne, wie viel Sauerstoff eine Rotbuche in einer Stunde herstellt, wenn sie 400 000 Laubblätter mit einer Oberfläche von je 30 Quadratzentimetern besitzt!

C2 Berechne, wie viel Sauerstoff das Flugzeug bei einem achtstündigen Flug von Europa in die USA verbraucht!

C3 Ermittle, wie viele Bäume eine Sauerstoffmenge produzieren, die für einen achtstündigen Flug mit dem Flugzeug benötigt wird! Verwende dazu die Ergebnisse aus C1 und C2!

C4 Berechne, wie viele Jahre ein Mensch mit der Sauerstoffmenge überleben kann, die das Flugzeug in acht Stunden verbraucht!

Material D ▸ Bewohner des Waldes

Kiefer

Maronenröhrling

Tannenmeise

Kiefernschwärmer-Raupe

D1 Ordne die angegebenen Bewohner des Waldes in den Kohlenstoff- und Sauerstoffkreislauf ein und begründe deine Einordnung!

D2 Gib an, welche Organismengruppe fehlt und nenne Beispiele!

D3 Erläutere, warum die Streuschicht in einem Laubwald nicht von Jahr zu Jahr mächtiger wird, obwohl die Bäume jedes Jahr im Herbst ihre Blätter abwerfen!

Material E ▸ Biomasse und Stoffkreislauf

Art	Biomasse in g/ha
Erdmaus	4600
Rothirsch	4500
Fuchs	150
Spitzmaus	30

Die Biomassen wurden in demselben Wald gemessen und sind auf einen Hektar und ein Jahr bezogen. Es handelt sich jeweils um das Lebendgewicht.

E1 Gib an, wovon sich die Tiere jeweils ernähren!

E2 Beschreibe ihre Funktion im Kohlenstoff- und Sauerstoffkreislauf des Ökosystems!

E3 Vergleiche die Biomassen und erkläre die unterschiedliche Verteilung!

Material F ▸ Biomasse und Energiefluss

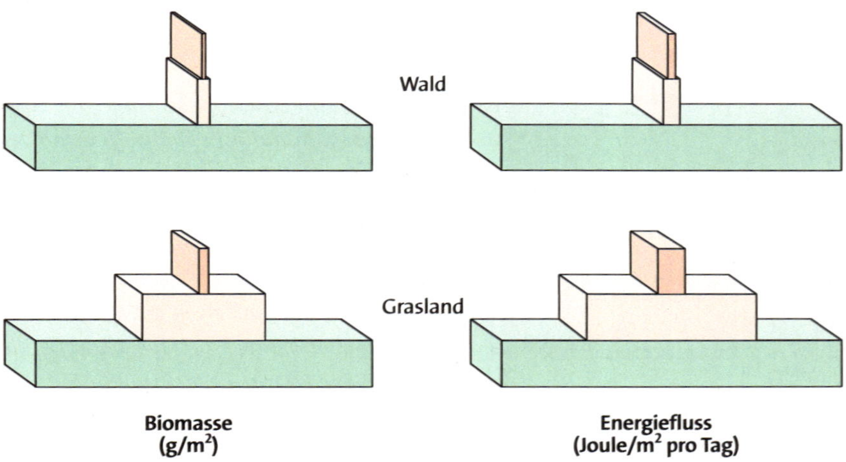

F1 Beschreibe, was in den Biomassen- und Energieflusspyramiden dargestellt ist!

F2 Vergleiche die Biomassen von Wald und Grasland sowie deren Energieflusspyramiden!

F3 Stelle Vermutungen an, worauf die in F2 festgestellten Unterschiede zurückzuführen sind!

METHODE

Untersuchung eines Ökosystems

01 Untersuchungsgebiet

Um ein Ökosystem, zum Beispiel eine Trockenmauer aus Lesesteinen oder einen Lesesteinhaufen, charakterisieren zu können, muss man eine Vielzahl von Daten durch Freilanduntersuchungen erfassen. Mit verschiedenen Methoden lassen sich sowohl die abiotischen Umweltfaktoren als auch die Zusammensetzung der Biozönose sehr genau untersuchen. Die Untersuchungsergebnisse werden in einem Protokoll festgehalten.

KARTIERUNG • *Fotografiere den zu bearbeitenden Mauerabschnitt. Ermittle mit dem Kompass die Ausrichtung der Mauer und notiere diese. Vermiss den Mauerabschnitt und notiere die Länge, Höhe und Tiefe. Fertige eine große, genaue Skizze des Mauerabschnitts an.*

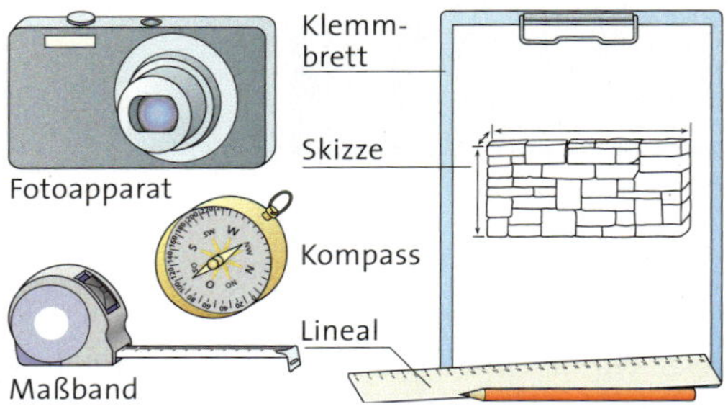

02 Material für die Kartierung

ERFASSUNG ABIOTISCHER FAKTOREN • *Notiere Datum, Uhrzeit und Wetter. Miss mit dem Luxmeter die Lichtstärke an der Mauerkrone, der Mauermitte und am Mauerfuß, bei frei stehenden Mauern auch auf der lichtabgewandten Seite. Miss ebenso die Temperatur und Luftfeuchtigkeit an verschiedenen Mauerstellen. Berücksichtige auch die Temperatur der Steine sowie die Temperatur und Feuchtigkeit in den Mauerfugen. Bestimme das Gestein, aus dem die Mauer besteht, und beschreibe seine Oberflächenbeschaffenheit. Notiere deine Ergebnisse in einer Tabelle.*

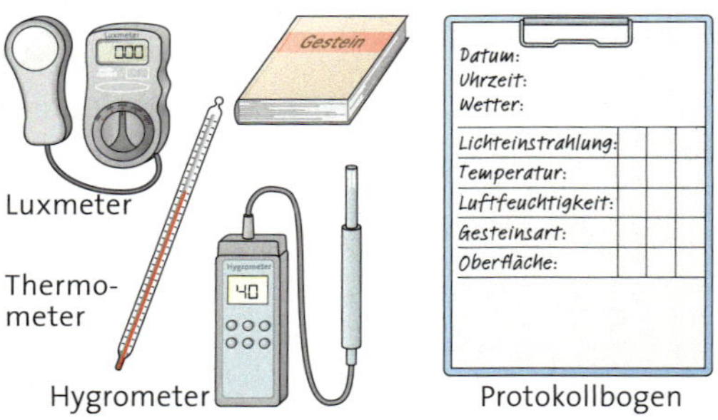

03 Material zur Erfassung abiotischer Faktoren

ERFASSUNG DER FLORA • *Bestimme mit Lupe und Pflanzenbestimmungsbuch die Pflanzen des Mauerabschnitts. Notiere die Namen der Pflanzenarten in der Reihenfolge Flechten, Moose, Farne, Blütenpflanzen. Fotografiere die verschiedenen Pflanzenarten. Trage mit Kennzahlen das Vorkommen der einzelnen Arten in die Mauerskizze ein. Mache dir auch Notizen zur Flächengröße, die von der jeweiligen Pflanze bedeckt wird.*

04 Material zur Erfassung der Pflanzengesellschaft

ERFASSUNG DER FAUNA • *Tiere sind aufgrund ihrer Beweglichkeit sehr viel schwerer zu erfassen als Pflanzen. Beobachte deshalb die Mauer vor der genaueren Untersuchung nach Tieren etwa fünf bis zehn Minuten ruhig und notiere deine Beobachtungen. Fange geflügelte Insekten und andere schnelle Gliederfüßer mit dem Insektenkescher und überführe sie mithilfe der Federstahlpinzette zur Bestimmung in eine Becherlupe. Langsamere Gliederfüßer und Würmer können direkt mit der Federstahlpinzette gefangen und mithilfe der Becherlupe bestimmt werden. Schnecken kann man mit der Hand auflesen. Sehr kleine Gliederfüßer werden mit einem speziellen Sauggerät, einem Exhauster, gefangen, in Sammelgefäße überführt und mithilfe der Stereolupe bestimmt. Erfasse mit diesen Methoden die Tiergesellschaft verschiedener Mauerbereiche. Notiere die Namen der gefundenen Tiere in der Reihenfolge Würmer Schnecken, Spinnentiere, Asseln, Tausendfüßer, Insekten und Insektenlarven, Wirbeltiere. Notiere auch jeweils den genauen Fundort auf der Mauer, und schätze die Häufigkeit der jeweiligen Tierart ab. Nimm mit dem Spatel mehrere Bodenproben aus den Mauerfugen zur genaueren Untersuchung mithilfe der Stereolupe.*

UNTERSUCHUNGEN IM BIOLOGIERAUM • *Überführe die gesammelten Gliederfüßer in kleine Petrischalen mit Deckel und bestimme sie mithilfe der Stereolupe. Gib jeweils zwei Spatellöffel der Bodenproben in größere Petrischalen und verteile die Probe zu einer dünnen Schicht. Durchsuche unter der Stereolupe die Probe systematisch nach kleinsten Tieren und bestimme diese, zum Beispiel mithilfe eines Bestimmungsschlüssels. Fülle fünf Spatellöffel der durchsuchten Bodenprobe in ein Becherglas, gib 50 Milliliter destilliertes Wasser dazu und miss den pH-Wert mit pH-Papier. Stelle fest, welche Tiere besonders häufig oder selten sind.*

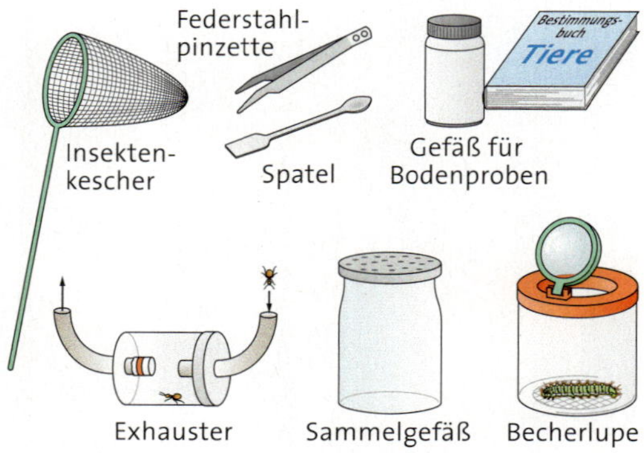

05 Material zur Erfassung der Fauna

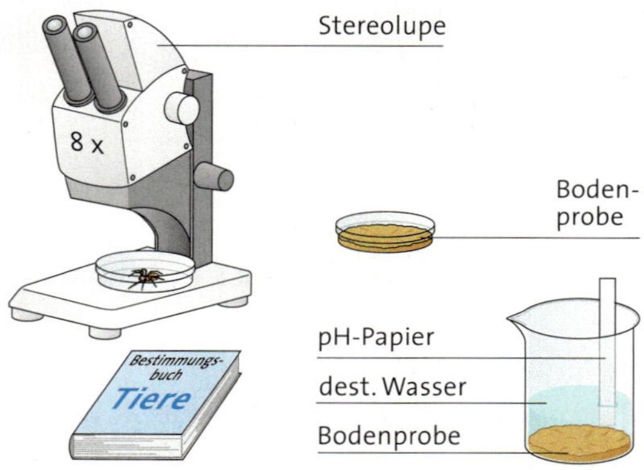

06 Material für Untersuchungen im Biologieraum

AUSWERTUNG UND DOKUMENTATION • *Zur Auswertung werden die Aufzeichnungen und Ergebnisse der einzelnen Gruppen zusammengetragen und ein Gesamtbild der untersuchten Trockenmauer, der abiotischen Faktoren und der erfassten Pflanzen- und Tierarten erstellt. Informiere dich über die Ansprüche, Angepasstheiten und Lebensweisen der erfassten Pflanzen und Tiere, und vergleiche diese mit den von dir gemachten Beobachtungen. Stelle fest, welche der gefundenen Pflanzen und Tiere sehr gut an die speziellen Umweltbedingungen angepasst sind, und beschreibe diese Angepasstheiten. Dokumentiere deine Untersuchung mit Bildern, Grafiken, Tabellen und einem nach wissenschaftlichen Gesichtspunkten verfassten Text.*

01 Holzernte mit einem Harvester

Bedeutung und Gefährdung des Waldes

Ein Wald ist nicht nur Lebensraum für viele Pflanzen und Tiere. Ihm kommen weitere Bedeutungen zu. Wie nutzt zum Beispiel der Mensch den Wald und welche Folgen hat diese Nutzung für den Wald?

WIRTSCHAFTLICHE BEDEUTUNG · Das Holz des Waldes wird auf vielfältige Weise wirtschaftlich genutzt. Es werden zum Beispiel Balken oder Bretter für den Hausbau oder zur Möbelproduktion daraus gefertigt. Holz ist also ein wichtiger *Baustoff*.
Minderwertiges Holz wird für die *Papierherstellung* verwendet. Die Beimischung von Altpapier ermöglicht dabei einen schonenden Umgang mit dem wertvollen Rohstoff Holz. Eine weitere Einsatzmöglichkeit von Holz ist die Verbrennung und somit die Wärmeproduktion in großen Anlagen oder im heimischen Ofen. Da Holz ein nachwachsender Rohstoff ist, anders als beispielsweise Erdöl, gehört es zu den *erneuerbaren Energiequellen*.
Ab dem 19. Jahrhundert wurde die wirtschaftliche Nutzung des Waldes intensiviert, da technische Geräte, wie zum Beispiel Motorsägen, die Handsägen ablösten.
Die meisten Wälder in Deutschland sind heutzutage Nutzwälder und werden als **Forste** bezeichnet. In einem Forst werden gezielt Bäume angepflanzt, die schnell wachsen und einen möglichst hohen Ertrag bringen. Außerdem werden alte, morsche Bäume entfernt. Nur wenige Wälder werden nicht von Menschen genutzt. Dort werden keine Bäume gefällt und die Pflanzen breiten sich selbstständig aus.

ERHOLUNGSFUNKTION · Viele Menschen leben heutzutage in großen Städten. Sie genießen es jedoch, ihre Freizeit in der Natur zu verbringen, um zum Beispiel zu wandern, zu joggen, spazieren zu gehen oder Pilze zu sammeln. Dass wir den Wald als erholsam erleben, hat verschiedene Gründe. An heißen Tagen ist es im

Wald durch den Schatten, den die großen Bäume spenden, und durch die Verdunstung von Wasser über die große Blattfläche angenehm kühl. Die Verdunstung führt dazu, dass die Luftfeuchtigkeit ansteigt. Außerdem ist die Luft sehr sauber, da die Blätter Staub aus der Luft filtern. Durch den Schutz der Bäume wird starker Wind gebremst, und es ist angenehm still.

ÖKOLOGISCHE BEDEUTUNG · Eine 100-jährige Buche hat mehr als 600 000 Blätter. An einem Sonnentag nimmt dieser Baum etwa 9400 Liter beziehungsweise 18 Kilogramm Kohlenstoffdioxid aus der Luft auf. Dadurch wird der Kohlenstoffdioxidgehalt der Luft gesenkt. Aus diesem Grund werden Wälder auch als **Kohlenstoffdioxidsenken** bezeichnet. Da Kohlenstoffdioxid zu den Treibhausgasen gehört, wirkt die Fotosynthese dem Treibhauseffekt entgegen, sodass Wälder eine wichtige Rolle für den **Klimaschutz** spielen. Über die Fotosynthese gibt die 100-jährige Buche etwa 13 Kilogramm Sauerstoff pro Tag ab, was den Tagesbedarf von etwa zehn Menschen deckt.

Bei Regen fallen die Regentropfen auf die Blätter. Sie werden dabei in kleinere Tropfen zerteilt und fallen nur langsam auf den Boden. Dort wird das Wasser von der Moosschicht wie ein Schwamm aufgesaugt und kann langsam in dem lockeren Waldboden versickern und ins Grundwasser gelangen. Deshalb wirkt ein Wald als *Schutz vor Überschwemmungen*. Außerdem filtern Bäume und Waldboden das Regenwasser und es entsteht sauberes Grundwasser. Da das Regenwasser nicht oberflächlich abfließt und die Baumwurzeln den Boden festhalten, wird besonders in hügeligen Landschaften verhindert, dass Erde und Sand weggespült werden. Der Wald wirkt also als **Erosionsschutz**.
Umherfliegende Staubteilchen bleiben an den Blättern kleben und werden beim nächsten Regen abgespült. Das Blätterdach der Bäume *filtert* auf diese Weise Staub aus der Luft.

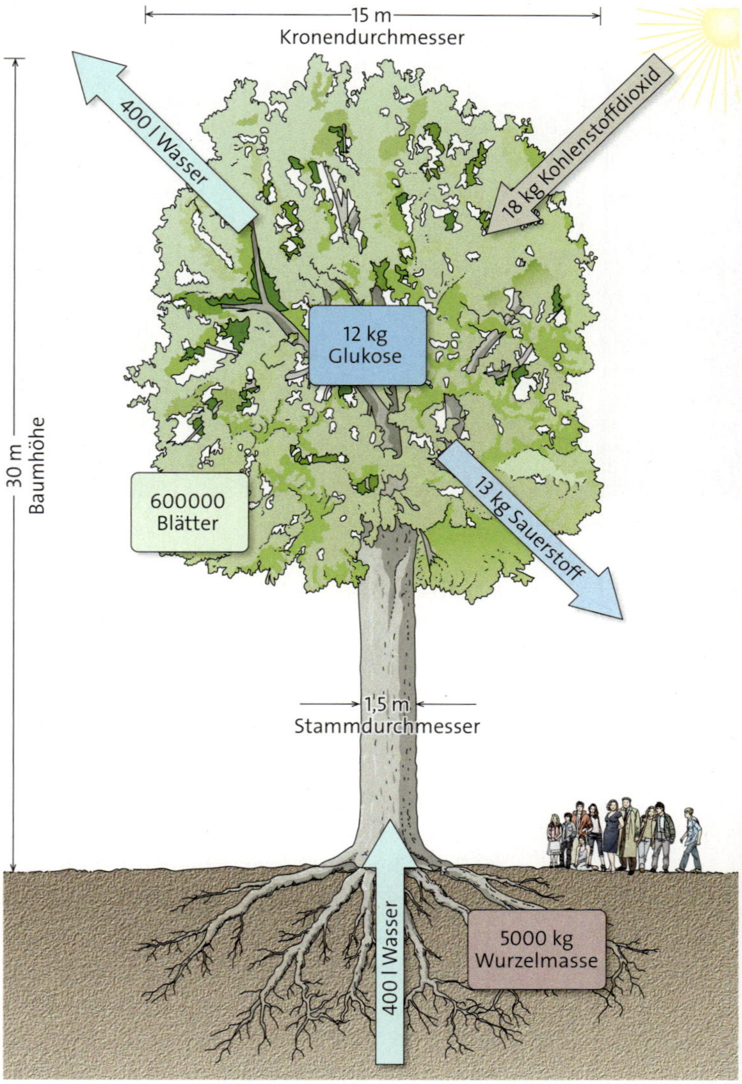

02 Tägliche Leistung einer 100-jährigen Buche pro Tag

Eine 100-jährige Buche nimmt an einem Tag etwa 400 Liter Wasser über die Wurzeln auf und verdunstet etwa die gleiche Menge wieder über die Blätter. Der Wald trägt durch die hohe Verdunstung in hohem Maße zur *Wolkenbildung* bei.

1 Erstelle eine Concept-Map zur Erholungsfunktion, wirtschaftlichen Bedeutung oder ökologischen Bedeutung des Waldes!

2 Erkläre, welche Bedeutung der Wald für dich und deine Familie und Freunde hat!

03 Luftaufnahme einer Fichtenmonokultur

griech. monos = einzig

MONOKULTUREN · In einem Forst wird hauptsächlich eine Baumart, die wirtschaftlich besonders ertragreich ist, angepflanzt. Wälder, in denen nur eine Baumart angebaut wird, werden als **Monokultur** bezeichnet. In Fichtenmonokulturen stehen die Bäume dicht an dicht und nur wenig Licht erreicht den Boden. Aus diesem Grund sind die unteren Äste oft abgestorben. Der Waldboden ist von einer dichten Nadelschicht bedeckt, da die Nadeln schlechter von Bodenlebewesen zersetzt werden können als Laubblätter. Die geringe Lichtmenge am Boden und die Nadelschicht verhindern, dass sich eine abwechslungsreiche Kraut- und Strauchschicht entwickelt.

Es gibt wesentlich weniger ökologische Nischen als in einem Mischwald, sodass auch nur wenige Tier- und Pflanzenarten in einer Monokultur vorkommen. Man spricht von geringer **Artenvielfalt** oder geringer *Biodiversität*.
Schädlinge, zum Beispiel der Borkenkäfer, können sich schnell ausbreiten, da sie in einer Fichtenmonokultur optimale Lebensbedingungen vorfinden. Spechte finden jedoch keine geeigneten Bruthöhlen und kommen in Fichtenmonokulturen nicht vor. Da es also kaum oder keine Fressfeinde gibt, kann es zu Massenvermehrungen von Borkenkäfern kommen und die Bekämpfung mit Borkenkäferfallen wird notwendig.
Da die Bäume der gleichen Art dicht an dicht stehen, können sich nicht nur Borkenkäfer, sondern auch Baumkrankheiten schnell ausbreiten. Durch die flachen Wurzeln der Fichten und den einheitlichen Bewuchs sind Fichtenmonokulturen wesentlich sturmanfälliger als Mischwälder.

MODERNE BEWIRTSCHAFTUNG DES WALDES · Bei der Bewirtschaftung des Waldes ist zu beachten, dass nicht nur der finanzielle Ertrag, sondern auch ökologische und gesellschaftliche Interessen berücksichtigt werden. Um Naherholung, wirtschaftliche Nutzung und Naturschutz miteinander zu verbinden, werden immer häufiger Mischwälder statt Monokulturen angelegt. In diesen Wäldern werden nur ausgewählte Bäume gefällt.

04 Schäden durch Borkenkäfer

05 Borkenkäferfalle

Material A ▸ Entfernung von Totholz

Der Buchenspinner ist ein Nachtfalter, der vor allem in Rotbuchenwäldern vorkommt. Er legt viele Eier, aus denen Raupen schlüpfen, die sich von den Laubblättern der Rotbuchen ernähren.

Der Abendsegler, die größte bei uns vorkommende Fledermausart, braucht zur Aufzucht seiner Jungtiere geräumige Baumhöhlen, die er meistens in alten Bäumen findet. Die Nahrung der Abendsegler besteht fast ausschließlich aus fliegenden Insekten.

A1 Erstelle zunächst ein Wirkungspfeilschema zur Wechselbeziehung Abendsegler und Buchenspinner und formuliere entsprechende Je-desto-Sätze!

A2 Erläutere, wie es sich auf den Bestand von Abendseglern und Buchenspinnern auswirkt, wenn die alten, morschen Bäume eines Waldes entfernt werden!

A3 Stelle eine begründete Vermutung auf, welche Auswirkungen die Entfernung von Totholz auf das gesamte Nahrungsnetz im Wald hat!

Material B ▸ Holz als erneuerbare Energieträger

Bei der Verbrennung von Erdgas, Erdöl oder Holz entsteht Kohlenstoffdioxid, das den Treibhauseffekt verstärkt. Erdöl und Erdgas entstehen, wenn abgestorbene Tiere und Pflanzen unter Luftabschluss und hohem Druck sowie hohen Temperaturen zersetzt werden. Das Erdgas und Erdöl, das wir heute verwenden, entstand im Laufe vieler Millionen Jahre. Man kann Erdöl und Erdgas nicht herstellen, sondern nur aus Lagerstätten unter der Erde fördern. Aus diesem Grund werden sie als fossile Energieträger bezeichnet. Energiereiche Stoffe, die durch biologische Prozesse verhältnismäßig schnell neu gebildet werden können, zum Beispiel Holz, werden als erneuerbare Energieträger bezeichnet.

B1 Beschreibe die Abbildung A!

B2 Obwohl Holz ein erneuerbarer Energieträger ist, ist die Verbrennung von Holz in großem Maßstab umstritten. Finde mögliche Gründe, die gegen die Verwendung von Holz als Brennstoff sprechen!

B3 Stelle begründete Vermutungen auf, wie sich der Kohlenstoffdioxidkreislauf verändern würde, wenn zusätzlich zu Holz auch fossile Brennstoffe verbrannt werden würden!

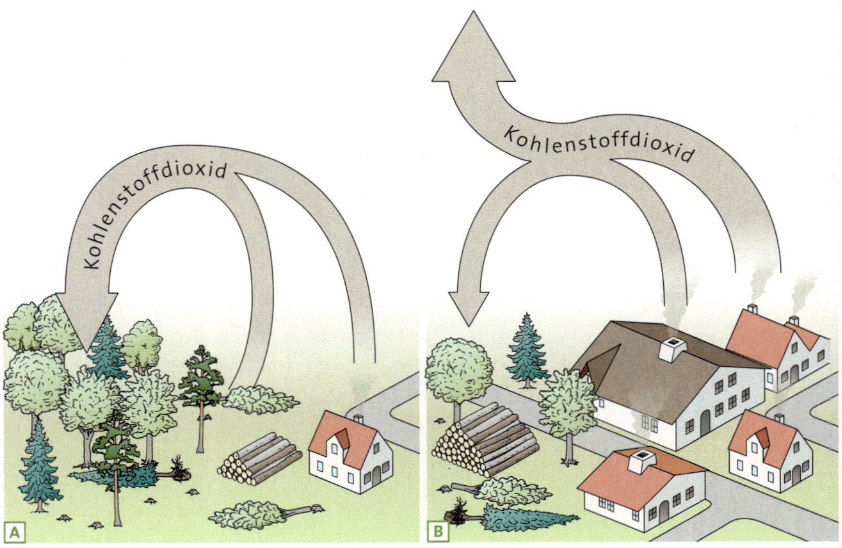

IM BLICKPUNKT GESCHICHTE

Der Wald im Wandel

VOM URWALD ZUM NUTZWALD · Vor etwa 12 000 Jahren, am Ende der letzten Eiszeit, konnten in Mitteleuropa aufgrund der Kälte nur Gräser und Sträucher wachsen. Mit dem Anstieg der Temperaturen und dem Rückzug der Gletscher siedelten sich wieder Bäume an. Zu Beginn stellten sich Birke, Weide und Kiefer ein, da sie kälteunempfindlich sind. Die jahrhundertelang weiter steigenden Temperaturen führten dazu, dass sich Eiche, Ulme und Linde immer stärker verbreiteten. Das zunehmend feuchtere Klima begünstigte Rotbuche, Hainbuche und Tanne. Schließlich setzte sich die Rotbuche durch und bedeckte vor 5000 Jahren als Urwald fast ganz Mitteleuropa. Die Bäume wuchsen auf engstem Raum in allen Altersklassen, von jungen Keimlingen über niedrige, wenige Jahrzehnte alte Exemplare bis zu mehrere Jahrhunderte alten Baumgiganten. Der Waldboden war von herabfallenden Ästen und dem toten Holz abgestorbener alter Stämme übersät.

Bereits vor etwa 5000 Jahren nutzte der Mensch den Lebensraum Wald. Holz wurde als Baumaterial, Brennstoff und zur Herstellung von Waffen und Werkzeugen benutzt.

Vor etwa 1500 Jahren stieg der Verbrauch an. Holz diente in Glashütten und Hochöfen direkt als Brennmaterial oder es wurde Holzkohle hergestellt. Haustiere wurden vom Frühjahr bis zum Herbst im Wald gemästet, wo sie große Mengen an Samen fraßen und die Bäume durch das Verbeißen junger Triebe schädigten. Nicht zuletzt wurden Waldflächen zur Gewinnung von Weideflächen und für den Ackerbau abgeholzt. Vor rund 300 Jahren waren weite Teile Deutschlands entwaldet und nahezu alle mitteleuropäischen Urwälder in Nutzwälder, Forste genannt, umgewandelt.

1713 forderte Hans Carl von CARLOWITZ eine nachhaltige Waldnutzung, bei der dem Wald pro Jahr nur so viel Holz entnommen werden darf, wie in einem Jahr nachwachsen kann. Um den immer größer werdenden Holzbedarf zu decken, wurden bis Mitte des 20. Jahrhunderts vorwiegend schnellwachsende Fichten angepflanzt. So entstanden zahlreiche Monokulturen. Diese sind jedoch gegenüber Stürmen, Trockenheit und Schadinsekten besonders empfindlich. Deshalb pflanzt man zunehmend Mischwälder an, die aus am jeweiligen Standort natürlich vorkommenden Baumarten bestehen.

A

B

01 Waldflächen:
A vor 5000 Jahren,
B 2010

DER WALD IM KLIMAWANDEL · Die Waldgebiete Brandenburgs bilden den grünen Gürtel um Deutschlands Hauptstadt Berlin. Mit einem Flächenanteil von rund 37 Prozent gehört Brandenburg zu den waldreichsten Bundesländern. Allerdings handelt es sich bei den Wäldern oft um Kiefernwälder. Diese befinden sich in Regionen, die am stärksten vom Klimawandel betroffen sind. Dass es sich bei den Wäldern um Monokulturen handelt, verstärkt das Problem. Aus diesem Grund wurden verschiedene Forschungsprojekte entwickelt, die sich mit dem Waldumbau beschäftigen.
Der durch den Menschen verursachte Klimawandel erfordert eine langfristige Waldentwicklung und kann nicht ohne Beachtung des zukünftigen Klimas erfolgen. Die Witterungsextreme der letzten Jahre mit krassen Wechseln zwischen trocken-heißen und kühlfeuchten Witterungsperioden sowie stärkeren Unwettern und vermehrten Stürmen weisen bereits auf den Klimawandel hin. Der zukünftige Wald soll auch diesen Bedingungen standhalten.
In Brandenburg und Berlin wachsen viele natürlich vorkommende Baumarten. Dies ist eine große Chance für den Aufbau von **klimaplastischen Wäldern.** Darunter versteht man Wälder, die sich durch Veränderung der Mengenanteile der jeweiligen Baumarten an das sich wandelnde Klima anpassen.
Natürliche Vorbilder sind vor allem Buchenmischwälder. Entsprechend werden in den Kiefernmonokulturen Laubhölzer nachgepflanzt. Je nach Standort vor allem Trauben- und Stieleiche, Birke, Eberesche, Buche, aber auch Ahorn, Linde und Haselnuss. Durch die Vielfalt der Arten ist der Wald in der Lage, auf unterschiedliche klimatische Bedingungen zu reagieren.

1 Erkläre, was ein klimaplastischer Wald ist!

2 Entwirf mithilfe der Informationen ein Kreisdiagramm, in dem die mögliche Baumartenverteilung des Jahres 2100 in Brandenburgs Wäldern dargestellt ist! Begründe deinen Vorschlag!

3 Diskutiere, ob der Waldumbau zur Bewältigung des Klimawandels durch den Menschen bewerkstelligt werden muss!

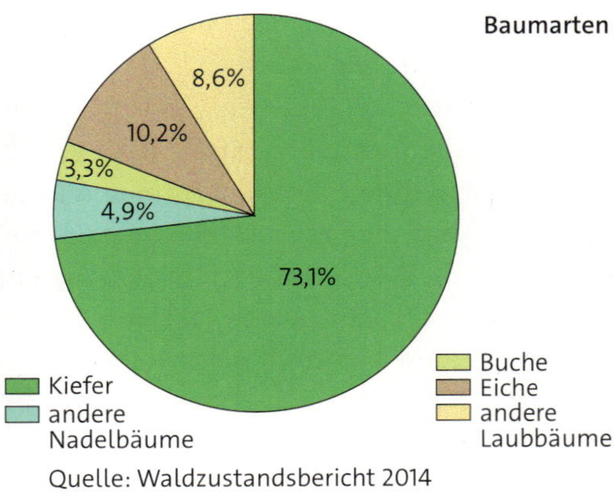

02 Anteile der Baumarten Brandenburgs 2014

03 Nachhaltigkeit durch Waldumbau

01 Seeufer

Zonierung eines Sees

Die Ufer naturnaher, im Flachland vorkommender Seen zeigen oft eine typische Abfolge verschiedener Pflanzen. Während am Uferrand Bäume und Büsche wachsen, erstrecken sich in den See hinein Flächen mit Schilf und Seerosen. Wie lässt sich dies erklären?

ÖKOSYSTEM SEE · Kleine stehende Gewässer natürlichen Ursprungs, die ganzjährig mit Wasser gefüllt sind, nennt man *Weiher*. Stehende Kleingewässer, die von Zeit zu Zeit austrocknen, bezeichnet man als *Tümpel* und künstlich angelegte stehende Kleingewässer als *Teiche*. Ein stehendes Binnengewässer mit einer Mindestfläche von etwa 10 000 Quadratmetern, das tiefer als zwei Meter ist, nennt man **See.** Viele Seen in Deutschland bildeten sich nach der Eiszeit in vom Gletschereis geformten Becken, wie die Müritz. Einige entstanden in Kratern von Vulkanen, wie die Eifelmaare. Daneben gibt es zahlreiche künstliche, vom Menschen geschaffene Seen wie Stauseen oder Baggerseen. Wie alle Ökosysteme besteht auch ein See aus einem Lebensraum, dem *Biotop*, und der zugehörigen Lebensgemeinschaft, der *Biozönose*. Der Lebensraum See umfasst den Seeboden und das Freiwasser. Mit zunehmender Tiefe verändern sich die abiotischen Umweltfaktoren. Deshalb unterteilt man den Seeboden in eine *Uferzone*, die bis in etwa acht Meter Tiefe reicht, und eine *Tiefenzone*. Ebenso wird das Freiwasser in eine vom Licht durchflutete *Oberflächenwasserzone* und eine dunkle *Tiefenwasserzone* gegliedert.

Neben klimatischen Faktoren, wie Lufttemperatur, Sonneneinstrahlung, Niederschläge und Wind, kennzeichnen vor allem Form und Tiefe des Seebeckens, die Beschaffenheit des Seebodens sowie die Wasserzufuhr und der Wasserabfluss dieses Biotop. Diese Faktoren beeinflussen weitere abiotische Umweltfaktoren wie Wassertemperatur, Sauerstoffgehalt, Mineralstoffgehalt und pH-Wert des Wassers.

1 Beschreibe die in Abbildung 03 dargestellte Einteilung eines Sees!

PFLANZENZONEN · Bei naturnahen Seen mit flach abfallenden Ufern zeigt sich mit zunehmender Tiefe eine Abfolge typischer Pflanzengesellschaften, die **Pflanzenzonen.** Die oberste Zone wird bei starkem Hochwasser überschwemmt und weist auch sonst einen sehr hohen Grundwasserspiegel auf. Weil sich in den Böden dieser Zone das Wasser staut, sind sie sauerstoffarm. Die Pflanzen sind an diese Bedingungen durch flache Wurzeln und zusätzliche Einrichtungen zur Sauerstoffversorgung der Wurzeln angepasst. Da in dieser Pflanzenzone vor allem Waldpflanzen vorkommen, nennt man sie **Bruchwaldzone.** An diese Bedingungen sind auch die Pflanzen der folgenden Zone angepasst. Sie fällt nur bei Niedrigwasser trocken. Nach den hier häufigen Sauergräsern, den Seggen, wird sie als **Seggenzone** bezeichnet. Dauerhaft in bis zu einem Meter tiefen Wasser wachsen Schilfrohr und Rohrkolben. Mit biegsamen Halmen und einer festen Verankerung im Seegrund sind sie an Wind und Wellenschlag angepasst. Sie sind die typischen Pflanzen der **Röhrichtzone.** Auch die mit ihren Blättern auf der Wasseroberfläche schwimmenden See- und Teichrosen sitzen mit kräftigen Wurzeln fest im Untergrund. Ihre Wurzeln sind über lange, elastische Stängel mit den Blättern verbunden. So können die

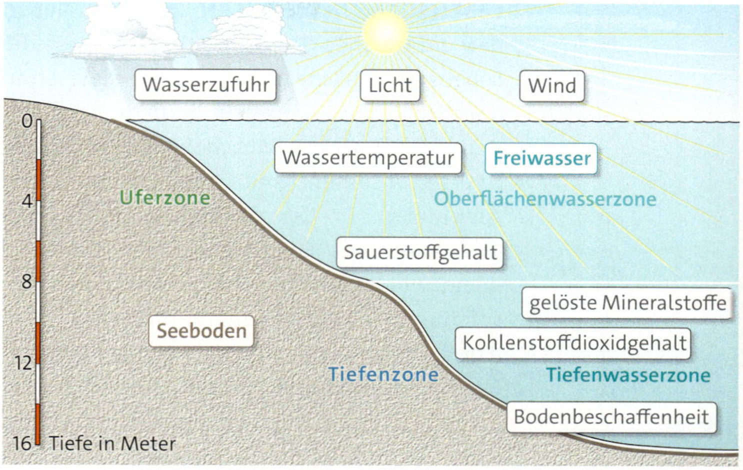

02 Abiotische Umweltfaktoren im See

Pflanzen dieser **Schwimmblattzone** unterschiedliche Wasserstände ausgleichen. Vollständig untergetaucht und nur locker verwurzelt ist die Wasserpest. Diese Pflanze und weitere untergetauchte Pflanzen nehmen sowohl das Kohlenstoffdioxid als auch die Mineralstoffe mit den Blättern direkt aus dem Wasser auf. Sie bilden die **Tauchblattzone.** In sehr klaren Seen findet man in Tiefen von acht bis zehn Metern Armleuchteralgen. Nur wenige Pflanzen sind an die geringe Lichteinstrahlung und den hohen Wasserdruck angepasst, der in der **Armleuchteralgenzone** herrscht.

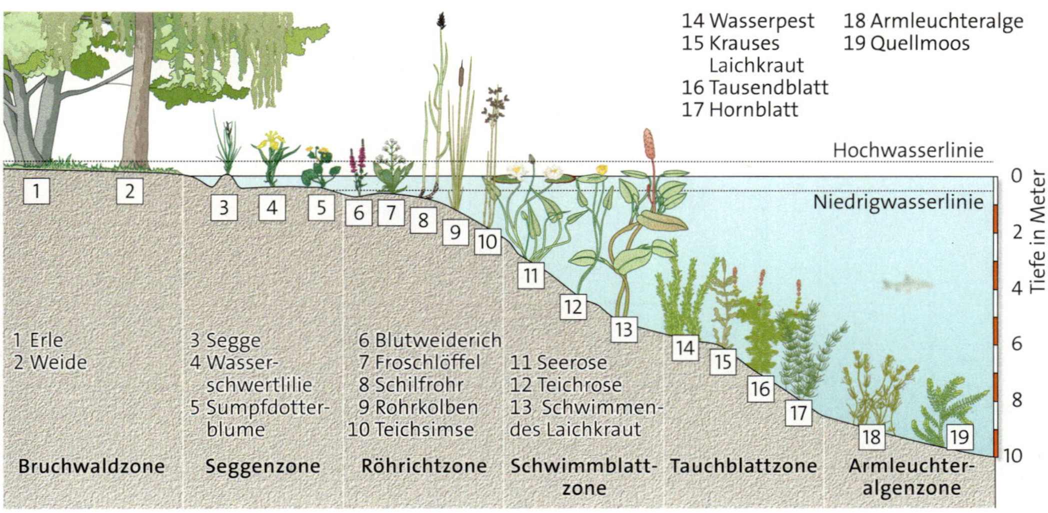

03 Pflanzenzonen eines Seeufers

LEBENSGEMEINSCHAFTEN IM SEE · Neben den zahlreichen Pflanzenarten umfasst die Lebensgemeinschaft der Uferzone viele Arten der Tiergruppen Einzeller, Platt- und Ringelwürmer, Schnecken, Muscheln, Wassermilben, Krebse, Insekten und ihre Larven sowie Amphibien. In der deutlich artenärmeren Tiefenzone des Seebodens findet man vor allem Schalenamöben, Schlammwürmer, Erbsenmuscheln und Zuckmückenlarven.
Arten, die auf oder direkt unter der Wasseroberfläche leben, und solche, die sich im Wasser aufhalten, bilden die Lebensgemeinschaft des Freiwassers. Zum Beispiel können die zu den Wanzen gehörenden Wasserläufer auf der Wasseroberfläche laufen, ohne unterzugehen, und Stechmückenlarven hängen kopfunter mit ihren Atemröhren an der Wasseroberfläche. Bei den im Freiwasser vorkommenden Lebewesen unterscheidet man zwischen mikroskopisch kleinen, im Wasser schwebenden Arten, dem *Plankton*, und sich aktiv im Wasser bewegenden Arten wie Fische. Das Plankton umfasst einzellige Algen und Algenkolonien, das *Pflanzenplankton*, sowie Wimpertierchen, Rädertierchen, Wasserflöhe und Hüpferlinge, das *Tierplankton*. Während die Oberflächenwasserzone sehr artenreich ist, findet man in der dunklen Tiefenwasserzone nur einige Arten des Tierplanktons und vereinzelt Fische. Man kann also die Gesamtheit der Lebewesen eines Sees, die Biozönose, vergleichbar dem Biotop in verschiedene Lebensgemeinschaften unterteilen.

NAHRUNGSBEZIEHUNGEN · Die Lebewesen der Biozönose See sind durch vielfältige Nahrungsbeziehungen miteinander verbunden. Die Grundlage dafür bilden die Pflanzen der Uferzone und die Algen im See, die durch Fotosynthese organische Stoffe produzieren. Von diesen *Produzenten* ernähren sich die *Konsumenten erster Ordnung* wie das Tierplankton. Dieses wird wiederum von *Konsumenten zweiter Ordnung,* zum Beipiel von Fischen wie der Plötze, gefressen. Die Plötze ist wieder ein Beutetier des Hechts, der als *Konsument dritter Ordnung* am Ende dieser **Nahrungskette** steht. Da die Plötze wie viele Tierarten nicht nur eine Nahrungsquelle nutzt, sind mehrere Nahrungsketten zu einem **Nahrungsnetz** verknüpft. Tierkot, tote Lebewesen oder deren Reste werden schließlich von Bakterien und Pilzen, den *Destruenten,* so abgebaut, dass nur noch Mineralstoffe übrig bleiben.

2 Erkläre, warum die Zuordnung einer Art zu den Konsumenten erster oder zweiter Ordnung nicht immer eindeutig ist!

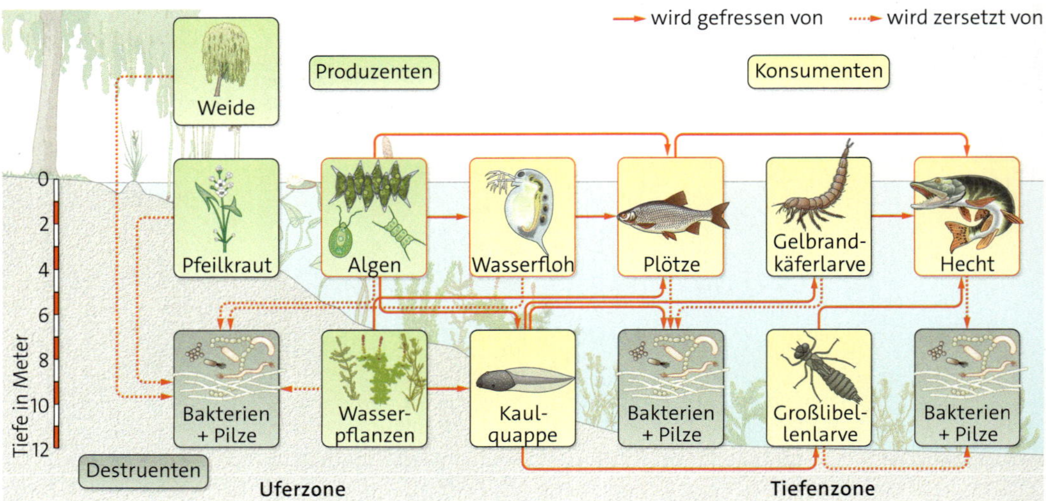

04 Nahrungsbeziehungen im Ökosystem See

Zusammenleben im See

Neben den Nahrungsbeziehungen gibt es in Ökosystemen viele Wechselbeziehungen zwischen Lebewesen verschiedener Arten.

GEGENSEITIGER VORTEIL · Erfahrene Angler wissen, dass Bitterlinge, kleine Karpfenfische, nur in sauberen Gewässern leben, in denen auch Malermuscheln vorkommen. Die Ursache für dieses Phänomen bildet eine sehr interessante Wechselbeziehung zum gegenseitigen Vorteil zwischen Bitterlingen und Malermuscheln. Im Frühling entwickelt sich bei den Weibchen der Bitterlinge jeweils eine fünf bis sechs Zentimeter lange Legeröhre hinter der Afterflosse. Zu dieser Zeit suchen die Männchen die Muscheln auf und versuchen, Weibchen in die Nähe der Muscheln zu locken. Die Weibchen legen mit ihrer Legeröhre die unbefruchteten Eier, die bei Fischen Rogen genannt werden, auf die Kiemenblätter der Muschel. Danach geben die Männchen die Samenflüssigkeit, die sogenannte Milch, dazu. Im geschützten Kiemenraum der Malermuschel erfolgen dann die Befruchtung der Fischeier und die Entwicklung der Larven. Die Muscheln profitieren ebenfalls von dieser *Symbiose:* Ihre Larven werden von vorbeischwimmenden Bitterlingen aufgenommen und verhaken sich in deren Kiemen. Dort ernähren sie sich von winzig kleinen Nahrungspartikeln, können sich so weiter entwickeln und werden letztendlich im Gewässer verbreitet.

VORTEIL FÜR EINE ART · Haben in der Wechselbeziehung nur Vertreter der einen Tierart einen Vorteil und schädigen dabei die Vertreter der anderen Art, dann spricht man vom *Parasitismus.*

Ein Beispiel dafür bilden die im Schilfgürtel von Seen häufig vorkommenden Fischegel. Fischegel gehören zur Gruppe der Ringelwürmer. Sie haben einen runden, grün-braun gescheckten Körper. An diesem befinden sich zwei kräftige Saugnäpfe und vier Augen. Die Egel sind gute Schwimmer und lauern im Schilfgürtel ihren Wirten auf. Mit ihren Saugnäpfen halten sie sich an der Haut eines vorbeischwimmenden Fisches fest. Mit dem vorderen Saugnapf ernähren sie sich vom Blut ihres Wirts.

Angler konnten schon beobachten, dass an einem Hecht mehr als 60 Fischegel parasitierten. Durch den Blutverlust kann der Fisch stark geschwächt werden, sodass er anfällig für Krankheiten wird.

01 Bitterlingspärchen über einer Malermuschel

02 Hecht mit Fischegel

Material A ▸ Wasserpflanzen

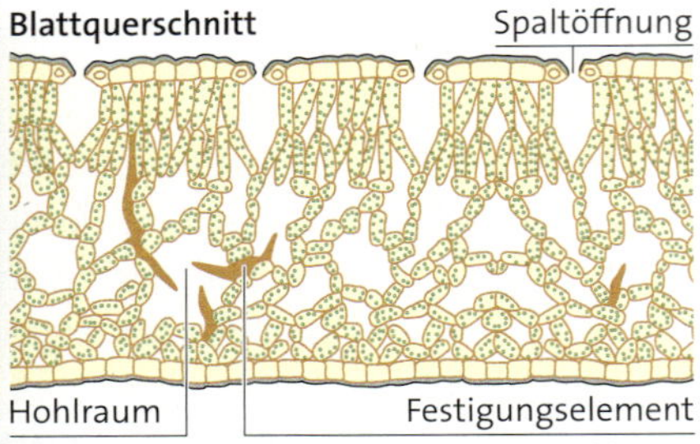

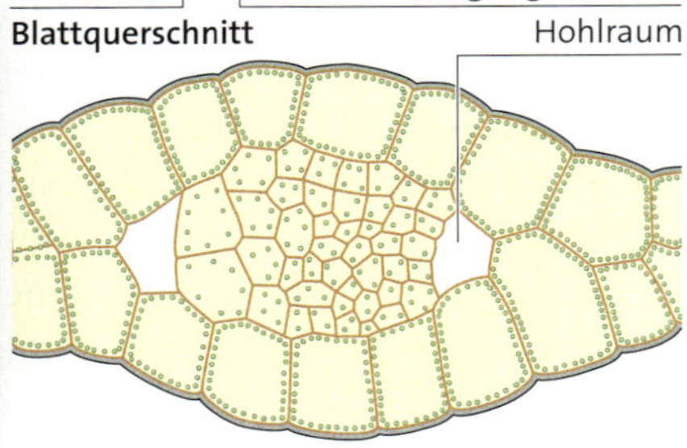

A1 Vergleiche tabellarisch den Bau der Laubblätter von Landpflanzen, Seerosen und der Wasserpest!

A2 Erläutere den Zusammenhang von Struktur und Funktion am Beispiel des Baus der abgebildeten Blätter!

A3 Gib an, aus welchem Stoff die bei der Wasserpest sichtbaren Gasbläschen bestehen, und beschreibe, wie es zu ihrer Bildung kommt!

Material B ▸ Seezonierung

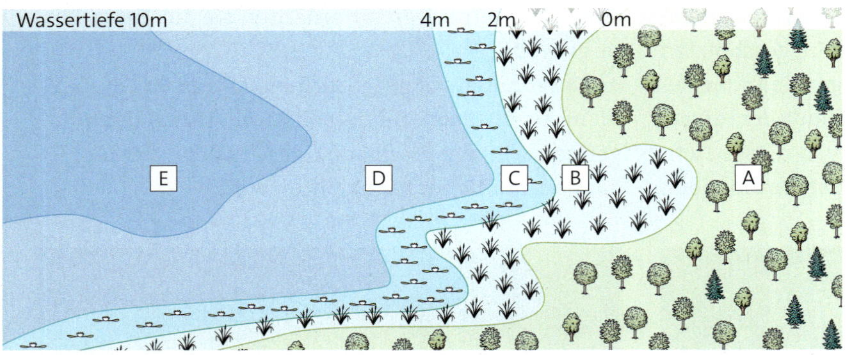

B1 Nenne die mit A bis C bezeichneten Bereiche und ordne jedem Bereich zwei typische Pflanzen zu!

B2 Beschreibe die abiotischen Umweltfaktoren im Bereich B!

B3 Begründe das Vorkommen von Pflanzen in D und E!

Material C ▸ Nahrungsbeziehungen

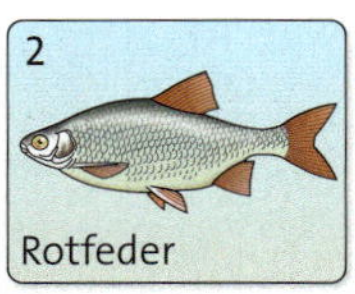

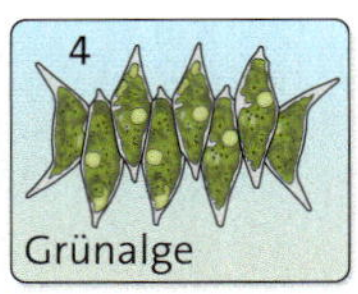

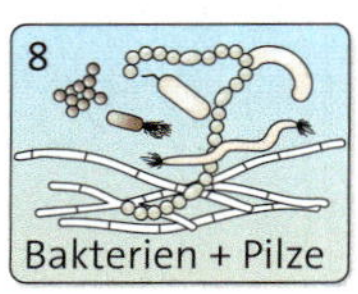

C1 Fertige eine beschriftete Skizze eines Seebeckens an und ordne die abgebildeten Arten den Seezonen zu!

C2 Entwirf durch Einfügen von Pfeilen ein Schema der möglichen Nahrungsbeziehungen dieser Arten!

Material D ▸ Reiherente und Löffelente

1. Nahrungszusammensetzung (in Prozent)

	Reiherente	Löffelente
Pflanzen	10	50
Schnecken/Muscheln	60	50
andere Kleintiere	30	0

2. Orte der Nahrungssuche

3. Brut- und Aufzuchtzeiten

Monate	April	Mai	Juni	Juli	Aug
Reiherente		Brut		Aufzucht	
Löffelente		Brut	Aufzucht		

Die beiden Entenarten Reiherente und Löffelente leben in gleichen Ökosystemen.

D1 Beschreibe die beiden abgebildeten Entenarten in Bezug auf Gestalt-, Nahrungs-/Ernährungs- und Fortpflanzungsmerkmale!

D2 Erkläre, weshalb die beiden Arten im gleichen Gebiet nebeneinander leben können!

Material E ▸ Fische und Fischläuse

Fischläuse sind kleine Krebstiere. Sie besitzen Saugnäpfe, Klammerbeine, einen Saugrüssel und einen Giftstachel. Da sie bei der Wirtssuche zwischen Wasserflöhen und anderen Kleintieren herumschwimmen, werden sie von Fischen mit aufgenommen. Im Maul der Fische setzen sie dann ihren Giftstachel ein und sorgen so dafür, dass die Fische ihre Nahrung wieder ausspeien. Damit sind sie in der Nähe der Fischhaut und können sich mit ihren Saugnäpfen und Klammerbeinen gut festhaken. Die Haut der Wirte wird angebohrt und die Läuse ernähren sich vom Blut der Fische.

E1 Erstelle ein Fließschema zur Lebenstätigkeit der Fischläuse!

E2 Erläutere die Wechselbeziehung zwischen den Fischen und den Fischläusen!

E3 Begründe, dass es in Fischzuchtanlagen häufiger zum Massenbefall mit Fischläusen kommt als im See!

01 See in Brandenburg

Untersuchung von Gewässerproben

Die Oberflächenzone von Seen ist besonders reich an Kleinstlebewesen. Viele der Lebewesen können wir nicht mit bloßem Auge erkennen.

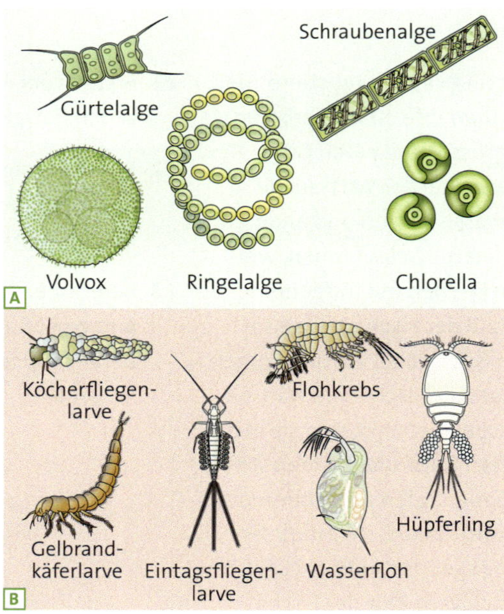

griech. plankton = das Umherirrende

02 Kleinstlebewesen:

A pflanzliches Plankton,

B tierisches Plankton

KLEINSTLEBEWESEN IN GEWÄSSERN · Viele Wasserlebewesen leben in sauberen Gewässern. Es gibt aber auch Lebewesen, die im verschmutzten Wasser leben und es sogar reinigen können. Das Vorkommen bestimmter Arten ist daher ein Hinweis auf die Wasserqualität. Viele von ihnen sind mikroskopisch klein oder weniger als einen Millimeter groß. Deshalb können sie von der Wasserströmung bewegt werden. Man bezeichnet sie als **Plankton**. Dabei unterscheidet man zwischen *pflanzlichem* und *tierischem Plankton*.

Heute sind über 40 000 Planktonarten bekannt. Diese Kleinstlebewesen sind in jedem Gewässer zu finden. Auch in Pfützen, die schnell wieder austrocknen können, findet man sie. Manche Arten können sogar in nassen Moospolstern oder im feuchten Boden überleben. In Tümpeln, Seen oder Fließgewässern ist Wasser meist dauerhaft vorhanden. Dort findet man daher eine große Vielfalt an Plankton.

Material A ▸ Bedeutung von Plankton

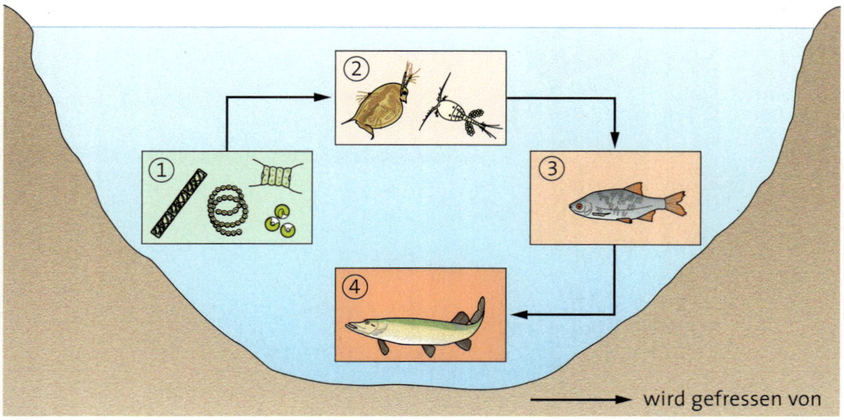

A1 Ordne den Nummern 1 bis 4 folgende Begriffe zu: Konsument, Produzent, Friedfisch und Raubfisch und benenne die abgebildeten Lebewesen!

A2 Erläutere die Bedeutung des Planktons für das Leben im Wasser!

A3 Erläutere an einem Beispiel Wechselwirkungen zwischen Lebewesen im See!

VERSUCH B ▸ Wir suchen Leben im Gewässer

Material: engmaschiges Planktonnetz, gewaschene Marmeladengläser, wasserfester Stift, Mikroskop, Objektträger mit Hohlschliff, Deckglas, Pipette, Bestimmungsbücher

Duchführung: Befülle mehrere Marmeladengläser mit etwas Wasser aus einem Tümpel.
Ziehe zur Probennahme das Planktonnetz langsam und gleichmäßig für drei Minuten durch das Wasser. Überführe den Inhalt des Planktonnetzes jeweils in ein Marmeladenglas.
Die Marmeladengläser mit den verschiedenen Proben müssen mit Datum und Ort der Probenentnahme beschriftet werden.
Im Unterrichtsraum erfolgt die Untersuchung der verschiedenen Wasserproben unter dem Mikroskop. Gib dazu je einen Wassertropfen auf einen Objektträger mit Hohlschliff und lege ein Deckgläschen darauf.

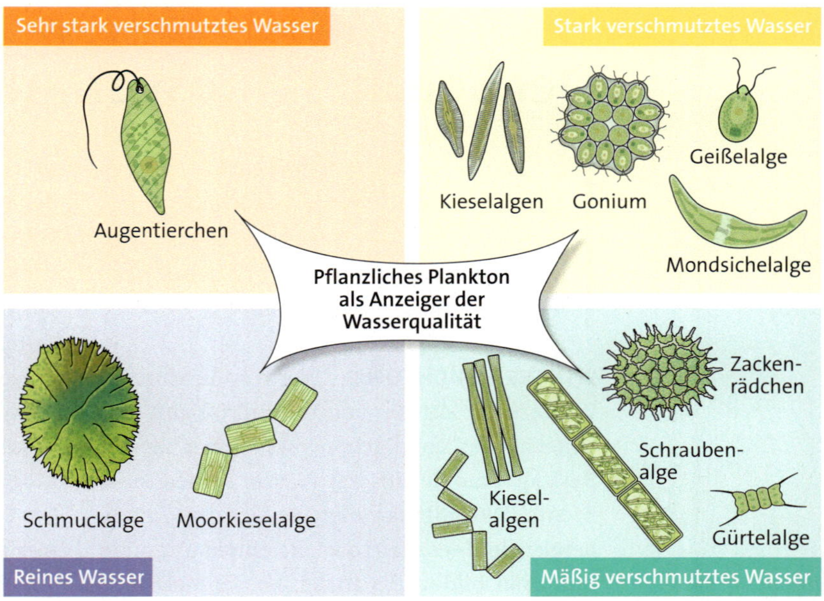

B1 Mikroskopiere bei stärkerer Vergrößerung! Suche zunächst nach grün gefärbten Lebewesen und zeichne einige davon!

B2 Bestimme die Arten! Nimm dafür die Abbildung und die Seite 102 zu Hilfe!

B3 Finde anhand der gefundenen Arten die Wasserqualität der Wasserprobe heraus!

B4 Mikroskopiere bei geringer Vergrößerung! Suche nach Lebewesen, die sich bewegen! Zeichne einige davon!

01 Zugefrorener See

Der See im Jahresverlauf

In einem kalten Winter frieren auch in Deutschland Seen zu. Bohrt man ein Loch ins Eis, findet man unter der Eisdecke eine Vielzahl von Lebewesen, die auch die frostige Jahreszeit überleben. Wie ist das möglich?

WINTERSCHICHTUNG · Wenn zu Beginn des Winters die Lufttemperatur sinkt, kühlt sich zunächst das Oberflächenwasser eines Sees ab. Bei vier Grad Celsius hat Wasser seine größte Dichte. Deshalb sammelt es sich im Tiefenbereich des Sees. Sinkt die Lufttemperatur unter null Grad, bildet sich an der Wasseroberfläche Eis. Im Unterschied zu anderen Stoffen, die im festen Zustand eine höhere Dichte haben als im flüssigen Zustand, hat Eis eine geringere Dichte als flüssiges Wasser. Es sinkt deshalb nicht auf den Seeboden, sondern schwimmt oben. Bei anhaltender Kälte bildet sich eine geschlossene und zunehmend dicker werdende Eisdecke. Diese verhindert, dass das darunterliegende Wasser weiter abkühlt. Im Winter kann man deshalb häufig eine Schichtung des Wassers im See beobachten. Unmittelbar unter der Eisdecke hat das Wasser eine Temperatur von null bis einem Grad Celsius. Zwischen dieser Schicht und dem vier Grad kühlen Wasser des Tiefenbereichs folgen Wasserschichten mit Temperaturen zwischen einem und vier Grad. Diesen Zustand nennt man **Winterschichtung.** Da wegen der Eisdecke eine Durchmischung des Oberflächenwassers durch den Wind nicht möglich ist und auch die von null nach vier Grad zunehmende Dichte des Wassers einen Austausch zwischen den Schichten verhindert, spricht man auch von der **Winterstagnation.** Wegen der besonderen Dichteeigenschaften des Wassers steht den Lebewesen eines Sees auch im Winter unter der Eisdecke flüssiges Wasser zur Verfügung, in dem sie überleben können. Zu einem begrenzenden Faktor kann jedoch der Sauerstoffgehalt des Wassers werden. Da im Winter keine Durchmischung des Wassers stattfindet und auch kaum Sauerstoff durch Fotosynthese entsteht, nimmt vor allem im Tiefenbereich der Sauerstoffgehalt ab.

lateinisch stagnare = still stehen

FRÜHJAHRSZIRKULATION · Im Frühjahr wird die Sonneneinstrahlung stärker, die den See bedeckende Eisdecke schmilzt. Wenn sich das Oberflächenwasser auf eine Temperatur von vier Grad erwärmt, sinkt es aufgrund seiner höheren Dichte nach unten. Da nun das gesamte Wasser im See die gleiche Temperatur und Dichte besitzt, durchmischt es sich vollständig. Wind, der das Oberflächenwasser bewegt, verstärkt diesen kreisförmigen Wasseraustausch zwischen Oberflächenwasser und Wasser des Tiefenbereichs. Man nennt diesen Prozess **Frühjahrszirkulation.** Durch die Frühjahrszirkulation gelangt wieder sauerstoffreiches Wasser aus der oberen Schicht in den Tiefenbereich.

SOMMERSCHICHTUNG · Im Sommer kann sich das Oberflächenwasser auf über 20 Grad erwärmen. Da die Dichte des Wassers mit zunehmender Erwärmung über vier Grad abnimmt, bildet das erwärmte Wasser eine obere Wasserschicht, die *Deckschicht.* In ihr kann das vom Wind bewegte Wasser zirkulieren. Ein Austausch mit dem kühleren Wasser darunter findet kaum statt, da dieses Wasser eine höhere Dichte hat. Zwischen der Deckschicht und der aus vier Grad kühlem Wasser bestehenden *Tiefenschicht* liegt eine Schicht, in der sich das Wasser sprunghaft abkühlt. Sie wird als *Sprungschicht* bezeichnet. Im Sommer bildet sich also wieder eine Abfolge unterschiedlich warmer Wasserschichten, zwischen denen kein Austausch stattfindet. Man spricht deshalb von der **Sommerschichtung** oder **Sommerstagnation.** Während die Deckschicht gut mit Sauerstoff versorgt wird, nimmt der Sauerstoffgehalt in der Sprungschicht stark ab und ist in der Tiefenschicht sehr gering.

HERBSTZIRKULATION · Kühlt sich im Herbst das Oberflächenwasser bis auf die Temperatur des Tiefenwassers ab, findet erneut eine vollständige Durchmischung statt, die **Herbstzirkulation.** Dabei gelangt wieder sauerstoffreiches Wasser von oben in den Tiefenbereich.

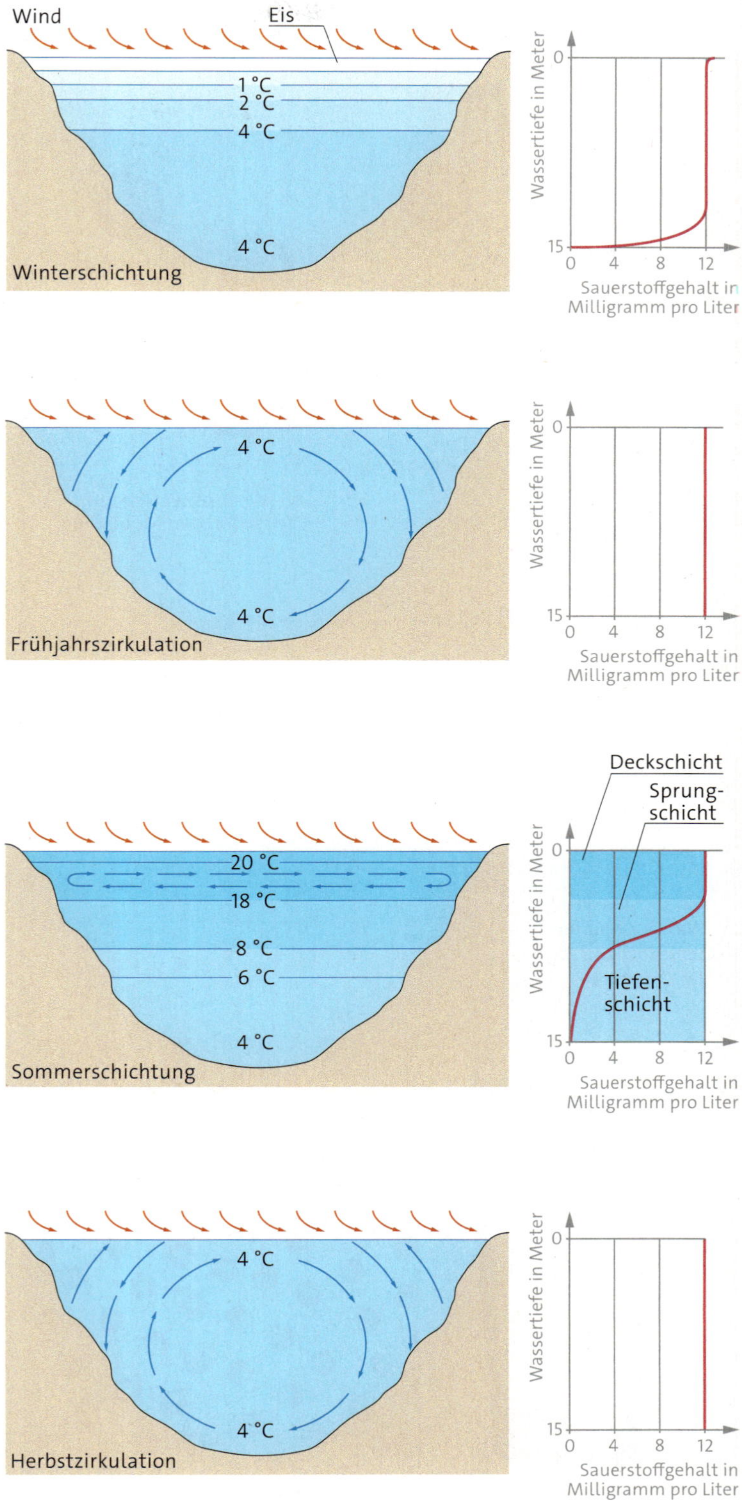

02 Wassertemperatur und Sauerstoffgehalt eines Sees im Jahresverlauf

IM BLICKPUNKT CHEMIE

Wasser

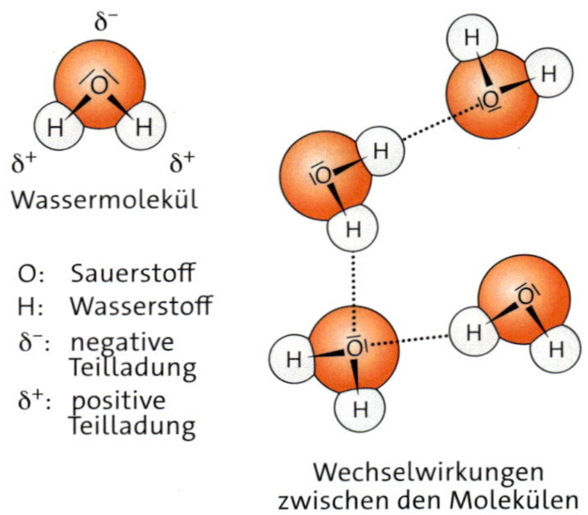

01 Wassermolekül

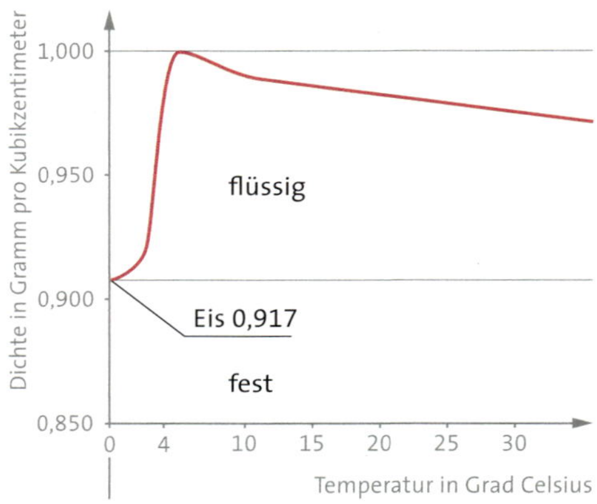

02 Dichte von Wasser bei unterschiedlichen Temperaturen

03 Eis auf Wasser: **A** im Glas, **B** molekularer Aufbau von Eis und Wasser

BAU DES WASSERMOLEKÜLS · Ein Wassermolekül besteht aus zwei Wasserstoffatomen, die mit einem Sauerstoffatom verbunden sind. Das Wassermolekül besitzt eine negative Teilladung am Sauerstoffatom und an den Wasserstoffatomen positive Teilladungen. Wassermoleküle treten miteinander in Wechselwirkung. Diese sind abhängig von der Temperatur und bestimmen die Anordnung und die Abstände der Teilchen im Wasser.

DICHTEANOMALIE DES WASSERS · Eiswürfel schwimmen in einem mit Wasser gefüllten Glas oben, Eis bildet sich auch auf Gewässern immer auf der Wasseroberfläche. Das hat Bedeutung für das Überleben der Tiere im Winter. Die Ursache besteht in der Dichteanomalie des Wassers. Wasser hat bei vier Grad Celsius seine höchste Dichte. Im Eis bilden die Wassermoleküle Gitter mit Hohlräumen. Daher ist die Dichte geringer als bei vier Grad. So schwimmt Eis auf dem flüssigen Wasser. Schmilzt es, bricht das Gitter auf und die Teilchen rücken näher zusammen. Wird das Wasser über vier Grad Celsius hinaus erwärmt, werden die Wechselwirkungen zwischen den Wassermolekülen teilweise überwunden, die Abstände zwischen den Teilchen werden größer und die Dichte verringert sich weiter.

WASSER ALS LÖSUNGSMITTEL · Bedingt durch den Bau der Wassermoleküle ist Wasser in der Natur und in Lebewesen das wichtigste Lösungsmittel. So besteht unser Blut zu einem großen Teil aus Wasser. In ihm werden alle wichtigen Stoffe transportiert. Die Löslichkeit der Stoffe in Wasser ist von der Art der Stoffe und von der Temperatur abhängig. Die Löslichkeit vieler Salze und von Zucker steigt mit der Temperatur, die von Gasen wie Sauerstoff und Kohlenstoffdioxid sinkt jedoch mit zunehmender Temperatur.

Material A ▸ Dichteanomalie des Wassers

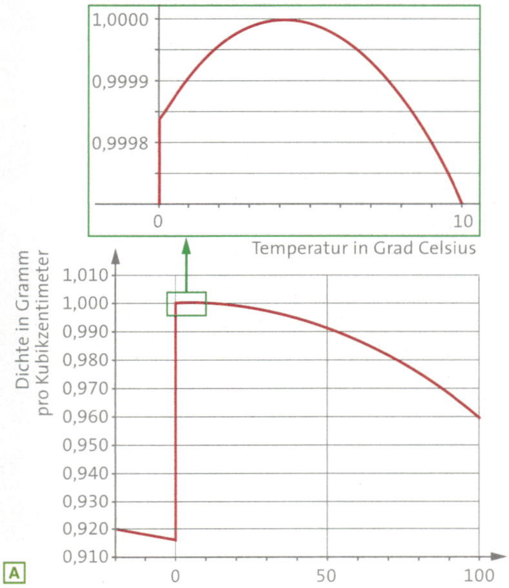

Temperatur-Dichte-Diagramm von Wasser

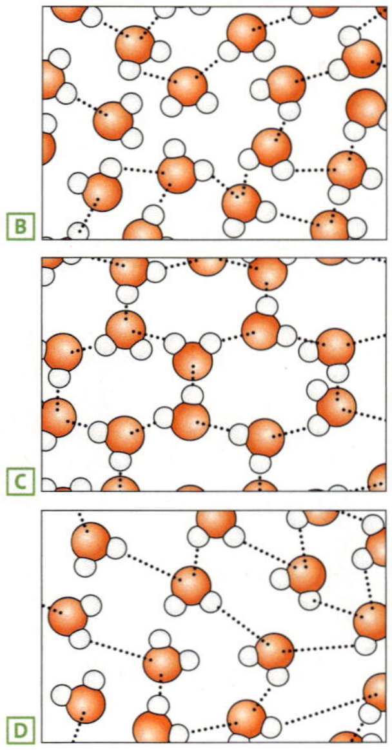

Molekulare Darstellungen von Wasser

A1 Ordne die drei molekularen Darstellungen von Wasser, B, C und D, den Temperaturen, 0 °C, 4 °C und 90 °C zu und begründe!

A2 Nenne jeweils den genauen Dichtewert zu den drei Temperaturen!

A3 Erläutere mithilfe des Diagramms, worin die Dichteanomalie des Wassers besteht!

A4 Begründe, wodurch das Überleben von Tieren in einem zugefrorenen See gewährleistet ist!

A5 Berechne das Volumen von einem Kilogramm Eis!

Material B ▸ Jahresverlauf im See

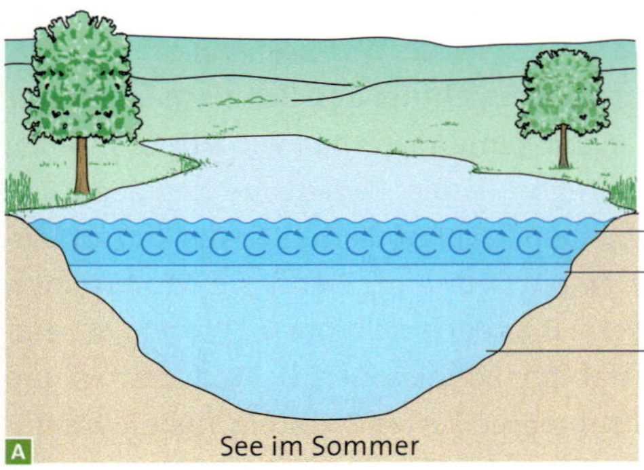

See im Sommer

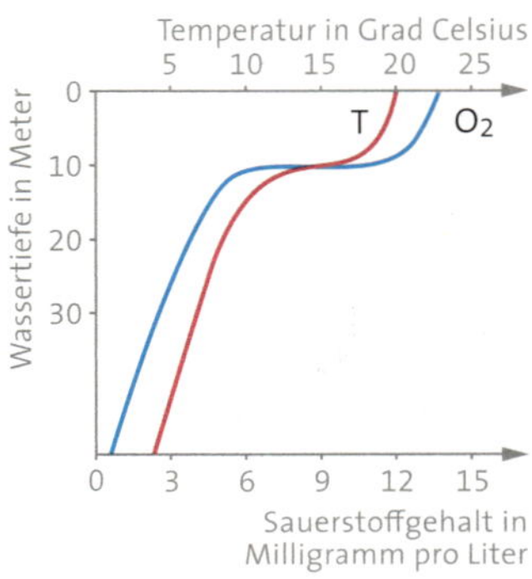

See im Winter

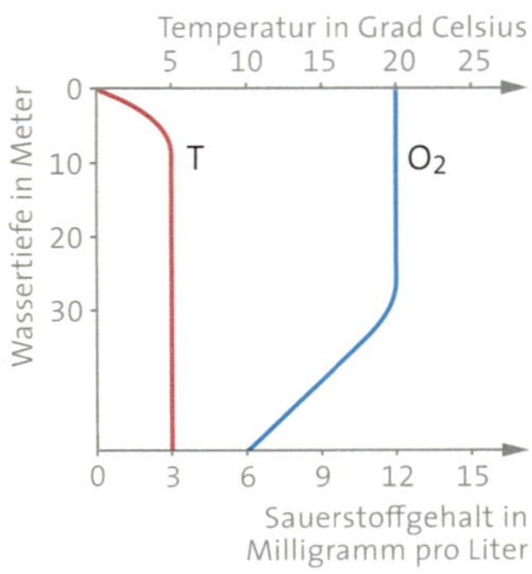

B1 Benenne die Schichten 1 bis 3 der Abbildung A!

B2 Nenne die Wassertemperaturen der Schichten 1 bis 3 sowie im See der Abbildung B!

B3 Erkläre, weshalb im Sommer nur eine teilweise Durchmischung des Wassers stattfindet und im Winter keine!

B4 Vergleiche die Veränderung des Sauerstoffgehalts mit der Wassertiefe im Sommer und im Winter!

B5 Stelle Vermutungen über die Temperaturverhältnisse in einem Gartenteich im Sommer und im Winter an!

01 Sonneneinstrahlung auf einen See

Energiefluss und Stoffkreisläufe im See

Für das Ökosystem See ist die Sonne die wichtigste Energiequelle. Wie wird diese Energie von den Lebewesen des Sees genutzt?

ENERGIEFLUSS · Das Ökosystem See ist ein offenes System, das auf Energiezufuhr von außen angewiesen ist. Die meisten Seen beziehen ihre Energie vor allem durch das Sonnenlicht. In Mitteleuropa liefert die Sonne im Jahresdurchschnitt täglich etwa 120 000 Kilojoule Energie pro Quadratmeter. Der größte Teil dieser Energie wird von der Wasseroberfläche reflektiert oder vom Wasser aufgenommen. Nur maximal fünf Prozent der eingestrahlten Energie kann von Wasserpflanzen und Pflanzenplankton, den Produzenten des Sees, genutzt werden. Mithilfe der *Lichtenergie* stellen die Produzenten durch Fotosynthese aus den energiearmen Stoffen, Wasser und Kohlenstoffdioxid, energiereiche organische Stoffe wie Glukose her. Dabei findet also eine Energieumwandlung von Lichtenergie in *chemische Energie* statt.

Etwa fünf Zehntel der so gespeicherten Energie nutzen die Produzenten selbst durch Zellatmung für ihre Lebensvorgänge. Diese Energie wird schließlich als *Wärmeenergie* abgegeben. Weitere vier Zehntel der chemischen Energie gelangen beim Absterben von Pflanzenteilen oder Algen in die Tiefenzone des Sees. Das verbleibende Zehntel erhalten die Konsumenten erster Ordnung, wenn sie Produzenten fressen. Dies entspricht nur 0,5 Prozent der eingestrahlten Sonnenenergie. Produzenten und Konsumenten erster Ordnung stellen aufeinanderfolgende Ernährungsebenen dar. Die Konsumenten erster Ordnung nutzen von der aufgenommenen Energie etwa sechs Zehntel für ihre Lebensvorgänge, und drei Zehntel sinken in Ausscheidungen oder beim Absterben dieser Konsumenten auf den Seeboden. Wieder bleibt nur ein Zehntel der Energie für die folgende Ernährungsebene, die Konsumenten zweiter Ordnung, übrig. Diese Vorgänge wiederholen sich auch beim Übergang zu den Konsumenten dritter Ordnung, sodass dort nur noch

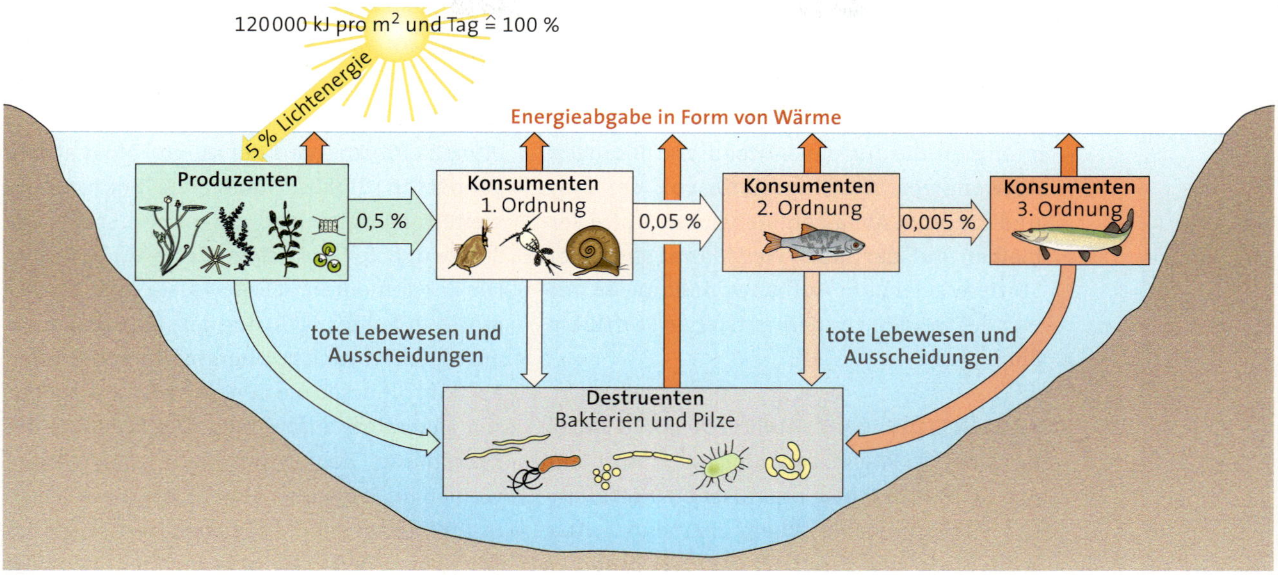

02 Energiefluss im Ökosystem See

0,005 Prozent der eingestrahlten Energie ankommen. Da also jeweils nur ein Zehntel oder zehn Prozent der Energie von einer Ernährungsebene zur nächsthöheren weitergegeben werden, spricht man von der **Zehn-Prozent-Regel.**
Die in den toten Lebewesen und Ausscheidungen noch gebundene Energie wird von den Destruenten beim Abbau zu anorganischen, energiearmen Stoffen freigesetzt. Diese Weitergabe von Energie von Ernährungsebene zu Ernährungsebene nennt man **Energiefluss.**

BIOMASSEPRODUKTION · Der Energiefluss ist mit dem Auf- und Abbau organischer Stoffe verbunden. Die Masse der organischen Stoffe, die in Lebewesen gebunden ist, bezeichnet man als **Biomasse.** Bestimmt man die Biomassen der Lebewesen der verschiedenen Ernährungsebenen auf der Basis von gleich großen Flächen- oder Volumeneinheiten, erhält man eine *Biomassenpyramide.* Bei den meisten Ökosystemen besitzen die Produzenten die größte Biomasse und bilden eine breite Pyramidenbasis. Die Biomassen nehmen aufgrund der Zehn-Prozent-Regel von Ebene zu Ebene stark ab, sodass die Konsumenten dritter Ordnung die Pyramidenspitze bilden. Beim Ökosystem See ergibt sich aber für die Produzenten und Konsumenten erster Ordnung eine Besonderheit. Die typische Biomasseverteilung zu einem bestimmten Zeitpunkt gilt nicht für Produzenten und Konsumenten erster Ordnung, da sich Pflanzenplankton und Tierplankton rasch vermehren. Vergleicht man die Biomassen der Ernährungsebenen eines Sees, die in einer bestimmten Zeit aufgebaut werden, also die **Biomasseproduktion,** ergibt sich auch hier eine Pyramide, die der allgemeinen Biomassenpyramide entspricht.

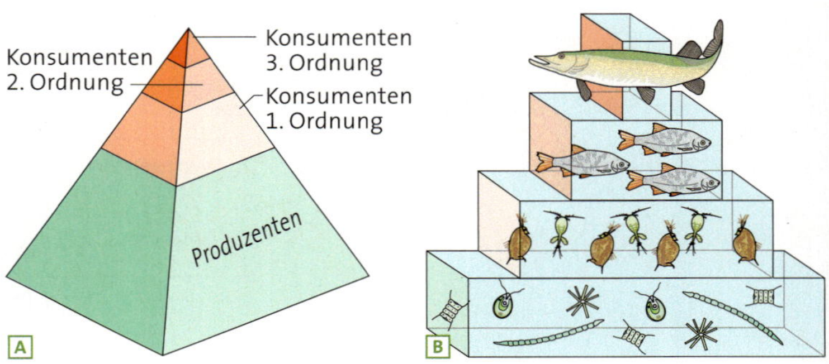

03 **A** Biomassenpyramide Ökosysteme allgemein, **B** Biomasseproduktion im Ökosystem See

STOFFKREISLÄUFE · Die Energie, die im Ökosystem See weitergegeben wird, kommt als Sonnenenergie aus dem Weltall und entweicht als Wärmeenergie wieder ins Weltall. Dagegen stammen die für den Aufbau von Biomasse notwendigen Ausgangsstoffe von der Erde, und die beim Abbau entstehenden Stoffe verbleiben auf der Erde. Weil damit dieselben Stoffe wieder zum Aufbau von Biomasse verwendet werden können, entstehen **Stoffkreisläufe.**

KOHLENSTOFF- UND SAUERSTOFFKREISLAUF · Kohlenstoff, Wasserstoff und Sauerstoff sind die für den Aufbau organischer Stoffe entscheidenden chemischen Elemente. Ausschließlich aus diesen Elementen bestehen zum Beispiel Kohlenhydrate und Fette. Bei der Fotosynthese bilden die Produzenten zunächst Glukose. Der dazu erforderliche Kohlenstoff und Sauerstoff wird mit dem Kohlenstoffdioxid aufgenommen. Dieses ist in der Luft mit etwa 0,04 Prozent enthalten. Es löst sich in Wasser, sodass die Produzenten es direkt aus dem Wasser aufnehmen können. Der Wasserstoff stammt aus dem Wasser, das bei der Fotosynthese aufgenommen wird. Dabei bleibt Sauerstoff übrig, der ins Seewasser abgegeben wird. Ist dieses mit Sauerstoff gesättigt, entweicht er in die Luft. Dort liegt sein Anteil bei etwa 20 Prozent. Aus der durch Fotosynthese gebildeten Glukose bauen die Produzenten weitere energiereiche organische Stoffe wie Stärke und Zellulose sowie Fette auf.

CO_2 = Kohlenstoffdioxid

O_2 = Sauerstoff

H_2O = Wasser

Die Konsumenten nehmen diese organischen Stoffe mit ihrer Nahrung auf und bauen sie durch Zellatmung zu energieärmeren Stoffen ab. Dafür müssen sie den im Seewasser gelösten Sauerstoff aufnehmen. Die Produkte der Zellatmung, Kohlenstoffdioxid und Wasser, werden ins Seewasser abgegeben. Diese Schritte des *Kohlenstoff-* und *Sauerstoffkreislaufs* finden in der Oberflächenwasserzone statt. In der Tiefenwasserzone bauen die Destruenten die organischen Stoffe abgestorbener Pflanzen, toter Tiere sowie in Ausscheidungen zu anorganischen Stoffen ab. Sie nehmen dazu Sauerstoff auf, und als Produkte entstehen Wasser, Kohlenstoffdioxid und Mineralstoffe. Da diese Stoffe wieder den Produzenten als Ausgangsstoffe dienen, sind damit die Stoffkreisläufe geschlossen.

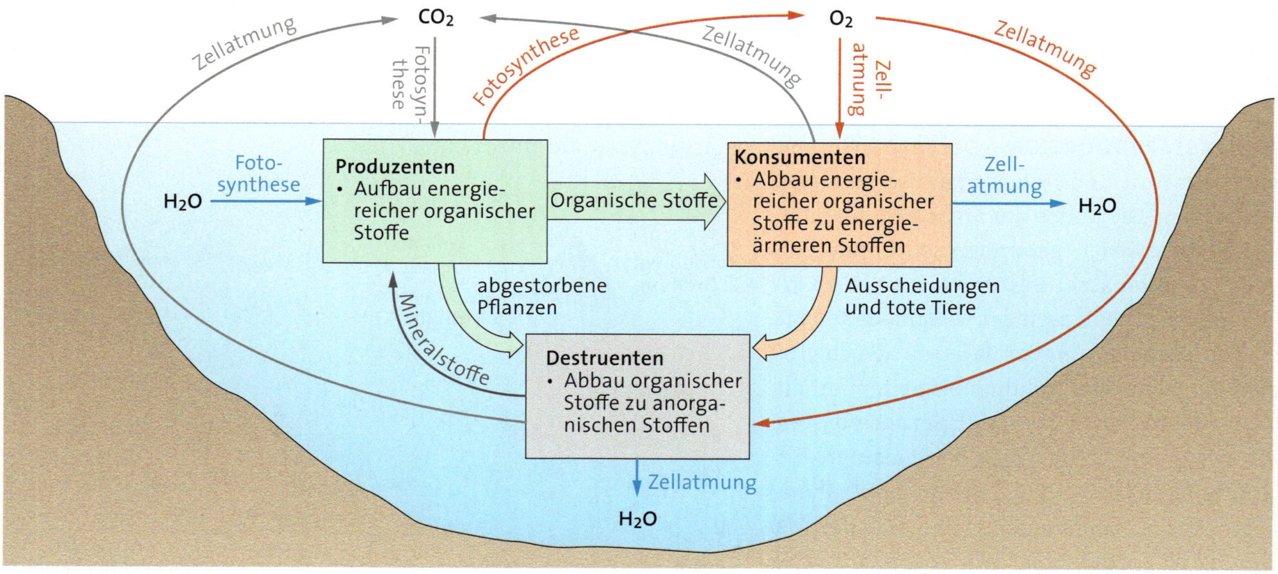

04 Kohlenstoff- und Sauerstoffkreislauf im Ökosystem See

Material A ▸ Energieflussmodelle

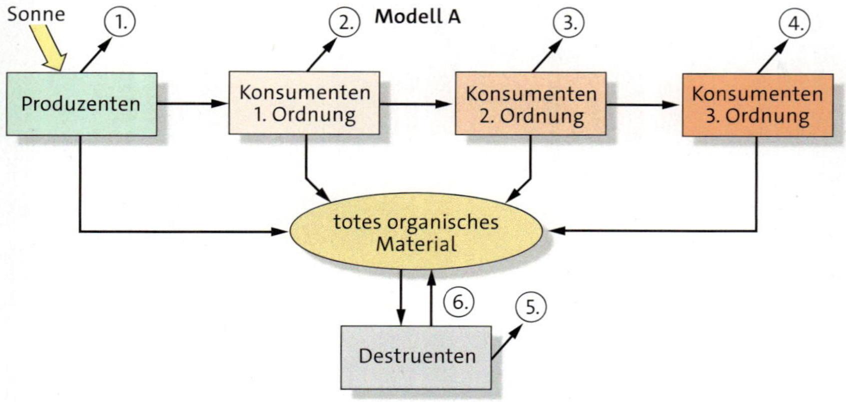

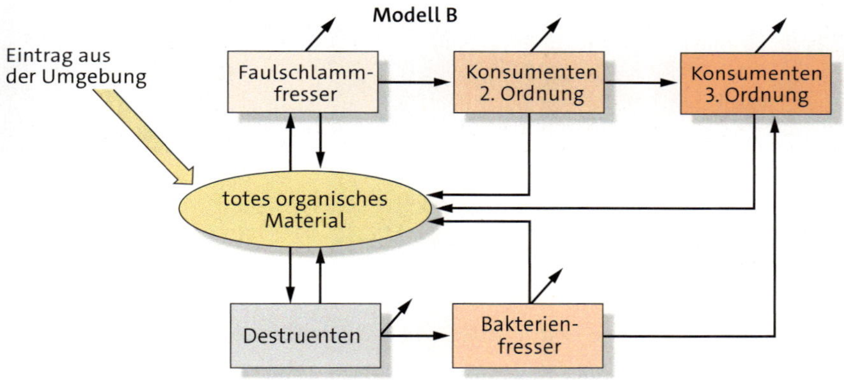

In Energieflussmodellen lassen sich die Verknüpfungen der Lebewesen verschiedener Ernährungsebenen und der Energiefluss im Ökosystem See darstellen. Die Modelle A und B sind vereinfachte Darstellungen mit unterschiedlicher Energiequelle.

A1 Nenne für jede Ernährungsebene von Modell A jeweils ein charakteristisches Lebewesen!

A2 Benenne die Pfeile 1 bis 6!

A3 Vergleiche die Modelle A und B!

A4 Stelle Vermutungen zur Lage und Umgebung von Seen an, die ausschließlich Modell A oder B entsprechen!

A5 Zeichne ein Energieflussmodell, das beide Aspekte des Energieeintrags vereinigt!

Material B ▸ Abiotische Umweltfaktoren

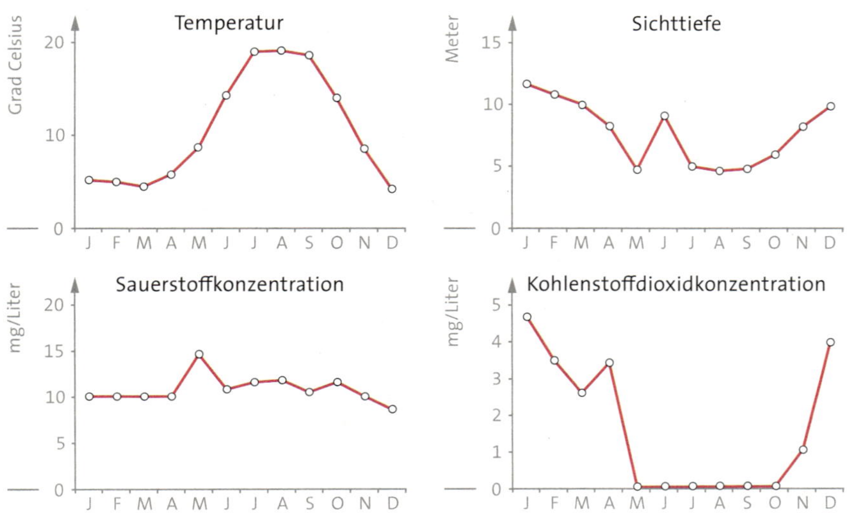

Die Abbildungen zeigen den Jahresverlauf einiger abiotischer Umweltfaktoren im Bodensee.

B1 Stelle mithilfe des Temperaturverlaufs Vermutungen an, in welcher Wasserschicht die abiotischen Umweltfaktoren gemessen wurden!

B2 Vergleiche den Jahresverlauf der Sauerstoff- und Kohlenstoffdioxidkonzentration!

B3 Stelle Vermutungen an, weshalb die Sichttiefe in den Sommermonaten geringer ist!

01 Erde und Sonne im Weltraum

Beeinflussung der Biosphäre

Beschienen von den Strahlen der Sonne und umhüllt von einer Atmosphäre erscheint die Erde als ein geschützter Raum im Weltall. Auf ihr spielt sich alles bekannte Leben ab. Wie funktioniert dieser Lebensraum als Ganzes?

Alles Leben auf der Erde ist also von Einflüssen aus dem Kosmos abhängig und kann nur unter den Bedingungen existieren, die die Erde bietet. Daher bezeichnet man die gesamte Erdoberfläche als Biosphäre, als „Kugelhülle" des Lebens.

griechisch bios = Leben

griechisch sphaira = Hülle, Ball

BIOSPHÄRE · Alle Lebewesen auf der Erde, gleich wo sie leben, sind abhängig von der Sonne. Ihre Strahlung erwärmt die Erdoberfläche. Nur bei den so erreichten Temperaturen kann Stoffwechsel ablaufen. Einen bestimmten Teil der Sonnenstrahlung können Pflanzen und manche Bakterien nutzen. Sie bilden durch Fotosynthese energiereiche Stoffe. Diese sind die Nahrung aller Lebewesen auf der Erde.
Aber nicht alle Strahlung der Sonne ist für das Leben nützlich. Ein Teil ihrer Strahlung wirkt lebensschädigend, aber durch die Atmosphäre und das Magnetfeld der Erde werden die Lebewesen auf der Erde vor dieser Gefahr geschützt.

SYSTEM VON ÖKOSYSTEMEN · Die Biosphäre wird von Ökosystemen gebildet: Wälder, Grasflächen, Seen und Flüsse, Ozeane, Wüsten und Tundren.
Aus dem Weltraum gesehen wirken sie wie Teile eines Puzzles und wie beim Puzzle hängen die Teile der Biosphäre zusammen: Wasser von Flüssen fließt ins Meer, verdunstet, regnet vielleicht über einem Wald ab, wird dort gespeichert und speist wieder Quellen von Flüssen. Winde verfrachten Wüstensand manchmal bis auf andere Kontinente. Und Zugvögel leben in mehreren Ökosystemen. Sie brüten zum Beispiel in Mitteleuropa, verbringen den Winter aber in Afrika.

FAKTOR MENSCH · Ein Baum, der heranwächst, wirft immer mehr Schatten. Lichtbedürftige Pflanzen am Boden sterben in seiner Umgebung ab. Biber können am Ufer Bäume fällen und die Äste und Stämme zu Staudämmen aufschichten. Sie erzeugen so Stauweiher und überfluten weite Flächen. Alle Arten von Lebewesen beeinflussen ihre Umwelt, auch der Mensch. Menschliche Einflüsse wirken sich nicht nur lokal, sondern oft in ganzen Regionen oder global aus. Schon vor Jahrtausenden holzten Menschen Wälder ab, um Landwirtschaftsflächen oder Bauholz zu bekommen. Manche dieser Flächen wurden dadurch zu Trockengebieten. Später wurden auch Sümpfe und Moore trockengelegt, um die Flächen zu nutzen. Das lokale Klima änderte sich und Arten starben aus.
Menschen bekämpfen Pflanzen und Tiere, die ihren Ernteertrag schmälern. Sie entwickeln Pestizide und versprühen sie auf ihren Feldern und Plantagen. Diese Stoffe gelangen mit dem Niederschlag ins Grundwasser und von dort über Flüsse bis in die Weltmeere. Von Tieren, die sie aufnehmen, werden sie über Nahrungsketten weiterverbreitet. So konnte DDT, das erste in großem Maßstab eingesetzte Pestizid, sogar in der Antarktis im Körperfett von Pinguinen nachgewiesen werden.

TREIBHAUSEFFEKT · In Glasgewächshäusern, die auch Treibhäuser genannt werden, ist dieser Effekt beabsichtigt: Lichtstrahlen der Sonne scheinen durchs Glasdach auf die Pflanzen und den Boden. Die Strahlen werden absorbiert und erwärmen das getroffene Material. Wärme strahlt zurück. Die Wärmestrahlen durchdringen das Glas aber schlechter als das Licht. Großenteils werden sie reflektiert und erwärmen das Innere des Treibhauses weiter. So wachsen hier schon früh im Jahr Pflanzen, während es draußen noch kalt ist.
In der Erdatmosphäre wirken die Gase Kohlenstoffdioxid, Wasserdampf und andere Gase wie das Glas des Treibhauses: Sie lassen Sonnenlicht aus dem Weltraum zur Erdoberfläche, spiegeln aber einen großen Teil der abgestrahlten Wärme wieder zur Erde zurück. Treibhausgase sind von Natur aus in der Atmosphäre und bewirken, dass die Erde lebensfreundlich warm ist. Werden aber durch Verbrennung oder den Abbau von im Boden gespeicherten Stoffen zu viele dieser Gase freigesetzt, erwärmt sich die Erdoberfläche stärker als bisher.

Pestizid: Sammelbezeichnung für Gifte, die gegen Tiere, Pflanzen, Pilze oder Bakterien wirken.

1 Erläutere an zwei Beispielen, wie Lebewesen ihre Umwelt verändern!

2 Vergleiche den globalen Treibhauseffekt mit der Wirkungsweise eines Glashauses!

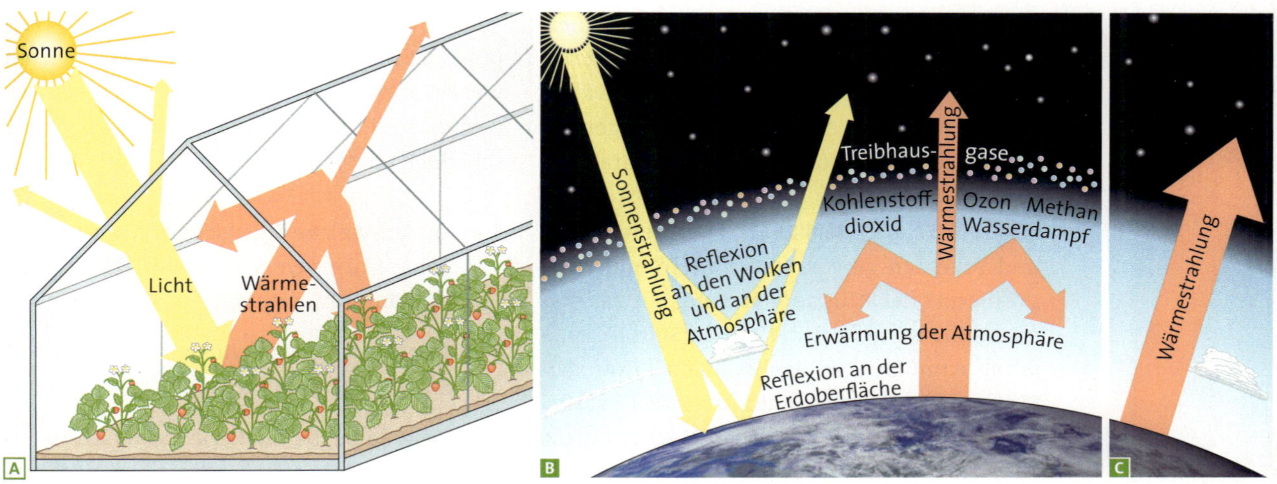

02 Treibhauseffekt: **A** im Glashaus, **B** global, **C** ohne Treibhausgase

03 Folgen des Klimawandels: **A** Sturmschäden, **B** schmelzendes Eis, **C** Ausbreitung von Krankheitsüberträgern

Golfstrom = Meeresströmung im Atlantik

GEOGRAFISCHE FOLGEN · Die Erwärmung des polaren Meerwassers lässt das Packeis schmelzen. Meerwasser reflektiert weniger Strahlung als Eis. Dadurch wird die Erwärmung beschleunigt. Wenn warmes Oberflächenwasser aus dem Süden, wie zum Beispiel der Golfstrom, im Polarmeer nicht genügend abkühlt, kann es nicht mehr zum Meeresgrund sinken und dann nicht mehr zurückströmen. Der Golfstrom, der aktuell in Europa ein mildes Klima verursacht, käme so zum Stillstand, was trotz Klimaerwärmung eine empfindliche Abkühlung in Europa zur Folge hätte.
Außerdem ist warmes Oberflächenwasser die Ursache, dass sich über tropischen Meeren Wirbelstürme bilden. Eine Erwärmung der Weltmeere führt daher zu häufigeren und heftigeren Orkanen. Überall, außer in der Antarktis, schmelzen zudem Inlandgletscher und lassen den Meeresspiegel steigen. Die Folgen für flache Inseln und Uferregionen sind fatal.

FOLGEN FÜR LEBEWESEN · Bei den Tieren und Pflanzen gibt es „Gewinner" und auch „Verlierer" der Klimaerwärmung. Zu den Benachteiligten gehört der Eisbär. Sein Lebensraum schmilzt ihm buchstäblich unter den Pfoten weg. Wanderungen über das Packeis werden unmöglich. Oft ist der Nachteil nicht so offensichtlich. Manche Zugvogelarten werden seltener, obwohl sich das Klima in ihren tropischen Winterquartieren kaum spürbar erwärmt: Sie verlassen diese zur selben Zeit wie früher. Im Brutgebiet in Mitteleuropa schlägt das Laub der Bäume jedoch immer früher im Jahr aus und die davon lebenden Raupen entwickeln sich früher. Das geschieht inzwischen schon eine Woche eher als noch vor 25 Jahren. Wenn die Vögel zurückkommen, sind die Raupen, das Futter ihrer Kücken, schon verpuppt, ehe der Vogelnachwuchs ausgewachsen ist.

Die Gewinner des Wandels sind Arten wärmerer Gegenden, die ihren Lebensraum nun weiter nördlich ausdehnen können. Einige solcher Arten bereichern unsere Lebewelt. So werden in Nordrhein-Westfalen früher seltene Libellenarten häufiger, deren Verbreitungsschwerpunkt im Mittelmeergebiet liegt. Andere Arten wie Fiebermücken, die Krankheitserreger übertragen, sind aus der Sicht des Menschen als schädlich einzustufen.

3 Gib an, welche Eigenschaften die Biosphäre zu einem Schutzraum des Lebens im Weltraum machen!

4 Nenne drei globale Auswirkungen der Klimaveränderung!

5 Beschreibe die Auswirkung der Klimaveränderung auf Lebewesen an einem Beispiel deiner Wahl!

Material A ▸ Klimaveränderung stört eine Nahrungskette

Füttern brütender Kohlmeisen	
Tage nach der Eiablage	Anzahl der Nestbesuche mit Futter pro Tag
0	30
5	30
10	30
15	60
20	150
25	440
30	0

Tage nach Blattaustrieb	Gerbstoffgehalt der Blätter in Prozent	Proteingehalt der Blätter in Prozent
0	0,4	39
5	0,5	37
10	1,2	26
15	2,3	15
20	4,0	14

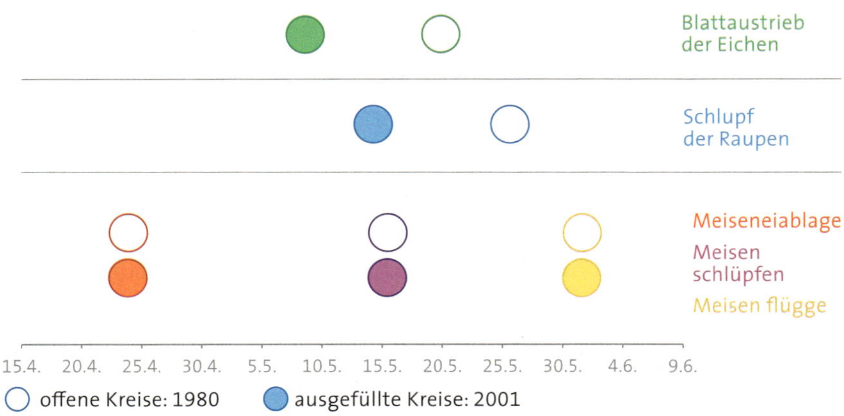

Kohlmeisen, Raupen des Frostspanners und Blätter von Laubbäumen bilden eine aufeinander abgestimmte Nahrungskette: Die Meisen benötigen zur Jungenaufzucht große Mengen an Raupen. Das Meisenweibchen braucht zuvor hochwertige Nahrung zur Bildung von Eiern: Insekten und Spinnen, die erst ihre Winterquartiere verlassen müssen.
Spannerraupen können nur junge Blätter fressen. Nur sie sind nahrhaft genug und enthalten wenig bittere Gerbstoffe, die sie ungenießbar machen. Da die Raupen höchstens drei Tage ohne Futter überleben können, sollte das Laub etwa gleichzeitig mit ihrem Schlüpfen ausschlagen. Sie fressen acht Tage lang Blätter von Bäumen, in Wäldern vor allem Eichen- und Buchenlaub. Im Laufe einer weiteren Woche verpuppen sie sich.

Im Hoge-Veluwe-Nationalpark in den Niederlanden untersuchten Biologen über einige Jahrzehnte den Verlauf von Kohlmeisenbruten und ihre Voraussetzungen. Sie hofften, dadurch festzustellen, ob die Klimaerwärmung diese präzise abgestimmte Nahrungskette beeinträchtigt.
Die Meisen in der Hoge Veluwe beginnen erst zu brüten, wenn alle Eier gelegt sind. In England bebrüten Kohlmeisen nun auch unvollständige Gelege.

A1 Stelle die Daten der Tabellen grafisch dar! Wähle dazu einen geeigneten Diagrammtyp!

A2 Erläutere, wie die Entwicklung der Frostspannerraupen von der Eichenblattentwicklung abhängt!

A3 Erläutere, wie die Meisen von der Entwicklung der Frostspannerraupen abhängen!

A4 Ermittle anhand der Beobachtungen in der Hoge Veluwe, welchen Einfluss die Klimaveränderung auf Kohlmeisen hat!

A5 Beurteile das Brutverhalten von Kohlmeisen in den Niederlanden und in England im Vergleich!

01 Ofen mit Holzfeuerung

Nachhaltiges Handeln

Umweltbewusste Menschen heizen ihre Wohnungen in zunehmendem Maße mit Holz. Nützt es wirklich der Umwelt, Holz als Brennstoff zu verwenden?

NACHHALTIGKEIT · Im Mittelalter rodete man in Zentraleuropa Wälder, um Nahrung für die wachsende Bevölkerung anzubauen sowie um Brenn- und Baustoffe zu gewinnen. Zu Beginn der Neuzeit waren nur dort noch Waldreste übrig, wo keine Landwirtschaft möglich war.

Man erkannte: Wenn es auch künftig Holz zum Bauen und Jagdreviere für den Adel geben sollte, durfte nur so viel Holz geschlagen werden, wie gleichzeitig nachwuchs. H. C. v. CARLOWITZ prägte im Jahr 1713 für diese Wirtschaftsweise den Begriff **Nachhaltigkeit.**

02 Hans Carl von CARLOWITZ (1645–1714), sächsischer Bergrat, zuständig für die Holzversorgung des kursächsischen Berg- und Hüttenwesens

Heute wird der Begriff ganz allgemein für ein Handeln gebraucht, das keine Ressourcen verwendet, die nicht wieder neu entstehen.

Bei der Holzfeuerung wird Energie genutzt, die im Holz eines Baumes gespeichert ist. Wenn man nicht mehr Holz verbrennt als gleichzeitig nachwächst, ist die Wärmegewinnung und auch die Freisetzung klimaschädlicher Gase nachhaltig: Beim Verbrennen von Holz entsteht so viel Kohlenstoffdioxid, wie der Baum zuvor bei der Fotosynthese aufgenommen hat. In die Gesamtbilanz der Nachhaltigkeit gehen aber noch andere Faktoren ein. Zum Beispiel müssten Feinstaub sowie Schwefel- und Stickstoffoxide aus dem Rauchgas entfernt werden. Auch würde Holz für die Bau- und Möbelindustrie fehlen, wenn es ausschließlich verheizt würde. Daher sollten nur zu Pellets gepresste Sägespäne oder Holzreste zur Wärmeerzeugung verwendet werden. Hinzu kommt, dass nur einige Menschen diese Art der Wärmegewinnung nutzen können. Daher ist das Heizen mit Holz nur ein Mosaikstein in einem Gesamtkonzept zur nachhaltigen Energiegewinnung.

RESSOURCENSCHONUNG · Über Jahrtausende hielten Menschen die Ressourcen ihrer Umwelt für unerschöpflich. Deshalb nahm man sich, was man brauchte, ohne sich Gedanken darüber zu machen. Später wurden Rohstoffe, die schwer zugänglich waren, mithilfe immer leistungsfähigerer Techniken gewonnen. Nun rückt aber die Grenze der Verfügbarkeit vieler Stoffe näher. Das Problem wird zusätzlich durch die rasante Bevölkerungsentwicklung verschärft. Gleichzeitig heizt das auf Wachstum ausgerichtete Weltwirtschaftssystem den Verbrauch von Rohstoffen unvermindert an.

Am Beispiel von Phosphorverbindungen wird deutlich, welche Folgen der ungezügelte Verbrauch wichtiger Rohstoffe haben kann: Lebewesen brauchen das Element Phosphor für den Energiestoffwechsel. Phosphor ist nicht durch andere Stoffe ersetzbar. Nach verschiedenen Schätzungen reichen die in Gesteinen lagernden Phosphatvorräte noch 50 bis maximal 100 Jahre.

Die heutige intensive Landwirtschaft mit Tierzucht, Getreide- und Rapsanbau ist auf eine Zufuhr von Phosphorverbindungen als Dünger angewiesen. Bei weiterhin hohem Verbrauch wird in überschaubarer Zeit das Pflanzenwachstum erheblich eingeschränkt sein. Die damit verbundenen existenziellen Konsequenzen können nur vermieden werden, wenn es in Zukunft gelingt, Phosphorverbindungen aus Abwasser und Klärschlamm zurückzugewinnen. Nur eine solche **Kreislaufwirtschaft** ist nachhaltig.

REGENWASSER · Auch der Weg des Wassers in der Biosphäre ist ein geschlossener Kreislauf: Der Regen sickert ins Grundwasser, Wasser sprudelt aus Quellen, fließt durch Bäche und Flüsse ins Meer, verdunstet, bildet Wolken und regnet wieder ab. Durch die Versiegelung vieler Flächen wie Hausdächer, Straßen und Plätze gelangt ein Teil des Regenwassers in die Kanalisation und von dort über ein Klärwerk

03 Abbau von Phophorverbindungen

04 Regenwasserversickerung auf einem Schulhof

direkt in einen Fluss. Das hat zur Folge, dass der Grundwasserspiegel sinkt und Bäche austrocknen. Der Kreislauf des Wassers ist verändert. Aber auch hier gibt es Handlungsmöglichkeiten: Man kann das Wasser von Dächern in einer Regentonne sammeln und zum Beispiel zum Gießen verwenden. Versiegelte Flächen kann man zumindest teilweise entsiegeln oder das Regenwasser im angrenzenden Rasen in einer wechselfeuchten Mulde versicken lassen. Dadurch können sogar Abwassergebühren gespart werden, da weniger Niederschlagswasser in die Kanalisation gelangt.

1 Erkläre, weshalb letztlich nur eine Kreislaufwirtschaft nachhaltig ist!

KUNSTSTOFFMÜLL · Der Müll vieler Kunststoffprodukte belastet die Umwelt. Kunststoff wird in einem technischen Verfahren aus Erdöl hergestellt. Da dieses Material in der Natur nur sehr langsam abgebaut wird, reichert es sich an. Der Unfall eines Containerschiffes im Nordpazifik im Jahr 1992 zeigte, dass Verschmutzungen durch Kunststoff nicht örtlich begrenzt bleiben. Drei Container der Ladung gingen über Bord und öffneten sich. Sie waren gefüllt mit Badespielzeug. Einige Monate später strandeten Spielzeugtiere an den Küsten von Alaska, Indonesien und Chile. Meeresforscher sammelten Fundmeldungen, um Kenntnisse über die Verdriftung von Müll in den Weltmeeren zu bekommen. Der Spielzeughersteller setzte einen Finderlohn auf das Strandgut aus, das anhand von Prägestempeln identifiziert werden konnte. So wurden weitere Funde gemeldet, schließlich noch im Jahr 2003 in der Nordsee an der englischen Ostküste.

Die mit den Badeenten bewiesene Verteilung von Kunststoffmüll in den Weltmeeren ist ein großes Problem: Defekte Fischernetze, Verpackungsmaterial oder Einweg-Getränkeflaschen werden, ähnlich wie die Spielzeugenten, weltweit verbreitet. Seevögel verfangen sich in Kunststoffleinen oder Getränkeverpackungen. Robben schnappen nach leeren Flaschen, die dann unverdaut in ihrem Magen bleiben.

Noch gefährlicher sind aber Kunststoffreste, die jahrelang im Meer schwimmen und dabei in immer kleinere Stücke zerbrechen. Erdölreste und Pestizide aus der Landwirtschaft lagern sich an. Sind diese Teile winzig klein, werden sie von Planktonfressern aufgenommen. Durch Nahrungsketten gelangen diese gesundheitsschädlichen Stoffe in Speisefischen auch auf unsere Teller.

Da viele Kunststoffprodukte alltägliche Konsumgüter sind, bieten sich für den Verbraucher Möglichkeiten, Kunststoffmüll zu vermeiden: Es gibt Alternativen aus anderem Material, man kann Produkte länger nutzen, bevor man sie wegwirft, und man sollte den Abfall sachgerecht entsorgen und nicht gedankenlos wegwerfen.

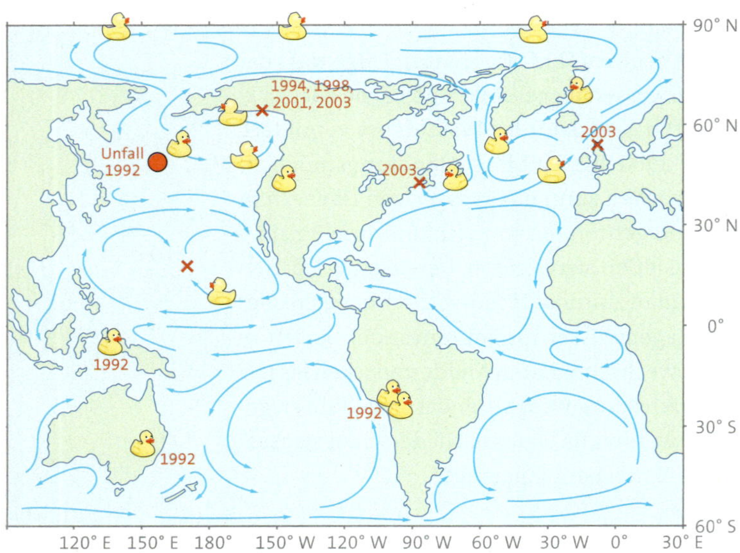

05 Verdriftung von Badeenten in Pazifik und Atlantik

NACHHALTIGES HANDELN · Der Planet Erde und seine Biosphäre sind endlich. Das bedeutet, dass lebenswichtige Ressourcen in Zukunft nicht mehr vorhanden sein werden, wenn die Menschen nicht schonend damit umgehen. Deshalb müssen sie lernen, so zu wirtschaften, dass alle Stoffe, die sie verbrauchen, regeneriert werden. Der gesamte Abfall muss wiederverwertet werden, sodass eine Kreislaufwirtschaft entsteht. Nur so ist es möglich, nicht auf Kosten anderer Menschen zu konsumieren, vor allem nicht auf Kosten nachfolgender Generationen. Die Einsicht in Zusammenhänge ermöglicht ein Umdenken, das zu nachhaltigem Handeln führt. Dazu gehören die Aneignung von Kenntnissen und das Engagement des Einzelnen. Aber auch Politik und Gesellschaft müssen Rahmenbedingungen schaffen, die der Menschheit das Überleben sichern.

2 Schlage drei Möglichkeiten vor, wie du Kunststoffmüll vermeiden kannst!

3 Gib an, wie Kunststoffmüll aus deiner Heimat ins Meer gelangen kann!

IM BLICKPUNKT GEOGRAFIE

Arten- und Biotopschutz

ARTEN- UND BIOTOPSCHUTZ · Vor allem durch dichte Besiedlung, starke Bebauung und intensive landwirtschaftliche Nutzung geht die Artenvielfalt in Deutschland seit Jahren kontinuierlich zurück. Um diesen Rückgang zu verlangsamen oder aufzuhalten, werden bedrohte Pflanzen- und Tierarten gesetzlich unter *Artenschutz* gestellt. Bei unter Schutz stehenden Pflanzen ist es beispielsweise verboten, sie zu pflücken. Unter Schutz stehende Tierarten dürfen weder gefangen noch getötet werden.
Artenschutz alleine kann aber nur begrenzt zum Schutz bedrohter Lebewesen beitragen. Viel wichtiger ist ein Schutz ihrer Lebensräume, der *Biotopschutz*. Der Naturschutz strebt daher eine Kombination aus Artenschutz und Biotopschutz an.

SCHUTZKATEGORIEN · In Deutschland existieren verschiedene Schutzkategorien für Lebensräume. Wichtigste und zugleich strengste Schutzkategorien sind der *Nationalpark*, das *Naturschutzgebiet* und das *Biosphärenreservat*. In diesen Gebieten ist die menschliche Nutzung stark eingeschränkt oder untersagt und der Großteil der Flächen darf nicht betreten werden. Einzelne kleinflächige Besonderheiten wie alte Bäume oder Felsen können unter die Kategorie *Naturdenkmal* fallen und sind so vor schädlichen Veränderungen geschützt.
Die Kriterien für die Kategorien *Landschaftsschutzgebiet* und *Naturpark* sind deutlich weniger streng. Nutzung durch Landwirtschaft und Tourismus sind hier weiterhin möglich, beispielsweise bei Streuobstwiesen. Lediglich gravierende Eingriffe ins Landschaftsbild wie Straßenbau oder Wohnbebauung sind nicht gestattet.

1 Erläutere den Zusammenhang zwischen Artenschutz und Biotopschutz!

01 Streuobstwiese

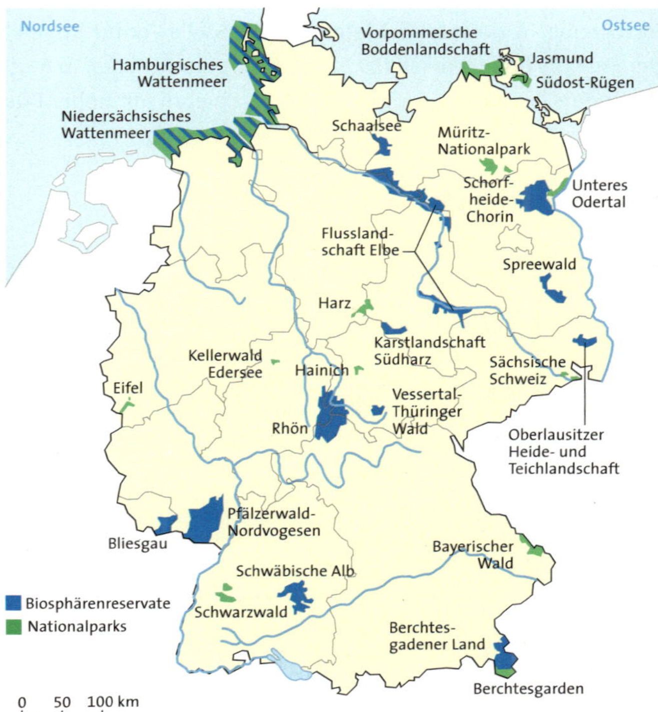

02 Nationalparks in Deutschland

Material A ▸ Artenvielfalt von Pflanzen

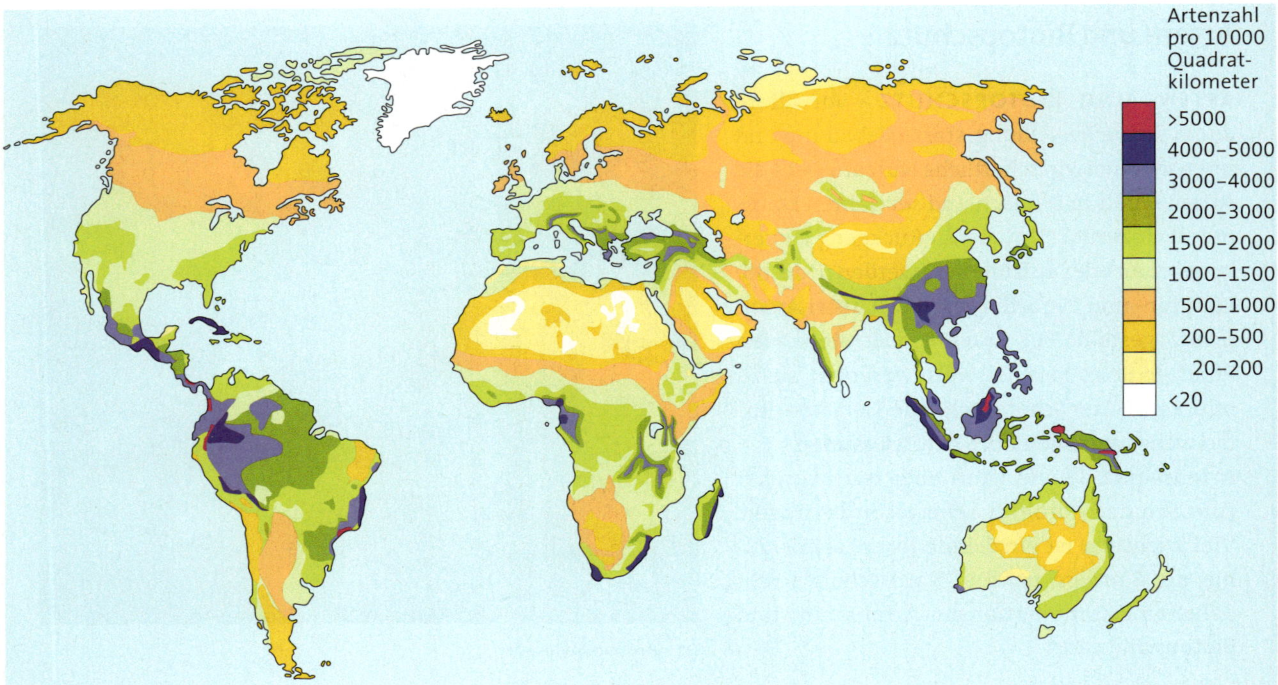

A1 Beschreibe, in welchen Gebieten der Erde die Pflanzenvielfalt besonders hoch ist!

A2 Stelle Vermutungen an, weshalb gerade in den in A1 genannten Gebieten mit hoher Pflanzenvielfalt der Schutz der Vielfalt häufig besonders schwierig ist!

Material B ▸ Artensterben

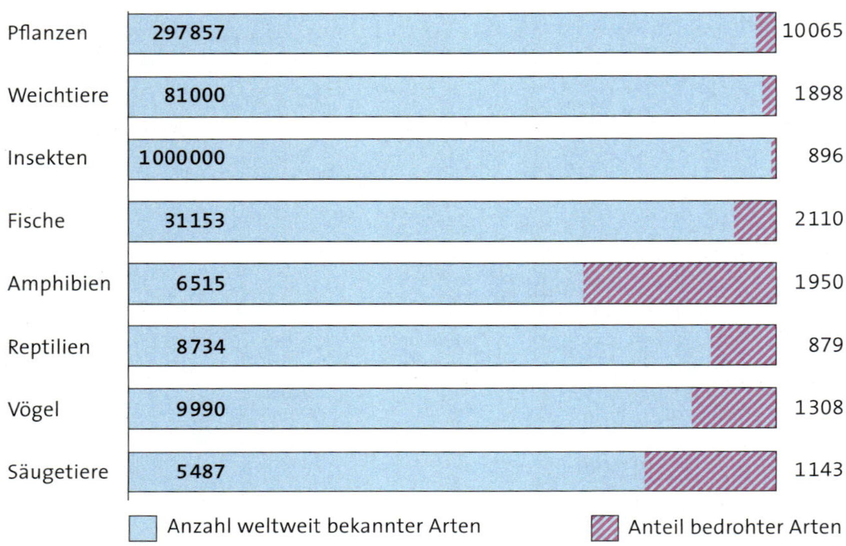

B1 Berechne den Anteil bedrohter Arten jeder Gruppe in Prozent! Trage die Ergebnisse in eine Tabelle ein!

B2 Nenne die vier Tiergruppen, bei denen der Anteil bedrohter Arten besonders hoch ist!

B3 Stelle Vermutungen an, durch welche Bedrohungen diese hohen Anteile zustande kommen!

Material C ▸ Schutz von Lebensräumen in Deutschland

A

B

C

Im Jahr 2012 wurden in Deutschland rund 52 Prozent der Landesfläche landwirtschaftlich genutzt, rund 30 Prozent sind Wälder. Der verbleibende Flächenanteil wird hauptsächlich für Verkehr, Wohnungen, Gewerbe und Industrie genutzt.
Natürliche oder naturnahe Lebensräume wie Heidegebiete, Niedermoore oder ursprüngliche Buchenwälder werden in Deutschland immer seltener und sind stark bedroht. Auch die in diesen Lebensräumen vorkommenden Pflanzen- und Tierarten sind daher häufig gefährdet.
Insgesamt nehmen natürliche oder naturnahe Lebensräume knapp zehn Prozent der Fläche Deutschlands ein. Viele dieser Flächen stehen unter Naturschutz, um sie als Lebensraum, aber auch zur Erholung für den Menschen zu erhalten.

C1 Informiere dich über einen der drei Lebensräume mithilfe von Fachliteratur und Internet. Erstelle einen Steckbrief des Lebensraums mit folgenden Punkten: Vorkommen in Deutschland, Nutzung durch den Menschen, Besonderheit des Lebensraums, besondere Tier- und Pflanzenarten!

C2 Erläutere, weshalb der von dir gewählte Lebensraum bedroht ist!

C3 Erläutere, welche Maßnahmen zum Schutz des gewählten Lebensraums ergriffen werden!

A ▸ Ökosysteme

1 Wähle ein Waldgebiet oder ein Gewässer in deiner Region und begründe, dass es sich um ein Ökosystem handelt! *(Seite 56 bis 58 sowie Seite 98)*

2 Nenne abiotische und biotische Umweltfaktoren einer Kiefer im Kiefernmischwald! *(Seite 62 und 63)*

3 Nenne abiotische und biotische Umweltfaktoren eines Raubfisches im See! *(Seite 97)*

4 Nenne die Stockwerke eines Waldes und beschreibe ihre jeweiligen Lichtverhältnisse! *(Seite 62 und 63)*

5 Erläutere die Angepasstheit der Frühblüher an die Lichtverhältnisse im Laubwald! *(Seite 67)*

6 Nenne die Zonen eines Sees und beschreibe jeweils die kennzeichnenden abiotischen Faktoren! *(Seite 96 und 97)*

7 Beschreibe die Veränderungen des Ökosystems Wald oder des Ökosystems See im Jahresverlauf! *(Seite 66 und 67 beziehungsweise 104 und 105)*

8 Erläutere das Konzept der ökologischen Nische am selbst gewählten Beispiel! *(Seite 70 und 71 sowie Seite 101)*

9 Erläutere folgende Wechselbeziehungen zwischen Lebewesen eines Ökosystems am selbst gewählten Beispiel: Räuber-Beute-Beziehung, Parasitismus, Symbiose! *(Seite 72 und 76 sowie Seite 99)*

10 Skizziere eine Nahrungskette und ein Nahrungsnetz in einem Ökosystem! *(Seite 74 und 75 sowie Seite 98)*

11 Erkläre die Bedeutung von Produzenten, Konsumenten und Destruenten im Stoffkreislauf eines Ökosystems! *(Seite 75 sowie Seite 108 bis 110)*

12 Erläutere die Umwandlung von Lichtenergie in chemisch gebundene Energie und weitere Energieumwandlungen in Lebewesen! *(Seite 82 und 83 sowie Seite 108 bis 110)*

13 Beschreibe den Energiefluss in einem Ökosystem! *(Seite 82 und 83 sowie Seite 108 bis 110)*

B ▸ Mensch und Umwelt

1 Beschreibe Veränderungen von Ökosystemen, die durch menschliches Handeln herbeigeführt werden! *(Seite 112 bis 114)*

2 Werte folgende Inschrift auf einem Stein: „Willst du den Wald vernichten, dann pflanze nichts als Fichten!“! *(Seite 92)*

3 Erläutere Möglichkeiten für nachhaltiges Handeln! *(Seite 116 bis 118)*

4 Gib an, welche Schutzkategorien in Deutschland existieren! *(Seite 119)*

Erläutere folgende Basiskonzepte:

- System
- Entwicklung

Angepasstheit Merkmale im Bau und bei den Verhaltensweisen, die es Lebewesen ermöglichen, in ihrem Lebensraum zu leben und sich fortzupflanzen

Biomasse Die gesamte Masse aller Lebewesen in einem Lebensraum bildet die Biomasse.

Destruenten Sie bauen organische Abfälle ab. Dabei entstehen am Ende anorganische Stoffe, die den Produzenten als Nahrung dienen können.

Energiefluss Über Nahrungsketten erfolgt im Ökosystem eine Umwandlung, Weitergabe und Entwertung von Energie.

Konkurrenz Wechselwirkungen zwischen Lebewesen einer Art oder verschiedener Arten, die die gleichen Umweltansprüche haben, bezeichnet man als Konkurrenz.

Konkurrenzausschlussprinzip Das Prinzip besagt, dass Lebewesen unterschiedlicher Arten mit gleichen Umweltansprüchen nicht gemeinsam in einem Lebensraum existieren können.

Konsumenten Sie ernähren sich von organischen Stoffen. In ihrem Körper erfolgt die Umwandlung und Verwertung dieser Stoffe.

Nachhaltigkeit Der Begriff bezeichnet ein Handeln, das keine Ressourcen verwendet, die nicht wieder neu entstehen.

Nahrungskette Nahrungsbeziehungen, die sich als Kette beschreiben lassen, werden als Nahrungskette bezeichnet. Am Beginn der Nahrungskette stehen Produzenten.

Nahrungsnetz Es ergibt sich aus der Verknüpfung der Nahrungsketten in einem Ökosystem und verdeutlicht die Vielfalt der Nahrungsbeziehungen.

ökologische Nische Sie beschreibt die Wechselwirkungen zwischen den Ansprüchen der Vertreter einer Art und den herrschenden biotischen und abiotischen Umweltfaktoren.

Ökosystem Das Ökosystem ist eine Funktionseinheit aus Biotop (Lebensraum) und Biozönose (Lebensgemeinschaft). Innerhalb des Ökosystems existieren vielfältige Wechselbeziehungen.

Parasitismus Als Parasitismus wir eine Lebensweise bezeichnet, bei der ein Lebewesen einer Art einen Vertreter einer anderen Art schädigt und davon profitiert.

Produzenten Pflanzen, Algen und einige Bakterien bauen im Rahmen der Fotosynthese unter Nutzung des Sonnenlichts organische Stoffe aus Wasser, Kohlenstoffdioxid und Mineralstoffen auf.

Stoffkreislauf In einem Ökosystem erfolgt über Produzenten, Konsumenten und Destruenten eine Umwandlung von anorganischen in organische Stoffe und umgekehrt, sodass ein Kreislauf entsteht. In Ökosystemen existieren auf unterschiedliche Elemente bezogen verschiedene Stoffkreisläufe, beispielsweise der Kohlenstoff- und Sauerstoffkreislauf.

Symbiose Als Symbiose wird eine Lebensgemeinschaft von Lebewesen verschiedener Arten mit wechselseitiger Abhängigkeit bezeichnet, von der beide Partner profitieren.

Umweltfaktoren Damit meint man die Gesamtheit aller Bedingungen, die auf ein Lebewesen einwirken.
abiotische Umweltfaktoren von der unbelebten Natur ausgehende Bedingungen
biotische Umweltfaktoren von der belebten Natur ausgehende Bedingungen

Stoffwechsel des Menschen

In diesem Kapitel beschäftigst du dich mit

- der Ernährung. Du lernst Nahrungsmittel und ihre Inhaltsstoffe kennen. Dabei erfährst du etwas über die Bedeutung der Inhaltsstoffe für den Menschen und über gesunde Ernährung.
- der Verdauung von Nährstoffen. Du lernst, wie der Körper die Inhaltsstoffe der Nahrung nutzbar machen kann. Außerdem erfährst du, wie man Nährstoffe nachweist.
- dem Blut, dem Herzen und dem Blutkreislauf. Du erfährst etwas über Zusammensetzung und Aufgaben des Blutes, über Struktur und Funktion des Blutkreislaufs und lernst Struktur und Funktion des Herzens kennen.
- der Atmung. Du erfährst, wie Sauerstoff aufgenommen und Kohlenstoffdioxid abgegeben wird. Du lernst den Bau und die Funktion der Lunge kennen.

01 Verschiedene Lebensmittel

Lebensmittel und Essgewohnheiten

Eine Familie in Deutschland verbraucht regelmäßig eine große Menge vieler verschiedener Lebensmittel. Sie haben eine große Bedeutung für die Ernährung. Wie ernähren sich Menschen?

ERNÄHRUNG · Pflanzen wandeln bei der Fotosynthese Kohlenstoffdioxid und Wasser in Glukose um. Diese kann in andere Kohlenhydrate und Fette umgebaut werden. Auch für die Bildung von Eiweißen ist sie erforderlich. Mithilfe dieser Stoffe können die Pflanzen leben, wachsen und sich fortpflanzen. Sie stellen also die Stoffe, von denen sie sich ernähren, selbst her. Pflanzen bezeichnet man daher als sich selbst ernährend oder *autotroph*.

griechisch autotroph = sich selbst ernährend

Menschen und Tiere können keine Fotosynthese betreiben. Für ihre Ernährung sind sie auf Nahrung in Form von **Nahrungsmitteln** angewiesen, die Kohlenhydrate, Fette, Eiweiße und weitere Inhaltsstoffe enthalten. Nur so können sie wachsen, sich entwickeln und Energie für ihre Lebensprozesse erhalten. Lebewesen, die sich von Stoffen ernähren, die andere Lebewesen hergestellt haben, bezeichnet man als *heterotroph*.

griechisch heterotroph = sich von anderen ernährend

Nahrungsmittel sind sehr vielfältig. Obst, Gemüse, aber auch Getreide oder Getreideprodukte, wie beispielsweise Reis und Brot, sind *pflanzliche Nahrungsmittel*. Fleisch, Fisch, Milch und Eier sind Beispiele für *tierische Nahrungsmittel*.

Nicht nur in Deutschland, sondern auch in anderen Ländern können sich die Menschen von vielen verschiedenen Nahrungsmitteln ernähren. Die Nahrungsmittel, die jeweils die Versorgung mit Kohlenhydraten, Fetten und Eiweißen sicherstellen und mengenmäßig den Hauptanteil der Ernährung ausmachen, bezeichnet man als **Grundnahrungsmittel.** Durch sie kann eine Grundversorgung des Körpers erreicht werden. Fehlt es an Grundnahrungsmitteln, können sich die Menschen nicht ausreichend ernähren.

Der Körper des Menschen besteht zu etwa 70 Prozent aus Wasser. Dieses ist für alle Prozesse im Körper notwendig. Nahrungsmittel und Wasser sind für den Menschen lebenswichtig. Sie werden deshalb auch als **Lebensmittel** bezeichnet.

ESSGEWOHNHEITEN · So vielfältig die Kulturen, so unterschiedlich sind auch die Vorlieben und Traditionen bei der Auswahl und Zubereitung von Nahrungsmitteln in den verschiedenen Regionen der Welt. Menschen haben unterschiedliche **Essgewohnheiten.**

FRÜHSTÜCK IN VERSCHIEDENEN LÄNDERN · Schon beim Frühstück kann man deutliche Unterschiede in den Essgewohnheiten in unterschiedlichen Ländern beobachten. Brot, Wurst, Käse, Eier, Würstchen und Bohnen findet man häufig auf den Frühstückstellern in nordischen Ländern. Dazu wird meist Kaffee oder Kakao getrunken.

Das typisch deutsche Frühstück besteht aus Brötchen oder Brot, einem weich oder hart gekochten Frühstücksei, Erdbeer- oder Kirschmarmelade, Honig, zwei bis drei Käsesorten, Schinken und Wurst sowie Früchtejoghurt.

In England serviert man hingegen traditionell gebackene Bohnen in Tomatensoße, Würstchen, Spiegel- oder Rührei, gebratene Tomaten und Toast. Wenn es schnell gehen soll, werden jedoch auch Müsli mit Saft oder Milch und Toast mit Marmelade verzehrt.

In Südeuropa gibt es zum Frühstück dagegen eher Gebäck. So besteht das traditionelle französische Frühstück aus Croissants und Marmelade.

In der Türkei beginnt der Tag mediterran. Hier werden zum Frühstück frische Tomaten, Peperoni, Oliven, Paprika, Gurken und Schafskäse aufgetischt, die zusammen mit frischem Fladenbrot oder Sesamkringeln gegessen werden.

ZUSAMMENSETZUNG DER NAHRUNG · Alle diese Mahlzeiten enthalten neben anderen Stoffen Fette, Kohlenhydrate und Eiweiße, allerdings in unterschiedlicher Zusammensetzung. Für unsere Ernährung ist nicht nur die Art der Nahrungsmittel wichtig, sondern auch ihre Menge. Nicht zuletzt spielen Zubereitung und Esskultur eine Rolle. So werden Nahrungsmittel, die zum schnellen Verzehr produziert werden, als **Fast Food** bezeichnet. Im Gegensatz dazu steht beim **Slow Food** das gemeinsame Kochen und Genießen regionaler Produkte im Mittelpunkt.

02 Frühstück in verschiedenen Ländern:
A Deutschland,
B England,
C Frankreich,
D Türkei

01 Reisgericht

Nahrungsmittel und ihre Inhaltsstoffe

Bei der Zubereitung von Speisen werden häufig viele verschiedene Nahrungsmittel verwendet. In einem Reisgericht sind neben Reis oft auch Gemüse und Fleisch enthalten. Woraus bestehen die unterschiedlichen Nahrungsmittel?

INHALTSSTOFFE · Fleisch, Gemüse, Reis und alle anderen Nahrungsmittel bestehen jeweils aus vielen verschiedenen Stoffen. Diese *Inhaltsstoffe* sind zum größten Teil *Kohlenhydrate, Fette* und *Eiweiße*. Sie liefern die lebensnotwendige Energie für den Körper und stellen Baustoffe für sein Wachstum und seine Entwicklung bereit. Weil Kohlenhydrate, Fette und Eiweiße über die Nahrung aufgenommen werden, nennt man sie **Nährstoffe.** Diese drei Nährstoffe sind in unterschiedlichen Mengen in den Nahrungsmitteln enthalten. Sie machen den größten Anteil der Inhaltsstoffe eines Nahrungsmittels aus. Für viele lebenswichtige Vorgänge im Körper sind noch weitere Inhaltsstoffe von großer Bedeutung. Dies sind *Vitamine, Mineralstoffe* und *Ballaststoffe*. Die Art und Menge der Inhaltsstoffe ist auf der Verpackung eines Lebensmittels angegeben.

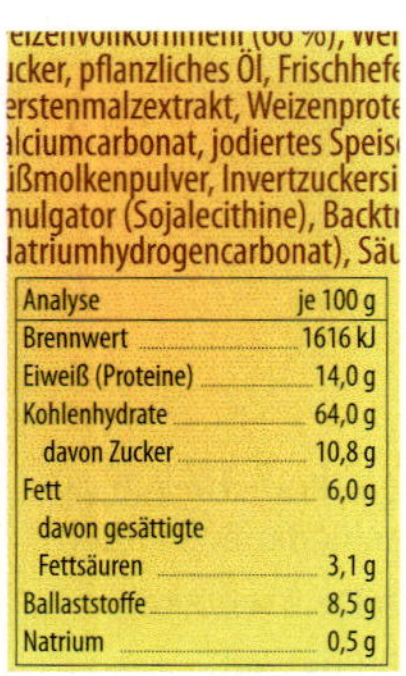

02 Lebensmittelverpackung

KOHLENHYDRATE · Kohlenhydrate können in unterschiedlichen Zusammensetzungen in den verschiedenen Nahrungsmitteln vorkommen. Der kleinste Baustein eines Kohlenhydrats ist ein Einfachzucker, zum Beispiel Traubenzucker, die Glukose. Wenn sich zwei *Einfachzucker* zusammenlagern, entsteht ein *Zweifachzucker.* Der Malzzucker zum Beispiel, die Maltose, besteht aus zwei Traubenzuckerbausteinen. Lagern sich viele Zuckerbausteine zusammen, bilden sie einen *Vielfachzucker,* wie zum Beispiel die Stärke. Sie besteht aus Tausenden von Traubenzuckerbausteinen. Traubenzucker, Malzzucker und Stärke werden wie viele weitere Zuckerverbindungen als *Kohlenhydrate* bezeichnet.

Große Mengen an Kohlenhydraten sind vor allem in den meisten pflanzlichen Nahrungsmitteln enthalten. Hierzu zählen beispielsweise Getreideprodukte wie Nudeln, Brot und Haferflocken, aber auch Kartoffeln und viele Früchte. Kohlenhydrate können bei der Verdauung leicht abgebaut werden. Sie liefern dem Körper dadurch schnell Energie für alle Lebensvorgänge. Sie sind eine wichtige Energiequelle.

FETTE · Fette sind Nährstoffe, die jeweils aus *Glycerin* und drei *Fettsäuren* zusammengesetzt sind. Sie können sowohl in pflanzlichen als auch in tierischen Nahrungsmitteln vorkommen. Große Mengen tierischer Fette sind zum Beispiel in Butter, Käse oder Wurst enthalten. Reich an pflanzlichen Fetten sind zum Beispiel Speiseöl oder Nüsse.

Fette liefern dem Körper hauptsächlich Energie und dienen als Energiespeicher. Sie stellen dem Körper doppelt so viel Energie zur Verfügung wie die gleiche Menge an Kohlenhydraten. Der Abbau der Fette bei der Verdauung und damit die Bereitstellung der Energie benötigt jedoch viel mehr Zeit als der Abbau der Kohlenhydrate. Pflanzliche Fette lassen sich leichter verdauen als tierische. Neben der Aufgabe als Energielieferanten und Energiespeicher haben Fette auch als Baustoffe eine Bedeutung für den Körper. Sie sind für den Aufbau von Membranen in Zellen und Fettgewebe als Speicher oder Polster wichtig. Außerdem benötigt der Körper Fette, um bestimmte Vitamine aufnehmen zu können.

EIWEISSE · Eiweiße, auch **Proteine** genannt, bestehen aus aneinandergereihten Eiweißbausteinen, den *Aminosäuren*. Der Sammelbegriff Eiweiße bezeichnet verschiedene Formen dieser Aminosäureketten. Sie unterscheiden sich in der Menge, der Art und der Reihenfolge der Aminosäuren, von denen es 20 verschiedene gibt. Man unterscheidet pflanzliche und tierische Eiweiße. Fleisch, Fisch und Eier enthalten zum Beispiel viel tierisches Eiweiß. Viel pflanzliches Eiweiß befindet sich in Erbsen und Bohnen, vor allem in Sojabohnen.

Eiweiße sind als Baustoffe wichtig für das Wachstum und die Entwicklung des Körpers. Die verschiedenen Eiweiße können vielfältige Aufgaben im Körper übernehmen. Sie regulieren Vorgänge im Körper oder spielen bei der Immunabwehr eine große Rolle. Sie können vom Körper aber auch zusätzlich als Energiequelle genutzt werden.

03 Kohlenhydratreiche Nahrungsmittel

04 Fettreiche Nahrungsmittel

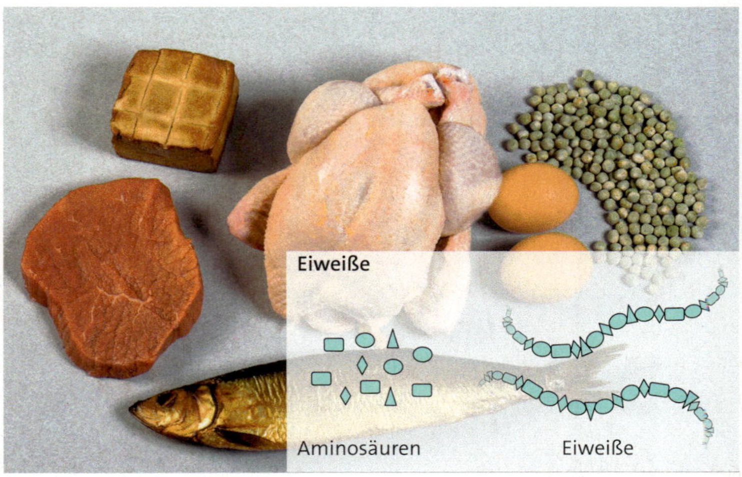

05 Eiweißreiche Nahrungsmittel

06 Obst und Gemüse

VITAMINE · Vitamine sind Inhaltsstoffe von Nahrungsmitteln, die der Mensch nicht selber herstellen kann. Man unterscheidet viele verschiedene Vitamine. Sie sind vor allem in frischem Obst und Gemüse enthalten, aber auch in anderen Nahrungsmitteln wie beispielsweise Vollkornprodukten.
Vitamine sind für viele lebenswichtige Vorgänge im Körper unbedingt erforderlich. Sie spielen zum Beispiel eine wichtige Rolle bei der Blutbildung, der Arbeit des Immunsystems und der Regulation von Vorgängen in den Zellen. Sie wirken schon in sehr geringen Mengen von nur wenigen Milligramm. Da Vitamine lebensnotwendig sind, müssen auch sie in der Nahrung enthalten sein. Ohne eine ausreichende Vitaminversorgung kommt es zu ernsthaften Krankheiten, die sogar tödlich sein können.

MINERALSTOFFE · Mineralstoffe können ebenso wie Vitamine nicht selbst vom Körper gebildet werden. Auch wenn der Mensch sie nur in geringen Mengen benötigt, müssen sie über die Nahrung aufgenommen werden. Mineralstoffe sind in allen Lebensmitteln in unterschiedlichen Mengen vorhanden. Vor allem Gemüse, Milchprodukte und Getränke wie Obstsäfte oder Kräutertees sind reich an Mineralstoffen. Sie sind lebensnotwendig, weil sie vielfältige Aufgaben für das Wachstum und die Entwicklung des Körpers erfüllen. Auch bei der Aufnahme und der Umwandlung von Stoffen sind Mineralstoffe beteiligt.
Natrium sorgt beispielsweise für einen ausgewogenen Flüssigkeitshaushalt des Körpers. Kalzium ist unter anderem wichtig für die Knochen- und Zahnbildung.
In kleinsten Mengen benötigte Mineralstoffe werden als *Spurenelemente* bezeichnet. Hierzu zählen zum Beispiel Iod und Zink.

BALLASTSTOFFE · Neben den Nährstoffen, den Vitaminen und den Mineralstoffen gibt es weitere Inhaltsstoffe in Nahrungsmitteln. Diese kann der Körper nicht als Energie- oder Baustoffe nutzen. Sie werden fast unverändert ausgeschieden. Sie füllen den Darm und sind so von großer Bedeutung, weil sie die Darmtätigkeit zusätzlich anregen. Man nennt solche Inhaltsstoffe der Nahrungsmittel **Ballaststoffe.**

1 Nenne die Bedeutung der Inhaltsstoffe von Lebensmitteln für den Menschen!

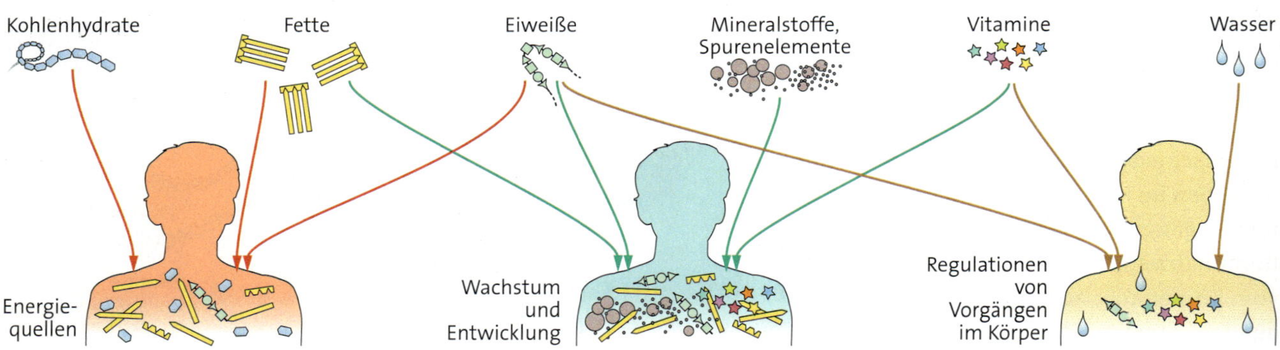

07 Bedeutung der Inhaltsstoffe von Lebensmitteln

VERSUCH A ▸ Nachweis von Glukose mit Teststreifen

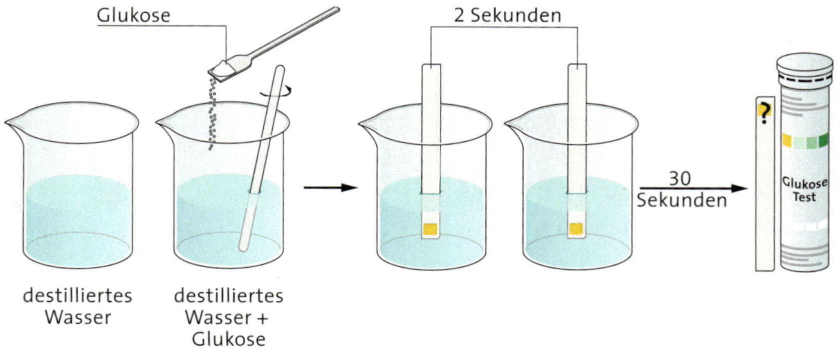

Material:
5 Bechergläser (50 ml), Spatel, Glasstab, destilliertes Wasser, Glukose, Glukose-Teststreifen, Filterpapier, Honig, heller Traubensaft, Milch

Durchführung:
Fülle in 2 Bechergläser jeweils 25 ml destilliertes Wasser. Gib in eines der Bechergläser 1 Spatellöffel Glukose und rühre mit dem Glasstab um.

Tauche jeweils einen Glukose-Teststreifen 2 Sekunden in jedes Becherglas. Tupfe die Teststreifen mit der Kante auf einem Filterpapier ab und warte 30 Sekunden.

A1 Vergleiche sofort die Färbungen der Testfelder mit der Farbskala auf der Teststreifendose! Beschreibe deine Beobachtungen!

A2 Prüfe mit neuen Teststreifen, ob Traubensaft, Milch und 25 ml destilliertes Wasser, in dem ein Spatellöffel Honig gelöst wurde, Glukose enthalten!

VERSUCH B ▸ Nachweis von Glukose mit der Fehling-Probe

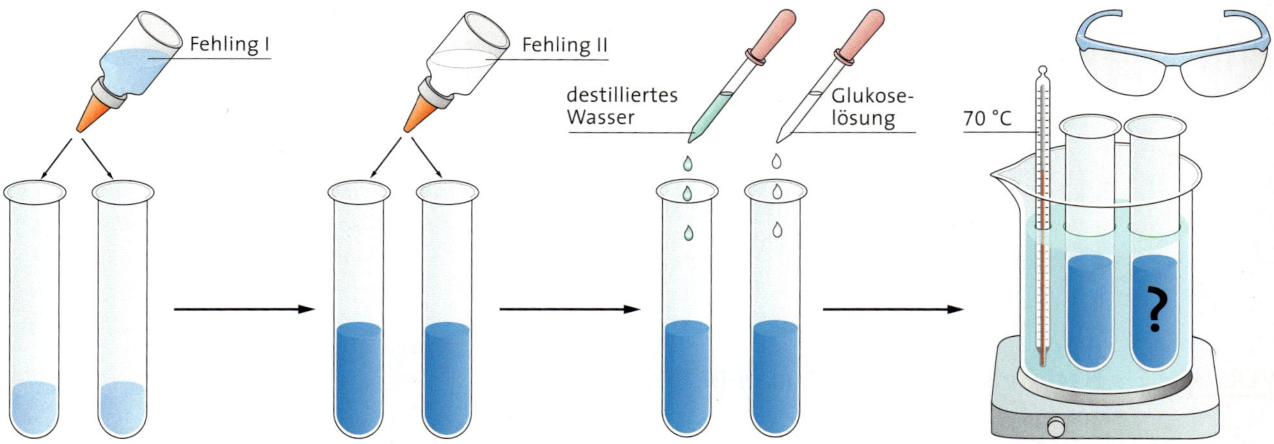

Material:
Schutzbrille, Becherglas (250 ml), Heizplatte, Thermometer, Reagenzglasständer, 5 Reagenzgläser, Pipette (3 ml), Fehling-I- und Fehling-II-Lösung in Tropffläschchen, alle Lebensmittel aus Versuch A

Durchführung:
Trage während des gesamten Versuchs eine Schutzbrille!

Fülle das Becherglas zur Hälfte mit Leitungswasser und erhitze es auf der Heizplatte auf 70 °C. Gib in zwei Reagenzgläser jeweils zunächst 20 Tropfen Fehling-I-, dann 20 Tropfen Fehling-II-Lösung und schüttele vorsichtig. Gib dann in das erste Reagenzglas 3 ml destilliertes Wasser, in das zweite 3 ml Glukoselösung und schüttele vorsichtig. Stelle die beiden Reagenzgläser in das heiße Wasserbad und beobachte einige Minuten.

B1 Beschreibe, woran man erkennt, dass das zweite Reagenzglas Glukose enthält!

B2 Untersuche mit dieser Methode die Lebensmittel aus Versuch A! Beschreibe deine Beobachtungen!

VERSUCH C ▸ Nachweis von Stärke mit Iod-Kaliumiodid-Lösung

Material:
6 kleine Petrischalen, Spatel, Iod-Kaliumiodid-Lösung in Tropffläschchen, Stärke;
verschiedene Lebensmittel, zum Beispiel Kartoffel, Apfel, Joghurt, Banane, Reis, Speck

Durchführung:
Gib in eine Petrischale einen Spatellöffel Stärke und in weitere Petrischalen jeweils kleine Proben verschiedener Lebensmittel.
Tropfe auf die Stärke und die Lebensmittel jeweils 3 Tropfen Iod-Kaliumiodid-Lösung.

C1 Beschreibe, woran man das Vorhandensein von Stärke erkennt!

C2 Nenne die Lebensmittel, die Stärke enthalten!

VERSUCH D ▸ Nachweis von Fett mit der Fettfleckprobe

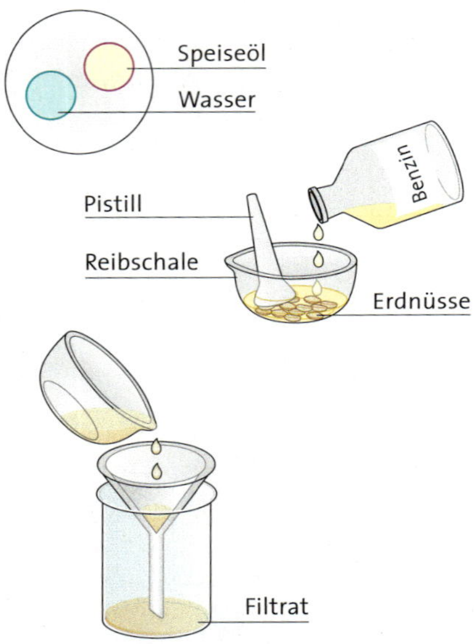

Material:
Rundfilterpapier, Pipetten, Reibschale mit Pistill, Speiseöl, Waschbenzin, kleiner Trichter mit Filterpapier, kleines Becherglas;
verschiedene Lebensmittel, zum Beispiel Milch, Erdnüsse, Äpfel, Käse

Durchführung:
Gib auf einen Rundfilter mit einer Pipette einen Tropfen Wasser und daneben einen Tropfen Speiseöl. Umrande die Tropfen mit verschiedenen Farbstiften. Lass das Filterpapier trocknen und halte es dann gegen das Licht.

D1 Beschreibe, woran man das Vorhandensein von Fett erkennt!

D2 Untersuche mit dieser Methode verschiedene Lebensmittel!
Nenne die Lebensmittel, die Fett enthalten!

Hinweis: *Von festen Lebensmitteln müssen kleine Proben in der Reibschale unter Zugabe von etwas Waschbenzin zerkleinert werden. Das Gemisch wird mithilfe eines Trichters und eines Filterpapiers in ein Becherglas filtriert und ein Tropfen der filtrierten Flüssigkeit auf ein Filterpapier getropft.*

VERSUCH E ▸ Nachweis von Fett mit Sudan-III-Lösung

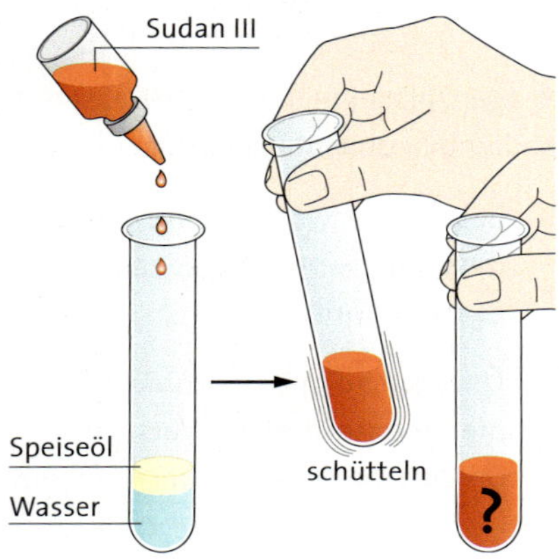

Material:
5 Reagenzgläser, Reagenzglasständer, Pipetten, Sudan-III-Lösung in Tropffläschchen; Speiseöl, Milch und filtrierte Flüssigkeiten aus Versuch D

Durchführung:
Fülle in ein Reagenzglas eine Daumenbreite hoch Wasser und gib etwa 2 ml Speiseöl dazu. Gib 3 Tropfen Sudan-III-Lösung dazu und schüttele vorsichtig.

E1 Beschreibe, woran man das Vorhandensein von Fett erkennt!

E2 Stelle mit dieser Methode fest, welche Lebensmittel aus Versuch D Fett enthalten!
Vergleiche die Ergebnisse mit denen der Fettfleckprobe!

VERSUCH F ▸ Nachweis von Eiweiß mit Teststreifen

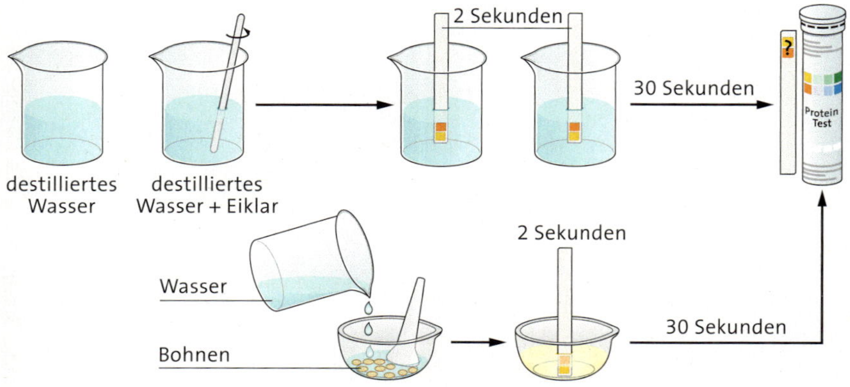

Material:
5 Bechergläser (50 ml), destilliertes Wasser, Eiklar, Glasstab, Eiweiß-Teststreifen, Reibschale mit Pistill; verschiedene Lebensmittel, zum Beispiel Milch, Orangensaft, Bohnen

Durchführung:
Fülle in 2 Bechergläser jeweils 25 ml destilliertes Wasser. Gib in eines der Bechergläser etwas Eiklar und rühre mit dem Glasstab um. Tauche jeweils einen Eiweiß-Teststreifen 2 Sekunden in jedes Becherglas. Tupfe die Teststreifen mit der seitlichen Kante auf einem Filterpapier ab und warte 30 Sekunden.

F1 Vergleiche sofort die Färbungen der Testfelder mit der Farbskala auf der Teststreifendose! Beschreibe deine Beobachtungen!

F2 Prüfe mit neuen Teststreifen das Vorkommen von Eiweiß in verschiedenen Lebensmitteln! Nenne die Lebensmittel, die Eiweiß enthalten!

Hinweis: *Feste Lebensmittel müssen vorher in der Reibschale zerrieben und mit Wasser aufgeschwemmt werden.*

VERSUCH G ▸ Nachweis von Eiweiß mit der Biuretprobe

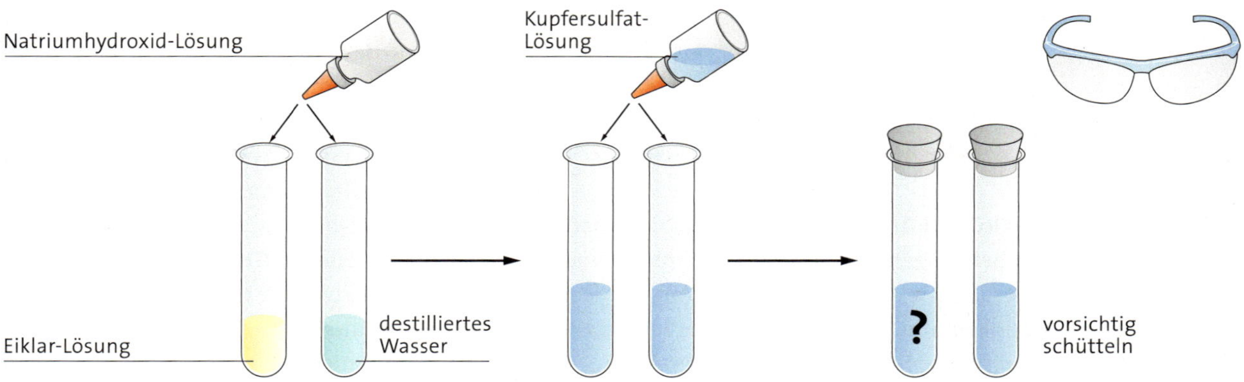

Material:
Schutzbrille, Reagenzgläser mit Stopfen, Reagenzglasständer, Pipetten, Eiklar-Lösung, 10%ige Natriumhydroxid-Lösung und 1%ige Kupfersulfat-Lösung in Tropffläschchen; Lebensmittel aus Versuch F

Durchführung:
Trage während des gesamten Versuchs eine Schutzbrille!

Verdünne etwas Eiklar mit destilliertem Wasser und gib etwa 2 ml der Eiklarlösung in ein Reagenzglas. Gib in ein zweites Reagenzglas etwa 2 ml destilliertes Wasser. Füge in beide Reagenzgläser jeweils 20 Tropfen Natriumhydroxid-Lösung und 5 Tropfen Kupfersulfat-Lösung dazu. Verschließe die Reagenzgläser mit Stopfen und schüttele vorsichtig.

G1 Beschreibe, woran man das Vorhandensein von Eiweiß erkennt!

G2 Untersuche in gleicher Weise die Lebensmittel aus Versuch F! Vergleiche die Ergebnisse mit denen aus Versuch F!

01 Kind beißt in einen Apfel

Gesunde Ernährung

„An apple a day keeps the doctor away" besagt: Wenn man jeden Tag einen Apfel isst, bleibt man gesund. Äpfel sind zwar sehr gesund, reichen jedoch für unsere Ernährung nicht aus. Wie aber kann man sich gesund ernähren?

ENERGIEBEDARF · Selbst wenn wir entspannt im Bett liegen, benötigt unser Körper ständig Energie, vor allem für die Atmung, die Herztätigkeit, die Verdauung, die Nerventätigkeit und für die Erzeugung der Körperwärme. Die innerhalb von 24 Stunden bei völliger Ruhe verbrauchte Energiemenge bezeichnet man als **Grundumsatz.**

Früher wurde die Energiemenge in *Kalorien* angegeben. Heute verwendet man die Maßeinheit *Joule.* Ein Joule Energie benötigt man zum Beispiel, um eine Tafel Schokolade mit 100 Gramm Masse einen Meter hochzuheben. 1000 Joule sind ein Kilojoule. Der Grundumsatz im Körper liegt im Durchschnitt bei 4,2 Kilojoule pro Kilogramm Körpermasse und Stunde. Für einen Mann, der 70 Kilogramm wiegt, sind das 7 056 Kilojoule pro Tag. Die Höhe des Grundumsatzes hängt auch von Geschlecht, Alter und Gesundheitszustand ab. Frauen haben einen etwas niedrigeren Grundumsatz, bei alten Menschen ist er ebenfalls niedriger und bei Kranken etwas höher. Die höchsten Anteile am Grundumsatz beanspruchen die Leber und die Muskulatur.

Sobald wir uns bewegen oder denken, benötigen wir mehr Energie. Diese zusätzlich erforderliche Energiemenge bezeichnet man als **Leistungsumsatz.** Dieser beträgt zum Beispiel beim Spazierengehen etwa 450 Kilojoule pro Stunde, beim Skilanglaufen dagegen 3 200 Kilojoule pro Stunde. Die Summe von Grund- und Leistungsumsatz ist der **Gesamtumsatz.** Die täglich aufgenommene Energiemenge sollte den Gesamtumsatz decken, also den tatsächlichen Energiebedarf eines Tages. Wollte man dies allein mit Äpfeln tun, müsste man etwa vier Kilogramm täglich essen.

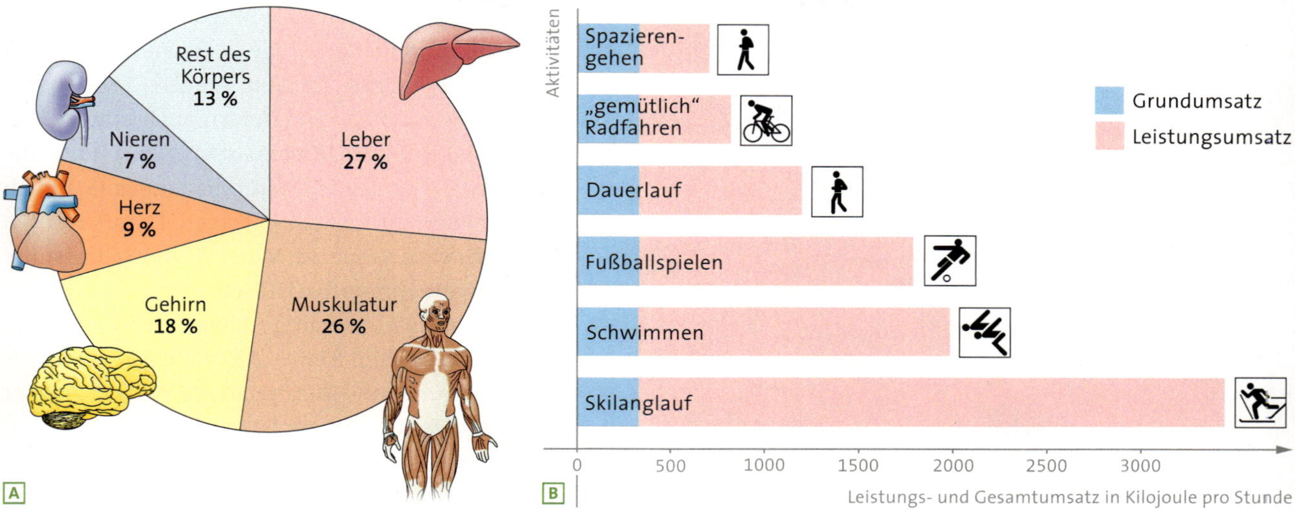

02 Energiebedarf: **A** Anteil verschiedener Organe am Grundumsatz, **B** Leistungs- und Gesamtumsatz bei verschiedenen Tätigkeiten

NÄHRSTOFFBEDARF · Die benötigte Energie wird vor allem aus Kohlenhydraten und Fetten gewonnen. Ein Gramm Kohlenhydrate liefert 17 Kilojoule und ein Gramm Fett 40 Kilojoule Energie. Die in Kohlenhydraten enthaltene Energie kann schneller freigesetzt werden. Deshalb kann man mit einem Stück Traubenzucker dem Körper sehr rasch Energie zuführen. Je nach Gesamtumsatz beträgt der tägliche Bedarf an Kohlenhydraten etwa 320 Gramm und an Fetten etwa 90 Gramm. Kohlenhydrate sind nur begrenzt in der Leber und den Muskeln speicherbar. Überschüssige Kohlenhydrate werden zu Fetten umgebaut. Diese können langfristig als Fettgewebe gespeichert werden und stellen so eine Energiereserve dar. Da beide Nährstoffe wichtige Energielieferanten sind, dienen sie vor allem als *Betriebsstoffe*.

Ein Gramm Eiweiß liefert 17 Kilojoule Energie. Eiweiße sind aber nicht wegen ihres Energiegehalts bedeutsam, sondern vor allem wegen ihrer Bausteine, der Aminosäuren. Diese werden zum Beispiel für den Aufbau von Zellen, etwa in Muskeln, aber auch für Haare und Nägel benötigt. Sie dienen daher vor allem als *Baustoffe*. Weil Jugendliche noch wachsen, benötigen sie mehr Baustoffe als Erwachsene. Der tägliche Eiweißbedarf von Jugendlichen beträgt ungefähr 1,2 Gramm pro Kilogramm Körpermasse. Erwachsene benötigen etwa 0,8 Gramm pro Kilogramm Körpermasse am Tag, da ständig Zellen erneuert und Gewebe umgebaut werden. Äpfel enthalten nur sehr wenig Eiweiß. Zur Deckung des täglichen Bedarfs wären 30 Kilogramm Äpfel erforderlich.

VITAMINE, MINERALSTOFFE UND BALLASTSTOFFE · Damit die Nährstoffe als Energie- und Baustofflieferanten richtig genutzt werden können, sind zusätzlich eine Reihe von Vitaminen und Mineralstoffen notwendig. Sie werden zwar nur in winzigen Mengen benötigt, müssen aber mit der Nahrung aufgenommen werden. Vitamine sorgen für einen geregelten Ablauf vieler Vorgänge im Körper. Mineralstoffe sind beispielsweise für die Blut- und Knochenbildung sowie die Nerven- und Muskeltätigkeit notwendig. Man sollte auch auf eine reichliche Aufnahme von Ballaststoffen achten. Sie sind für die Darmtätigkeit sehr wichtig. Ein Apfel pro Tag trägt zu einer gesunden Ernährung vor allem dadurch bei, dass er viele Vitamine, Mineral- und Ballaststoffe enthält.

1 Erkläre, was man unter Energiebedarf versteht!

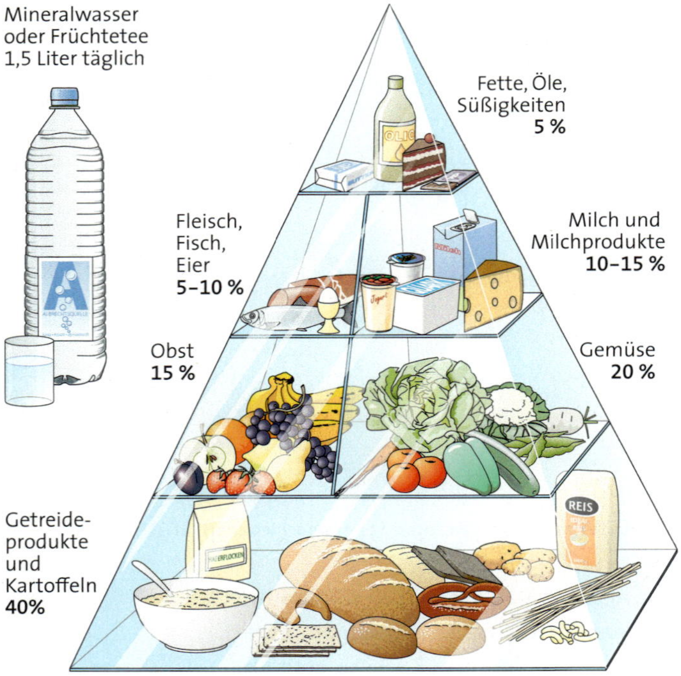

03 Ernährungspyramide

AUSGEWOGENE ERNÄHRUNG · Alle Lebensprozesse laufen in Körperflüssigkeiten ab. Unser Körper besteht zu 70 Prozent aus Wasser. Die Aufnahme einer ausreichenden Menge von Wasser ist daher grundlegend für die Ernährung. Man sollte täglich zusätzlich zur Nahrung mindestens 1,5 Liter Wasser zu sich nehmen. Kohlenhydrate, Fette, Eiweiße, Vitamine, Mineralstoffe, Ballaststoffe und Wasser stellen die sieben Säulen der Ernährung dar. In Lebensmitteln sind diese Stoffe in unterschiedlichen Mengenanteilen enthalten. Für die verschiedenen Mahlzeiten sollten die Lebensmittel so zusammengestellt werden, dass der tägliche Bedarf an allen Stoffen gedeckt wird. So kann man eine **ausgewogene Ernährung** erreichen. Die für eine ausgewogene und deshalb gesunde Ernährung empfohlenen Anteile verschiedener Lebensmittel veranschaulicht eine *Ernährungspyramide.* Neben dem Wasser, das in Form von Mineralwasser, Kräutertees oder Saftschorle getrunken werden sollte, bilden *Getreideprodukte* und *Kartoffeln* mit etwa 40 Prozent der täglichen Nahrung die Basis. Die in ihnen enthaltenen Kohlenhydrate decken einen Großteil des Energiebedarfs und liefern auch einige Vitamine und viele Mineral- und Ballaststoffe. Die Anteile an *Obst* sollten mindestens 15 und an *Gemüse* 20 Prozent betragen. Damit werden sehr viele Vitamine, Mineral- und Ballaststoffe aufgenommen, bei Hülsenfrüchten außerdem Eiweiße. Als wichtige Eiweiß- und Fettlieferanten sollten *Fleisch, Fisch* und *Eier* etwa 5 bis 10 Prozent und *Milchprodukte* 10 bis 15 Prozent betragen. Damit wird auch der Bedarf an Vitaminen, die nur zusammen mit Fett aufgenommen werden können, und an weiteren Mineralstoffen gedeckt. Fette, wie *Butter* und *Öl,* sowie *Süßigkeiten* mit einem hohen Gehalt an Zucker und Fett sollten höchstens 5 Prozent unserer täglichen Nahrung ausmachen.

GESUNDE LEBENSMITTEL · Voraussetzung für eine gesunde Ernährung sind Lebensmittel, die keine Schadstoffe enthalten. Reste von Pflanzenschutzmitteln und Tiermedikamenten in Lebensmitteln können den Menschen krank machen. Pflanzen, die auf schadstofffreien Böden ohne Insektengifte angebaut wurden, sowie Fleisch, das nicht von Tieren aus Massentierhaltung stammt, sind in der Regel unbelastet und deshalb gesünder. Einige Stoffe, die Lebensmittel haltbar machen, sogenannte Konservierungsstoffe, sowie die vor allem in Fertigprodukten enthaltenen Geschmacksverstärker können für einige Menschen schädlich sein. Frische Lebensmittel sind meistens gesünder. Lebensmittel, die in der nahen Umgebung erzeugt werden, erhält man auf Wochenmärkten meistens frisch. Damit die Inhaltsstoffe nicht bereits vor dem Verzehr zerstört werden und keine Schadstoffe entstehen, sollten die Lebensmittel rasch und schonend zubereitet werden.

2 Beschreibe, worauf man achten sollte, wenn man sich gesund ernähren möchte!

Material A ▸ Energiebedarf

Aktivität	Leistungsumsatz pro 30 Minuten in Kilojoule
Schlafen	0
Liegen	42
Sitzen, Essen, Lesen, Fernsehen	54
Stehen	92
Sitzend schreiben, Teilnahme am Unterricht	130
Zu Fuß gehen 5 km/h	393
Radfahren 10 km/h	352
Radfahren 20 km/h	976
Fußballtraining	971
Dauerlauf 15 km/h	1616

Wie hoch der Grundumsatz pro Stunde ist, errechnet sich aus dem Wert der Körpermasse in Kilogramm multipliziert mit 4,2 Kilojoule (kJ).

Ein 50 Kilogramm schwerer Schüler hat folgenden Tagesablauf: 9 Stunden Schlaf, 6 Stunden Schule, 30 Minuten Radfahren zur Schule mit 10 km/h, 15 Minuten Heimfahrt mit 20 km/h, 2 Stunden Hausarbeiten, 2 Stunden Fußballtraining, die übrige Zeit Essen, Lesen und Fernsehen.

A1 Ermittle den täglichen Leistungsumsatz dieses Schülers!

A2 Ermittle den täglichen Gesamtumsatz dieses Schülers!

A3 Ermittle deinen ungefähren Gesamtumsatz pro Tag!

Material B ▸ Ausgewogene Ernährung

A

B

Nährwerttabelle – Die Angaben gelten für 100 g Lebensmittel

Lebensmittel	Energie (kJ)	Kohlenhydrate (g)	Fett (g)	Eiweiße (g)	Vitamine (mg)	Mineralstoffe (mg)	Ballaststoffe (g)
Hackfleisch	1243	-	24,5	18,8	2,74	644	-
Bratwurst	1436	-	36	12,7	3,7	666	-
Spaghetti	1520	75,2	1,2	13	62,3	193,6	0,3
Pommes frites	1351	36,0	15,5	4,3	23,77	1272,2	1,5
Mayonnaise	3058	3	80	2,0	6,3	109,2	
Tomatensoße	1428	67,5	4,0	8,5	-	-	-
Ketchup	436	24		2,0	-	-	-
Kopfsalat	71	2,2	0,2	1,4	11,09	270	0,8
Karotten	172	8,7	0,2	1,1		477	12,4
Cola	185	11	-	-	-	25	-
Apfelsaft	197	11,7	-	0,1	1,25	130,4	0,1
Eiskrem	815	21	11,1	4,5	-	-	-
Frische Erdbeeren	155	7,3	0,5	0,8	63	223	1,3

Eine ausgewogene Ernährung sollte ein Nährstoffverhältnis von etwa 55 Prozent Kohlenhydrate, 30 Prozent Fette und 15 Prozent Eiweiße haben. *Gericht A* enthält 120 g Spaghetti, 60 g Hackfleisch und 30 g Tomatensoße. *Gericht B* besteht aus 120 g Bratwurst, 70 g Pommes frites und 20 g Ketchup.

B1 Stelle die Menge der Inhaltsstoffe der beiden Gerichte in einer Tabelle gegenüber! Berechne die relativen Nährstoffanteile und trage sie ebenfalls in die Tabelle ein!

B2 Vergleiche die in B1 dargestellten Werte mit den Empfehlungen für ein ausgewogenes Nährstoffverhältnis!

B3 Ergänze die beiden Gerichte sinnvoll durch einen Salat oder Nachtisch! Begründe deine Wahl!

01 Gestörte Körperwahrnehmung

Essstörungen

Die eigene Wahrnehmung kann täuschen, vor allem wenn sie sehr stark von Befürchtungen oder Wünschen bestimmt wird. Eine falsche Wahrnehmung des eigenen Körpers kann zu Essstörungen führen. Was sind Essstörungen?

ESSSTÖRUNGEN · Natürlicherweise signalisiert uns unser Körper durch Hunger und Appetit, wie viel und was wir essen sollen. Wenn wir genügend gegessen haben, stellt sich ein Sättigungsgefühl ein. Diese natürlichen Signale sind allerdings durch Essgewohnheiten überdeckt, zum Beispiel wenn wir regelmäßig drei Mahlzeiten täglich zu uns nehmen. Seelische Belastungen können das natürliche Hunger- oder Sättigungsgefühl unterdrücken. Bestimmen über längere Zeit Gefühle – wie zum Beispiel die Angst, zu dick zu werden, der dringende Wunsch nach einem perfekten Körper oder Frust – unser Essverhalten, kann es zu dauerhaften und krank machenden Gewohnheiten, zu **Essstörungen,** kommen. Essstörungen sind seelische Erkrankungen, bei denen das Essverhalten nicht mehr den tatsächlichen körperlichen Bedürfnissen entspricht. Sie können sehr schwere bis lebensbedrohende Folgen haben.

MAGERSUCHT · Das weibliche Schönheitsideal in unserer Gesellschaft verkörpern sehr schlanke Topmodels. Vor allem Mädchen im Alter zwischen 13 und 18 Jahren, also in einem Lebensabschnitt, in dem sich der Körper rasch entwickelt, orientieren sich häufig ausschließlich an diesem Schönheitsideal. Um ihm zu entsprechen, vermeiden viele Mädchen eine Gewichtszunahme durch Diäten und verstärkte sportliche Aktivitäten. Wenn eine ständige Gewichtskontrolle und die Kontrolle der Ernährung in den Lebensmittelpunkt treten, besteht die Gefahr, an einer Essstörung zu erkranken. Weitere Auslöser dafür stellen seelische Probleme dar. Typisch für diese Erkrankung sind die Bedürfnisse, perfekt zu sein und die vollkommene Kontrolle über den eigenen Körper zu haben. Dies verleiht ein Gefühl der Selbstständigkeit und stärkt scheinbar das Selbstwertgefühl. Schon geringe Gewichtszunahmen lösen panische Ängste aus und führen dazu, dass noch weniger gegessen wird. Da schließlich der Körper immer stärker abmagert, nennt man diese Essstörung **Magersucht** oder *Anorexia nervosa*, was nervlich bedingte Appetitlosigkeit bedeutet. Über 90 Prozent aller Magersüchtigen sind weiblich. Aber auch bei Männern tritt Magersucht auf. Folgen des starken Untergewichts sind neben Muskel- und Kreislaufschwäche auch Haarausfall und Störungen des Hormonhaushalts. Bei Frauen bleibt die monatliche Regelblutung aus. Da sich Magersüchtige auch in einem extrem abgemagerten Zustand noch als zu dick empfinden und deshalb noch weniger essen, können sie nur mit ärztlicher und psychologischer Hilfe den Teufelskreis durchbrechen, der zu weiterer Abmagerung und erneuter Fehlwahrnehmung führt. 5 bis 13 Prozent der an Magersucht Erkrankten sterben daran.

MUSKELSUCHT · Auch immer mehr junge Männer orientieren sich an Schönheitsidealen. Das männliche Schönheitsideal besteht vor allem in einem muskulösen Körper mit Waschbrettbauch. Um diesem Ideal zu entsprechen, betreiben einige Männer in Fitnessstudios Kraftsport. Zusätzlich fördern sie durch Diäten mit besonders hohen Eiweiß- und geringen Fettanteilen ihren Muskelaufbau. Trotzdem empfinden sie häufig ihren Körper immer noch als zu wenig muskulös. Mit übertriebenen sportlichen Aktivitäten und häufig auch der Einnahme von hormonhaltigen Medikamenten, die den Muskelaufbau fördern, versuchen sie, dieser falschen Körperwahrnehmung entgegenzuwirken. Wie bei der Magersucht kann sich dadurch ein Teufelskreis einstellen, der zu einer immer stärkeren Kontrolle der Ernährung und schließlich zu einer Essstörung führt. Da hier der Wunsch nach immer kräftigeren Muskeln maßgebend ist, spricht man von **Muskelsucht** oder *Biggerexie*. Als Folgen dieser Sucht stellen sich Gefühlsschwankungen, Depressionen und hormonelle Störungen ein. Die krankhafte Sorge um das eigene Aussehen führt zu sozialer Isolation. Die Einnahme von Medikamenten kann Akne, hohen Blutdruck und Impotenz bewirken.

02 Heutige Schönheitsideale: **A** bei Frauen, **B** bei Männern

ESSSUCHT · Wir essen nicht nur, um uns zu ernähren, sondern pflegen dabei auch unsere sozialen Beziehungen, wie zum Beispiel beim gemeinsamen Essen in der Familie. Außerdem ist Essen mit Gefühlen verbunden. Man kann sich zum Beispiel mit Essen verwöhnen und auch Stress abbauen. Wenn dauerhaft nicht mehr aufgrund des Hungergefühls, sondern vor allem zum Ausgleich von Stress, unangenehmen Gefühlen oder seelischen Problemen gegessen wird, kann man an **Esssucht** erkranken. Esssucht ist durch Heißhungerattacken gekennzeichnet, die mehrmals täglich auftreten können. Pro Anfall können dabei bis zu 60 000 Kilojoule aufgenommen werden. Häufig werden aus Angst, dick zu werden, diese riesigen Nahrungsmengen durch Erbrechen oder Abführmittel wieder aus dem Körper

03 Szenische Darstellung der Esssucht

$$BMI = \frac{\text{Körpergewicht in Kilogramm}}{(\text{Körpergröße in Meter})^2}$$

entfernt. Man spricht dann von **Ess-Brech-Sucht** oder *Bulimie*. Bulimie bedeutet übersetzt Stierhunger. Bulimiekranke haben in der Regel ein normales Gewicht, und ihr Essverhalten erscheint in der Öffentlichkeit auch als normal. Essanfälle finden heimlich statt und sind mit anschließenden Schuldgefühlen verbunden. Körperliche Folgen sind Kreislauf- und Verdauungsstörungen sowie Schädigungen der Magenschleimhaut und der Speiseröhre. Um aus dem Teufelskreis einer Bulimie herauszufinden, ist neben einem normalen Essverhalten wie bei allen Essstörungen vor allem die Lösung der seelischen Probleme erforderlich.

Mit etwa ein- bis zweimal wöchentlich stattfindenden Essattacken ist eine weitere Form der Esssucht verbunden, bei der große Mengen an Nahrungsmitteln regelrecht verschlungen werden. Diese **Esssucht** bezeichnet man als *Binge Eating*. Auch beim Binge Eating dient das Essen als Ersatz für seelische Bedürfnisse. Das Sättigungsgefühl wird dabei weit überschritten, und es kommt zu Übelkeit und Bauchschmerzen. Im Unterschied zur Bulimie werden aber keine Maßnahmen zur Gewichtsregulierung ergriffen, sodass es langfristig zu einer Gewichtszunahme kommt.

englisch binge = schlingen

FETTLEIBIGKEIT · Ob man Normalgewicht, Untergewicht oder Übergewicht hat, kann man mithilfe des Körpermassenanzeigers, des **Body-Mass-Index,** abgekürzt **BMI,** beurteilen. Erwachsene mit einem BMI zwischen 18 und 25 haben ein normales Gewicht. Kleinere BMI-Werte zeigen Untergewicht, größere Übergewicht an. Bei BMI-Werten von 30 und darüber spricht man von **Fettleibigkeit** oder *Adipositas*. Für Kinder und Jugendliche gelten etwas andere Werte. Fettleibigkeit kann verschiedene Ursachen haben, zum Beispiel erbliche Faktoren, Krankheiten, falsche Ernährung und Bewegungsmangel. Wenn jemand zunimmt, weil er ständig aus Einsamkeit oder anderen Gefühlen weiterisst, obwohl er schon satt ist, leidet er ebenfalls an einer Essstörung. Im Unterschied zur Esssucht essen Menschen mit einer solchen Essstörung ständig zu große Mengen über den ganzen Tag verteilt. Die körperlichen Folgen können Bluthochdruck, Diabetes und Wirbelsäulenprobleme sein. Schuldgefühle wegen des Übergewichts können zu Depressionen führen, die wiederum Anlass geben, sich mit Essen zu trösten. Es entsteht ein Teufelskreis, der auch durch Diäten meistens nicht durchbrochen werden kann.

In Spezialkliniken können Menschen mit Essstörungen ein normales Essverhalten wieder erlernen.

1 Erläutere den Begriff Essstörung!

Material A ▸ Essstörungen

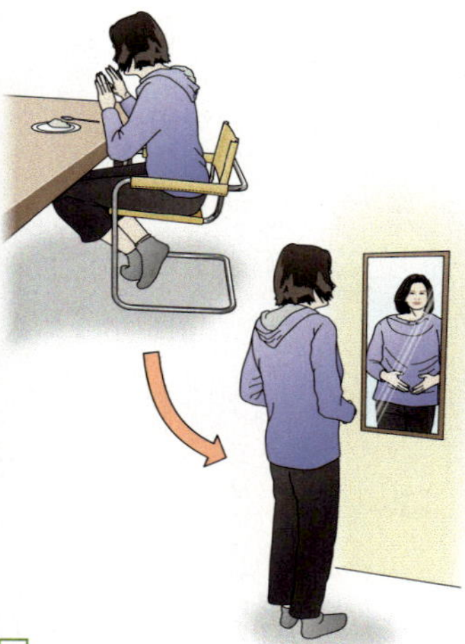

A

B

A1 Beschreibe die Szenen der Abbildungen A und B, und benenne die jeweils dargestellte Essstörung!

A2 Nenne mögliche Ursachen und Folgen dieser beiden Essstörungen!

A3 Stelle die Teufelskreise der beiden Essstörungen in Form eines kreisförmigen Pfeildiagramms dar!

Material B ▸ Body-Mass-Index

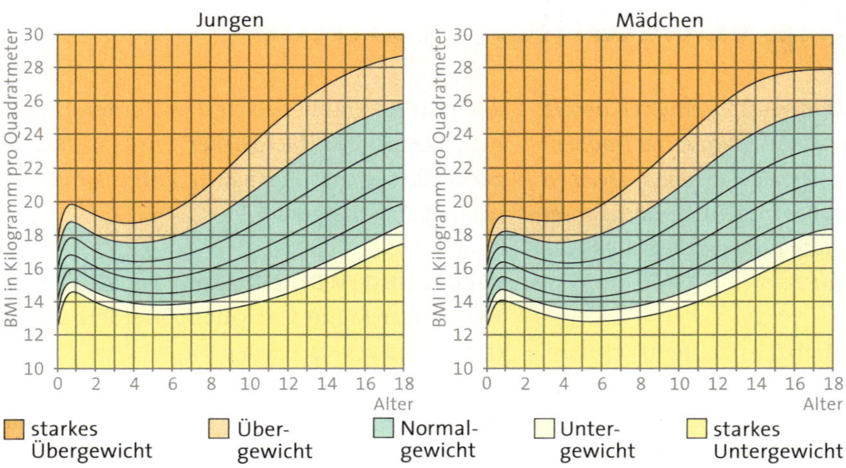

Den Body-Mass-Index, BMI, errechnet man aus dem Körpergewicht in Kilogramm geteilt durch das Quadrat der Körpergröße in Meter.

B1 Nenne mithilfe der beiden Diagramme die unteren und oberen BMI-Werte für das Normalgewicht eines neun- und vierzehnjährigen Jungen und Mädchens!

B2 Berechne deinen eigenen BMI-Wert und bewerte dein Gewicht!

Material C ▸ Fettleibigkeit

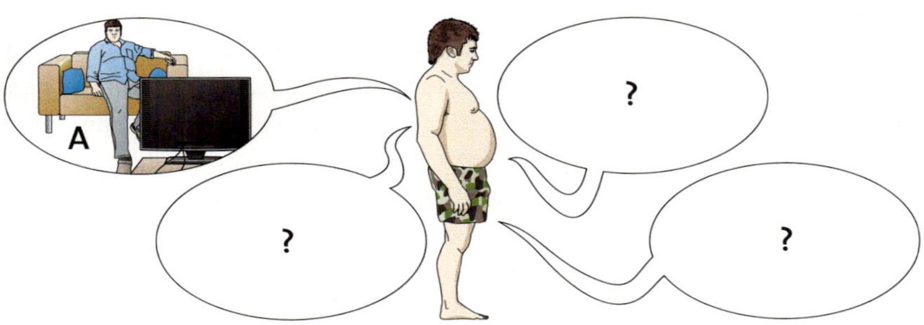

C1 Beschreibe die mit A gekennzeichnete Ursache für Fettleibigkeit! Nenne noch drei weitere Ursachen!

C2 Vergleiche die Fettleibigkeit mit der Bulimie!

01 Stärkung mit Weintrauben

Verdauung von Kohlenhydraten

Wenn wir Weintrauben essen, erhalten unsere Muskeln sehr schnell viel Energie. Der Traubensaft enthält große Mengen des energiereichen Kohlenhydrats Traubenzucker. Wie macht unser Körper Kohlenhydrate für die Muskeln und die übrigen Organe nutzbar?

VERDAUUNG IM MUND · Traubenzucker ist als Einfachzucker so klein, dass die Moleküle von den Schleimhäuten aufgenommen und mit dem Blut im Körper verteilt werden können. Kohlenhydrate, die größer als der Traubenzucker sind und aus mehreren zusammenhängenden Bausteinen, den Einfachzuckern, bestehen, müssen zunächst zerkleinert werden, damit sie ins Blut aufgenommen werden können. Die Vorgänge, durch die die Nährstoffe in kleinere Bestandteile zerlegt werden, nennt man **Verdauung.** Die Verdauung der langen Traubenzuckerketten der Stärke zum Beispiel beginnt im Mund. Die Speicheldrüsen bilden pro Tag etwa 1,5 Liter Speichel. Dieser zerlegt den Vielfachzucker Stärke in kleine Stücke, die aus je zwei Traubenzuckerbausteinen bestehen. Dieser Zweifachzucker wird als **Malzzucker** bezeichnet. Er ist auch noch zu groß, um ins Blut zu gelangen.

VERDAUUNG IM DÜNNDARM · Der Malzzucker kommt vom Mund durch die Speiseröhre in den Magen und von dort in den Dünndarm. Die vom Dünndarm gebildete Flüssigkeit, der *Dünndarmsaft,* spaltet die Malzzucker. So entstehen einzelne Traubenzuckerbausteine. Diese wandern dann durch die Dünndarmoberfläche in die darunterliegenden zahlreichen Kapillaren. Die Stärke, die im Mund noch nicht abgebaut wurde, wird über die Speiseröhre und den Magen unverändert bis in den Anfangsteil des Dünndarms, den Zwölffingerdarm, transportiert. Hier mündet der Ausführgang einer großen Drüse, der Bauchspeicheldrüse. Ähnlich wie der Mundspeichel baut die von dieser Drüse abgegebene Flüssigkeit, der *Bauchspeichel,* die Stärke zu Malzzucker ab. Der Malzzucker wird anschließend zu Traubenzucker

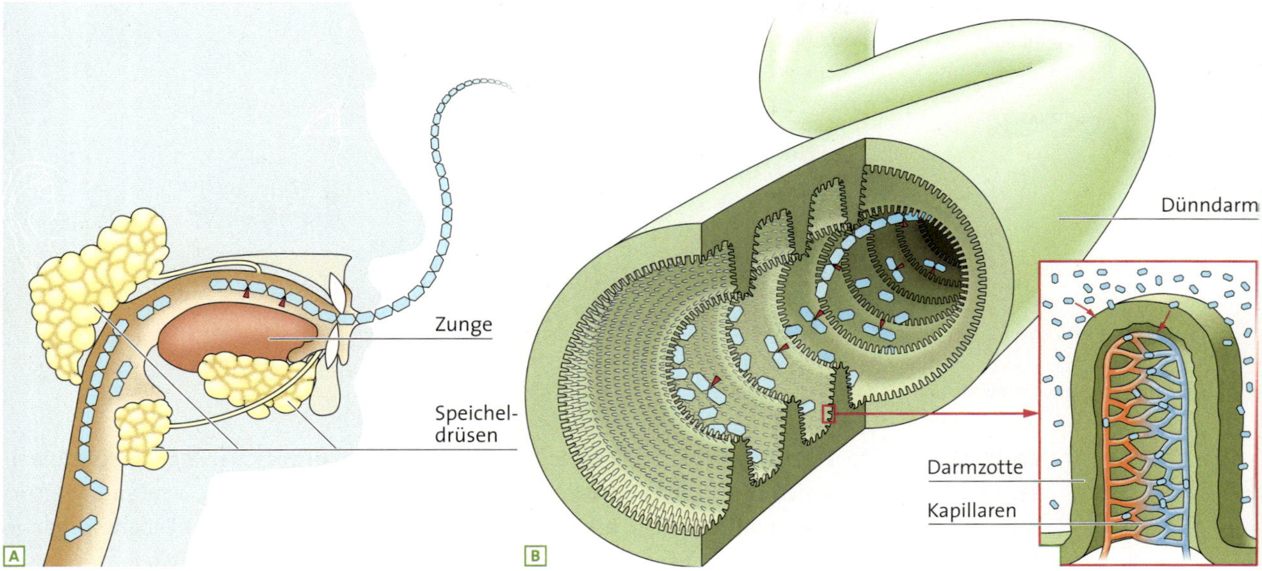

02 Verdauung der Stärke: **A** im Mund, **B** im Dünndarm, **C** Aufnahme von Traubenzucker in die Kapillaren einer Darmzotte

gespalten. Die Flüssigkeiten, die den Abbau der Nährstoffe besorgen, bezeichnet man als *Verdauungssäfte.*
Die Verdauungsvorgänge in unserem Körper benötigen eine gewisse Zeit. Der im Traubensaft enthaltene Traubenzucker jedoch bringt so schnell Energie, weil er nicht verdaut werden muss. Mit dem Blut erreicht der Traubenzucker in kurzer Zeit die Zellen, zum Beispiel die Muskelzellen, wo die in ihm enthaltene Energie durch die Zellatmung freigesetzt wird. Um in die Blutbahn übertreten zu können, müssen die Bausteine der Nährstoffe, zum Beispiel der Traubenzucker, Kontakt mit der Oberfläche der Verdauungsorgane bekommen. Die Wand des Dünndarms ist in Falten gelegt. Aus diesen *Dünndarmfalten* ragen wie winzige Finger viele kleine, dicht stehende Ausstülpungen nach innen in den Darm hinein. Man nennt sie *Darmzotten.* Die Oberfläche des Dünndarms ist daher sehr viel größer, als sein Durchmesser von etwa drei Zentimetern und seine Länge von drei bis vier Metern vermuten lassen. Diese **Oberflächenvergrößerung** wird durch den Bau der Zellen der Darmzotten noch weiter verstärkt. Sie tragen an der Seite, die gegen den Darminnenraum gerichtet ist, zahlreiche sehr dünne Fortsätze, die *Mikrovilli.*
Die Dünndarmfalten, die Darmzotten und die Mikrovilli ergeben insgesamt eine Oberfläche der Darminnenwand von etwa 200 Quadratmetern. Das entspricht ungefähr der Fläche eines Tennisplatzes. Durch diese riesige Oberfläche kommen sehr viele Nährstoffbausteine zur gleichen Zeit mit der Darmwand in Kontakt. Die hohe Anzahl der Kapillaren in der Wand des Dünndarms bildet insgesamt ebenfalls eine sehr große Oberfläche. Die verdauten Nährstoffe, in dem Fall die Einfachzucker der Kohlenhydrate können so sehr schnell ins Blut aufgenommen werden.
Die Vorteile, die das Prinzip der Oberflächenvergrößerung bietet, treten auch beim Kauen auf. Wenn man dabei zum Beispiel ein Stück Brot zerteilt, wird seine Oberfläche größer. So hat der Speichel eine größere Fläche, über die er auf die im Brot enthaltene Stärke einwirken kann.

1 Beschreibe, wie Stärke verdaut wird!

2 Erkläre, wie der Dünndarm im Bau seiner Funktion der Nährstoffaufnahme angepasst ist!

griechisch mikros = klein

lateinisch villus = Zottelhaar, Fransen

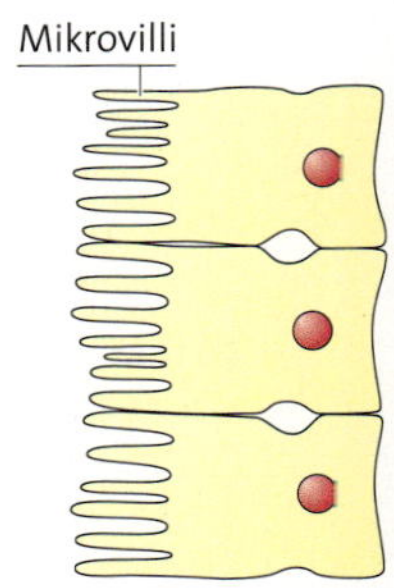

03 Dünndarmzelle mit Mikrovilli

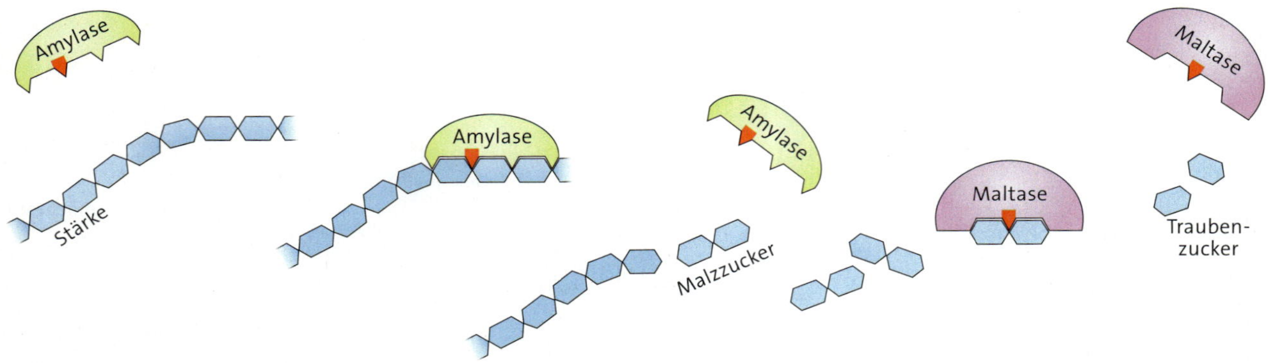

04 Abbau der Stärke durch Amylase und Maltase

ENZYME · Die Stärke, zum Beispiel im Brot, ist sehr stabil. Sie lässt sich nur in ihre Bestandteile auftrennen, wenn man sie stark erhitzt. Der Mundspeichel und der Bauchspeichel enthalten aber einen Stoff, der Stärke auch bei Körpertemperatur zerlegt. Dieser Stoff heißt *Amylase*. Dazu heftet sich die Amylase für sehr kurze Zeit an eine Stelle der Stärke und zerschneidet sie, sodass *Malzzucker* entsteht. Danach löst sich die Amylase wieder von der Stärke und heftet sich an eine andere Stelle eines Stärkemoleküls.

Die Amylase verändert sich durch ihre Tätigkeit nicht. Weil sie sich daher immer wieder in kurzen Zeitabständen für einen neuen Spaltungsvorgang einsetzen lässt, kann mit sehr wenig Amylase eine große Menge von Stärke abgebaut werden. Stoffe, die so wie die Amylase für die Umwandlung von Stoffen bei Körpertemperatur sorgen, nennt man **Enzyme.** Enzyme sind Eiweiße. Sie sind nicht nur für die Verdauung erforderlich, sondern für fast alle Lebensvorgänge innerhalb und außerhalb der Zellen.

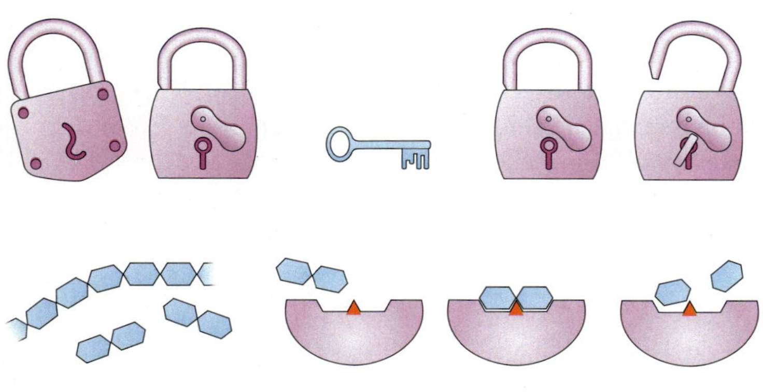

05 Schema des Schlüssel-Schloss-Prinzips der Enzymwirkung

Die Amylase kann nur Stärke spalten, nicht aber Malzzucker. Sie ist so gebaut, dass sie genau zur Stärke passt, nicht aber zum Malzzucker. Die Amylase kann daher nur Stärke spalten. Für die Zerlegung von Malzzucker in zwei Traubenzuckerbausteine ist ein anderes Enzym zuständig, die *Maltase*. Vergleichbar ist das mit einem Schlüssel, der nur in ein ganz bestimmtes Schloss passt. Bei allen Enzymen ist diese Passgenauigkeit die Voraussetzung dafür, dass sie wirken können. Man spricht daher vom **Schlüssel-Schloss-Prinzip.** Enzyme können also ihre Funktion, die Veränderung von Stoffen, nur erfüllen, wenn ihr Bau, ihre Struktur, zu der des Stoffes passt, der verändert werden soll. Alle Enzyme sind auf eine bestimmte Wirkung spezialisiert. Maltase zum Beispiel kann nur Verbindungen zwischen zwei Traubenzuckerbausteinen lösen, sie aber nicht miteinander verknüpfen.

Für alle Enzyme gilt: Sie bewirken die Umwandlung von Stoffen. Sie verändern sich bei den Umwandlungen der Stoffe selbst nicht. Jedes Enzym ist auf ganz bestimmte Stoffe und eine ganz bestimmte Wirkung spezialisiert.

3 Beschreibe die Arbeitsweise von Enzymen!

VERSUCH A ▸ Wirkung des Speichels auf Stärke

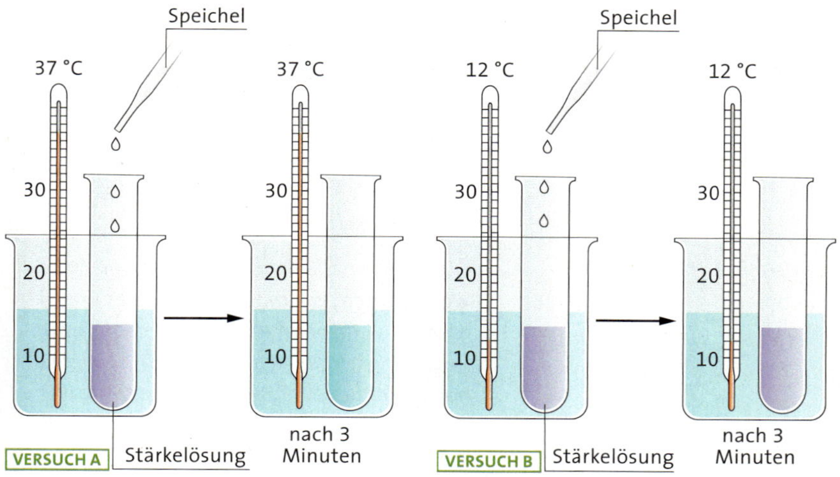

In den schematisch dargestellten Versuchen A und B wurde in Wasser gelöste Stärke mit Iod-Kaliumiodid-Lösung blau angefärbt. In beiden Versuchen waren alle Versuchsbedingungen, bis auf eine, gleich.

A1 Beschreibe den Versuchsaufbau und führe den Versuch durch!

A2 Erkläre das Ergebnis des Versuchs A!

A3 Stelle Vermutungen an, wie sich das Ergebnis des Versuchs B erklären ließe!

A4 Begründe, weshalb die Stärke angefärbt wurde!

A5 Begründe, weshalb in beiden Versuchen alle Versuchsbedingungen außer einer gleich sein mussten!

Material B ▸ Wirkung von Enzymen

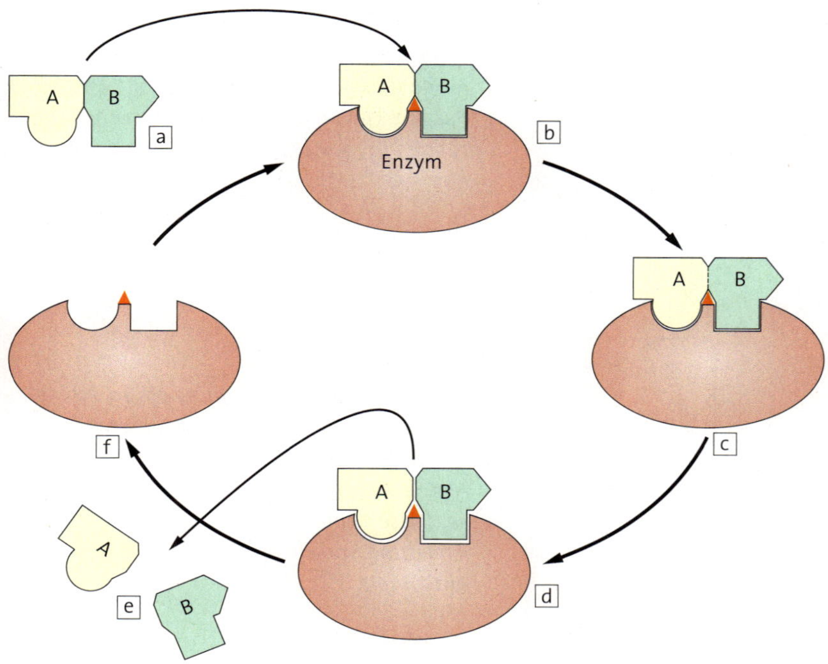

In der Abbildung ist die Wirkung von Enzymen am Beispiel der Spaltung eines Stoffes dargestellt. Das Schema gilt für alle Enzyme.

B1 Beschreibe die im Schema dargestellten Vorgänge, durch die ein Stoff mithilfe eines Enzyms gespalten wird!

B2 Begründe mithilfe des Schemas, weshalb nur eine geringe Menge von Enzymen für die Spaltung einer großen Stoffmenge erforderlich ist!

B3 Fertige ein ähnliches Schema an, in dem dargestellt ist, dass ein Enzym nur einen bestimmten Stoff spalten kann!

B4 Erläutere am Beispiel des bei B3 angefertigten Schemas den Zusammenhang zwischen Struktur und Funktion!

METHODE

Ein Protokoll erstellen

Naturwissenschaftler führen häufig Experimente durch, um Phänomene zu erklären. Um diese Versuche festzuhalten, werden Protokolle angefertigt. Sie dienen der Dokumentation von Durchführung und Ergebnissen.

Aufgabenstellung

Die Aufgabenstellung ergibt sich aus der Beobachtung eines Phänomens.

Vorbetrachtung, Vermutung

Um die Aufgabenstellung zu untersuchen, werden begründete Vermutungen zu ihrer Beantwortung aufgestellt. Dazu werden auch Überlegungen formuliert, wie die Aufgabenstellung gelöst werden kann. Die Vermutungen werden auf ihren Wahrheitswert geprüft.

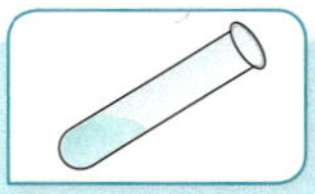

Materialien

Hier werden alle Materialien, die für den Versuch benötigt werden, aufgezählt. Dazu gehören Laborgeräte, Chemikalien sowie alle weiteren Materialien wie zum Beispiel Pflanzen oder Lebensmittelproben.

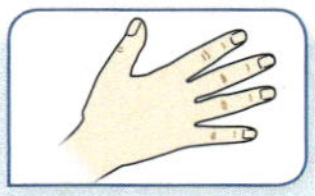

Durchführung

Um den Aufbau des Experimentes anschaulich zu machen, können Zeichnungen angefertigt werden. Die Durchführung beschreibt, was man bei dem Experiment macht. Wichtig ist, dass alles so beschrieben wird, dass auch jemand, der das Experiment nicht kennt, dieses nachvollziehen kann.

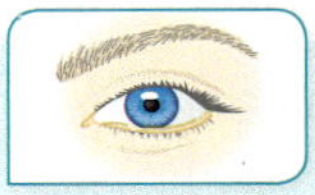

Beobachtungen

Hier werden alle Beobachtungen und Messwerte notiert, die man während des Experimentes wahrnehmen oder messen kann. Wichtig ist, dass die Beobachtungen hier noch nicht gedeutet werden. Messwerte werden zum Beispiel in Form einer Tabelle zusammengefasst.

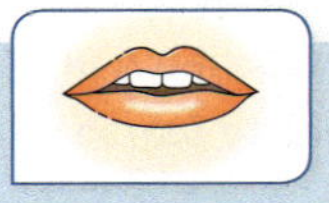

Auswertung und Deutung

Um die Aufgabenstellung zu beantworten, werden die Beobachtungen und Ergebnisse hier ausgewertet. Dafür werden die Beobachtungen erklärt und allgemeine Schlussfolgerungen daraus gezogen. Weiterhin wird ein Bezug zu den anfangs aufgestellten Vermutungen hergestellt. Sie sind entweder wahr oder falsch.

Fehlerbetrachtung

Bei Experimenten kommt es oft zu Problemen in der Durchführung, die man bei der Planung nicht bedacht hat. Dadurch entstehen Fehler und nicht auswertbare Ergebnisse. Diese Fehler werden hier genannt und Änderungsvorschläge für die Durchführung entwickelt.

Protokoll

Aufgabenstellung: Überprüfe die Verdauung von Stärke durch Mundspeichel!

Vorbetrachtung/Vermutungen: Stärke wird durch Iod-Kaliumiodid-Lösung nachgewiesen. Ein Rückgang der Blaufärbung zeigt eine Verringerung der Stärkekonzentration an.

Vermutung 1: Speichel verdaut Stärke.

Vermutung 2: Stärke zersetzt sich in wässriger Lösung von selbst.

Materialien: zwei Reagenzgläser, Reagenzglasständer, zwei 50-Milliliter-Bechergläser, Tropfpipette, Spatel, Stärke, Iod-Kaliumiodid-Lösung

Durchführung:

In einem Becherglas werden zehn Milliliter Speichel gesammelt. In dem anderen Becherglas wird die Stärkelösung aus 20 Millilitern lauwarmem Wasser und einer Spatelspitze Stärke hergestellt. Zu diesem Gemisch gibt man fünf Tropfen Iod-Kaliumiodid-Lösung. Die beiden Reagenzgläser werden etwa zwei Zentimeter hoch mit dem Ausgangsgemisch gefüllt.

> Dadurch, dass das Ausgangsgemisch in einem einzigen Becherglas hergestellt wird, ist sichergestellt, dass in jedem Reagenzglas die gleiche Konzentration enthalten ist.

In Reagenzglas A werden zwei Milliliter Speichel gegeben. In Reagenzglas B werden zwei Milliliter Wasser gegeben.

> Der Versuchsansatz ohne Speichel dient in diesem Fall als Kontrollansatz. Darüber hinaus führt das Hinzufügen von Wasser dazu, dass beide Gemische auf gleiche Weise verdünnt werden und in beiden Reagenzgläsern das gleiche Volumen an Flüssigkeit enthalten ist. Somit ist sichergestellt, dass Farbänderungen nicht durch unterschiedliche Konzentrationen hervorgerufen werden.

Beide Proben werden 15 Minuten stehen gelassen.

> In beiden Ansätzen kann die Reaktion über den gleichen Zeitraum ablaufen.

Die Farbintensität der Proben wird gleichzeitig bestimmt.

> Der verbleibende Stärkegehalt, also die Messgröße, wird nach gleicher Einwirkzeit erfasst.

Die Farbintensitäten der Proben werden verglichen.

> Durch den Vergleich der Farbintensität können die Unterschiede der noch enthaltenen Stärkemengen festgestellt werden.

Beobachtungen: Zu Beginn des Versuchs sind die Lösungen in beiden Versuchsansätzen blauviolett gefärbt. Nach 15 Minuten konnte man beobachten, dass das Gemisch in Reagenzglas A gelblich und das Gemisch in Reagenzglas B blauviolett ist.

Auswertung: Die blauviolette Färbung zu Beginn des Versuchs zeigt an, dass Stärke vorhanden ist. In Reagenzglas A ist die Blaufärbung verschwunden. Daraus kann man schließen, dass der Speichel für den Abbau der Stärke verantwortlich ist. In Reagenzglas B konnte keine Farbänderung beobachtet werden. Das ist darauf zurückzuführen, dass keine Zersetzung der Stärke stattgefunden hat. Die Hypothese 1 konnte im Experiment zunächst bestätigt werden. Hypothese 2 wurde widerlegt.

01 Eisbein

Verdauung von Eiweißen und Fetten

Mit der Nahrung müssen wir auch Eiweiße und Fette aufnehmen, zum Beispiel in Form von Fleisch oder fett- und eiweißreichen pflanzlichen Nahrungsmitteln. Wie verdaut und verwertet der Körper diese Nährstoffe?

VERDAUUNG VON EIWEISSEN · Die in der Nahrung, zum Beispiel in einem Eisbein, enthaltenen Eiweiße gelangen nach dem Kauen und Schlucken fast unverändert in den Magen. Die Magenschleimhaut bildet pro Tag etwa zwei Liter Verdauungssaft. Dieser enthält ein Enzym, das Eiweiße in kürzere Ketten von Aminosäuren zerlegt. Man nennt solche Enzyme, die Eiweiße spalten, *Proteasen*. Das eiweißspaltende Enzym des Magensafts **Pepsin** wirkt nur in einer salzsauren Umgebung. Dafür sorgt eine sehr starke Säure, die besondere Zellen der Magenwand abgeben, die *Salzsäure*. Diese Magensäure hat aber noch weitere Wirkungen. Sie lässt die in Flüssigkeiten, zum Beispiel in der Milch, gelösten Eiweiße gerinnen. Dabei entsteht eine weiche Masse aus Eiweißen, die länger im Magen verweilt und somit länger dem eiweißspaltenden Enzym Pepsin ausgesetzt ist.

Außerdem tötet die Magensäure die in der Nahrung enthaltenen meisten Krankheitserreger ab, zum Beispiel Bakterien. Die Muskeln der Magenwand sorgen durch knetende Bewegungen dafür, dass der Mageninhalt mit dem Magensaft gründlich durchmischt wird.

Die schon in kurze Aminosäureketten zerlegten Eiweiße verlassen den Magen und gelangen in den Dünndarm. Dort wirken Verdauungssäfte auf sie ein, die von der Bauchspeicheldrüse und der Dünndarmwand gebildet werden. Die Bauchspeicheldrüse bildet pro Tag etwa 1,5 Liter Bauchspeichel, der durch einen Ausführgang in den vorderen Abschnitt des Dünndarms, den *Zwölffingerdarm,* fließt. Die Dünndarmwand scheidet pro Tag etwa drei Liter Dünndarmsaft ab. Diese beiden Verdauungssäfte enthalten eiweißspaltende Enzyme, die die kurzen Aminosäureketten weiter abbauen, bis die ursprünglich in der Nahrung enthaltenen Eiweiße vollständig in ihre Einzelbausteine, die Aminosäuren, zerlegt sind. Auch die Dünndarmwand ist von Muskeln durchzogen. Sie treiben den Darminhalt weiter und durchmischen ihn mit dem Verdauungssaft.

VERWENDUNG VON EIWEISSEN · Aminosäuren sind so klein, dass sie durch die Oberfläche der Dünndarmzotten und durch die Wand der darin liegenden Kapillaren ins Blut aufgenommen werden können. Das Blut transportiert sie zu den Zellen. Die Zellen verwenden die Aminosäuren, um sie zu eigenen, menschlichen Eiweißen wieder zusammenzusetzen. Die Reihenfolge der Aminosäuren der nun menschlichen Eiweiße ist aber anders als die der Eiweiße in der Nahrung. Die Eiweiße im Eisbein unterscheiden sich deutlich von denen in den Zellen des Menschen.

Die Zellen des Menschen bestehen vorwiegend aus Eiweißen. Diese haben nur eine begrenzte Lebensdauer und müssen daher ständig ersetzt werden. Wenn die Eiweißverdauung gestört ist oder wenn die Nahrung zu wenige Eiweiße enthält, kommt es daher zu sehr ernsthaften gesundheitlichen Störungen. Nicht alle Aminosäuren sind gleich wichtig. Diejenigen, die auf jeden Fall in der Nahrung enthalten sein müssen, bezeichnet man als *essenzielle Aminosäuren*. Für Kinder ist der Eiweißmangel besonders gefährlich, denn sie benötigen für ihr Körperwachstum ständig große Mengen an Eiweißen, um neue Zellen bilden zu können.

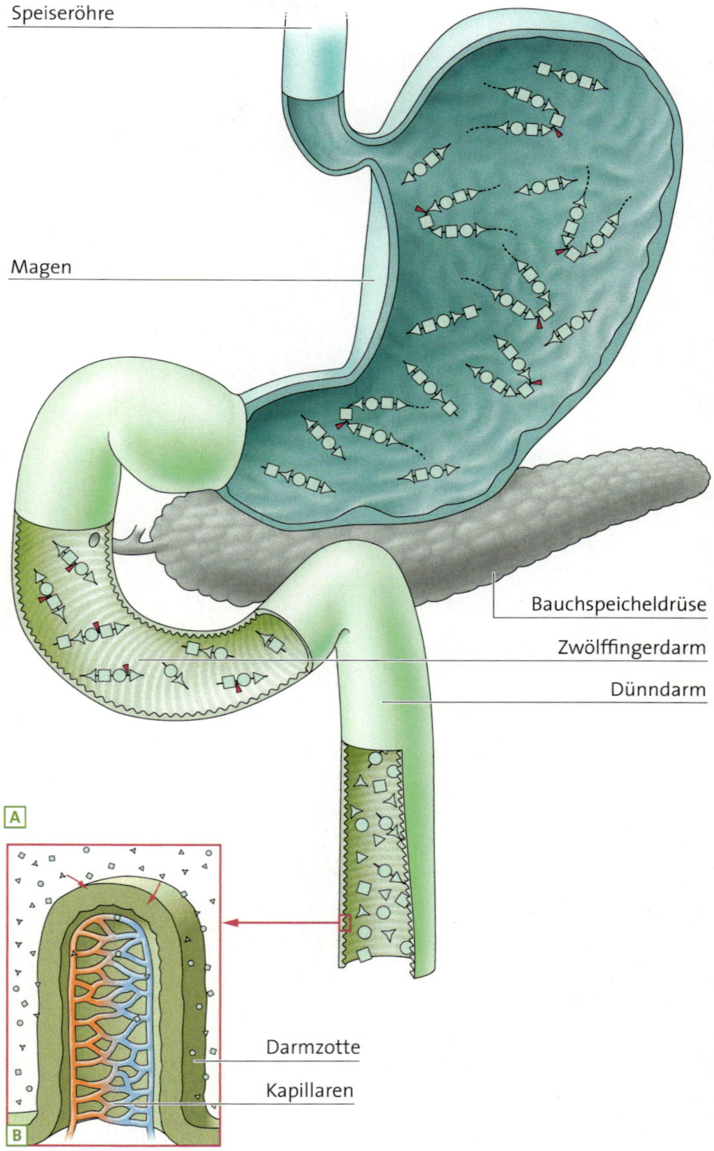

02 Verdauung von Eiweißen: **A** im Magen und Dünndarm, **B** Aufnahme von Aminosäuren in die Kapillaren einer Dünndarmzotte

1 Beschreibe, wie Eiweiße verdaut werden!

2 Begründe den unterschiedlichen Aufbau der Eiweiße der Nahrung und der Eiweiße der Zellen des Menschen!

3 Beschreibe die Aufgaben der Magensäure!

4 Begründe, weshalb ein Eiweißmangel besonders gefährlich ist!

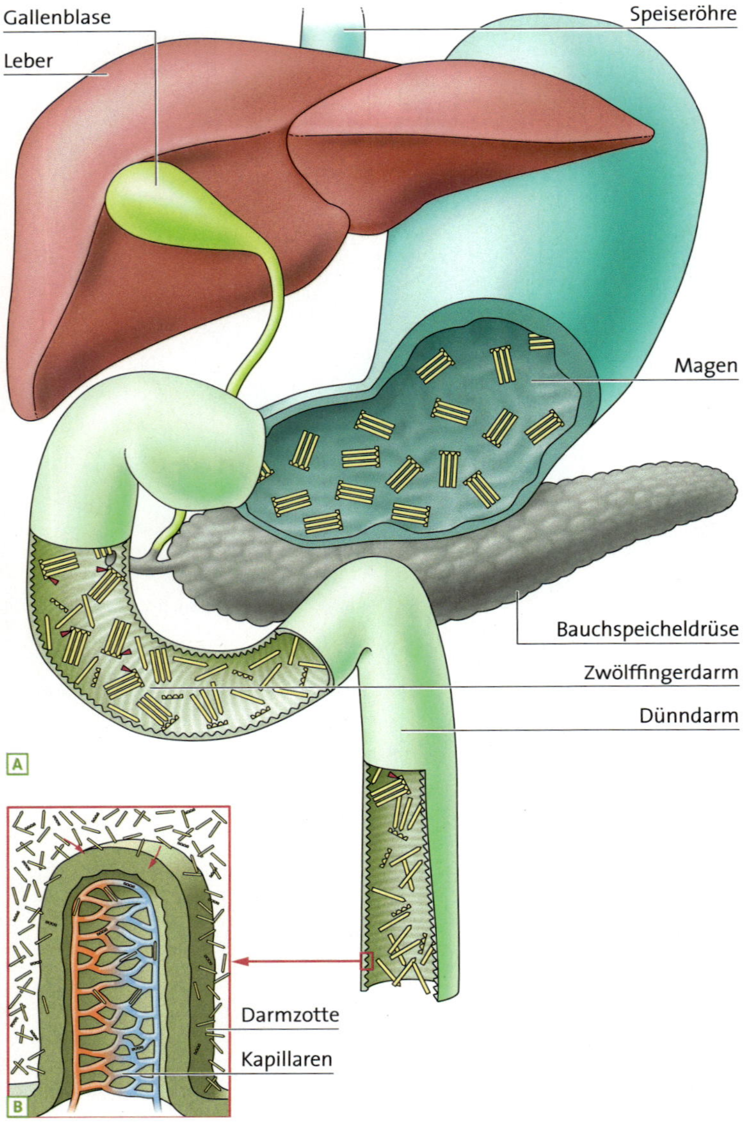

03 Verdauung von Fetten: **A** im Zwölffingerdarm und Dünndarm, **B** Aufnahme von Fettbestandteilen in die Kapillaren einer Dünndarmzotte

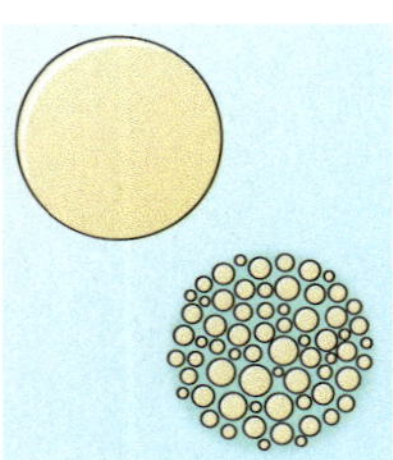

04 Verteilung von Fett durch Galle

5 Nenne Verdauungsorgane, die am Abbau der Fette beteiligt sind!

6 Erläutere das Prinzip der Oberflächenvergrößerung am Beispiel der Wirkung von Galle!

7 Begründe, weshalb die Galle in einigen Fachbüchern nicht als Verdauungssaft bezeichnet wird!

VERDAUUNG VON FETTEN · Die in der Nahrung, zum Beispiel in einem Eisbein, enthaltenen Fette werden auf ihrem Weg vom Mund durch die Speiseröhre und den Magen kaum verändert. Ihre Verdauung beginnt erst im vorderen Abschnitt des Dünndarms, dem *Zwölffingerdarm*. Dort mündet ein Gang, durch den die Bauchspeicheldrüse ihren Verdauungssaft abgibt. Der Bauchspeichel enthält außer den Amylasen und den Proteasen auch Enzyme, die die Fette in ihre Bestandteile, Glycerin und Fettsäuren, zerlegt. Weil man Fette in der Fachsprache als Lipide bezeichnet, nennt man Fett abbauende Enzyme *Lipasen*. Auch der von der Dünndarmwand gebildete Verdauungssaft enthält Lipasen.

In den Zwölffingerdarm mündet noch ein weiterer Ausführgang. Er geht von der *Gallenblase* aus. In der Gallenblase wird eine Flüssigkeit gespeichert, der Gallensaft, der auch *Galle* genannt wird. Die Galle wird in der Leber gebildet. Etwa einen halben Liter dieser gelbgrünen Flüssigkeit gibt die Gallenblase pro Tag in den Zwölffingerdarm ab. Die Galle zerteilt große Fetttropfen in viele kleine. Dadurch vergrößert sie die Oberfläche des Fetts sehr stark. Auf diese Weise kann viel Lipase des Bauchspeichels und des Dünndarmsaftes gleichzeitig an vielen Stellen mit viel Fett in Kontakt treten. So kann in kurzer Zeit eine große Fettmenge abgebaut werden. In Fetten ist sehr viel Energie enthalten. Ohne Galle könnte diese wertvolle Energiequelle nur sehr unvollständig genutzt werden.
Die Bestandteile der Fette, Glycerin und Fettsäuren, können durch die Zotten der Dünndarmwand in die darin liegenden Gefäße eindringen. Ein Teil der Fettbestandteile kommt so direkt in die Kapillaren, ein anderer Teil aber wird zunächst in Lymphgefäße aufgenommen und gelangt von dort in das Blutgefäßsystem. Dafür sorgt ein Gang, der im oberen Brustbereich das Lymphgefäßsystem mit dem Blutgefäßsystem verbindet.

Material A ▸ Verdauung von Nährstoffen

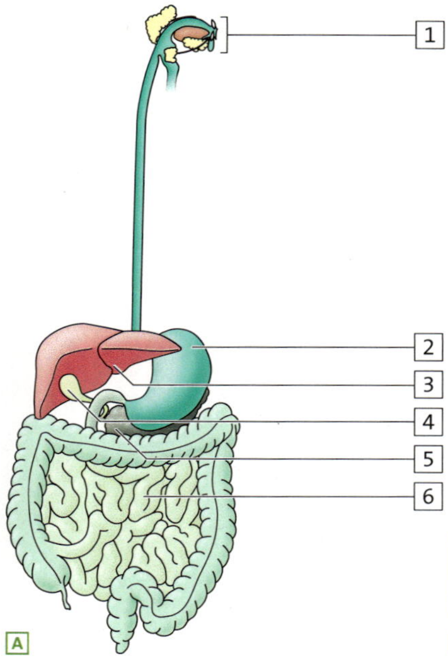

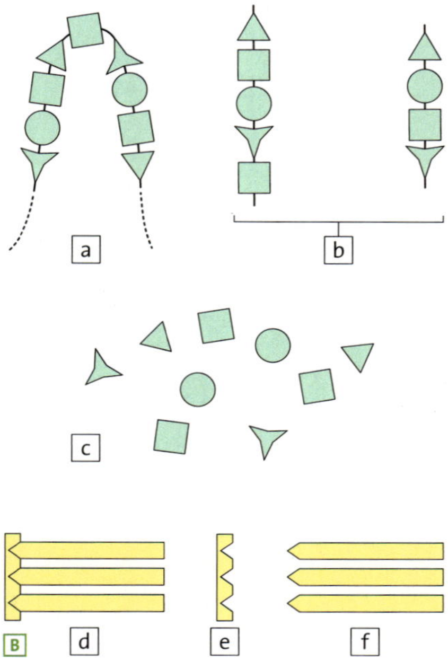

Abbildung A zeigt ein Schema der Verdauungsorgane des Menschen. In der Abbildung B sind Symbole für die Nährstoffe und ihre Bestandteile dargestellt, in die sie durch die Verdauung zerlegt werden.

A1 Benenne die mit Zahlen gekennzeichneten Bereiche!

A2 Nenne die Fachbegriffe für die in der Abbildung B dargestellten Symbole und ordne sie den passenden Stellen des Schemas A zu! Dabei sind Mehrfachnennungen möglich.

A3 Ordne die Enzyme Proteasen, Lipasen, Maltase, Amylasen den Stellen der Abbildung A zu, an denen sie gebildet werden!

A4 Nenne die Organe, die an der Bildung und Speicherung der Flüssigkeit beteiligt sind, die Fett in kleine Tropfen verteilt!

A5 Nenne den Ort, an dem die Nährstoffe oder ihre Bestandteile in das Blut aufgenommen werden!

VERSUCH B ▸ Wirkung von Pepsin

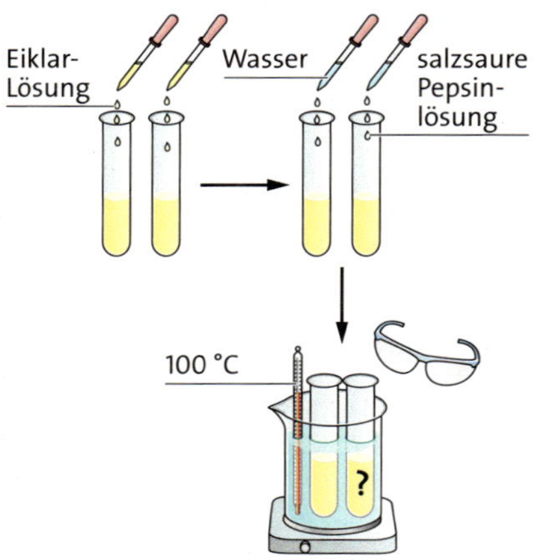

Wird Eiklar gekocht, gerinnen die darin enthaltenen, langkettigen Eiweiße und es entsteht eine feste, weiße Masse. Kürzere Eiweißketten können nicht gerinnen.

Material:
2 Reagenzgläser, siedendes Wasserbad, Eiklar-Lösung, salzsaure Pepsin-Lösung, Wasser, Pipetten

Durchführung:
Gib in zwei Reagenzgläser je 5 ml Eiklar-Lösung. Das Reagenzglas A wird anschließend mit 3 ml Wasser und Reagenzglas B mit 3 ml salzsaurer Pepsin-Lösung gefüllt. Erwärme beide Reagenzgläser nach mindestens 30 Minuten in einem siedenden Wasserbad.

B1 Stelle Vermutungen an, welches Ergebnis das Experiment zeigen wird!

B2 Beschreibe deine Beobachtungen beim gleichzeitigen Erhitzen beider Reagenzgläser im Wasserbad!

B3 Erkläre die erhaltenen Ergebnisse!

Unterscheiden sich die Reagenzgläser nach dem Erhitzen nicht, war das Experiment erfolglos.

B4 Begründe mögliche Fehler, die aufgetreten sein könnten!

Verdauung im Überblick

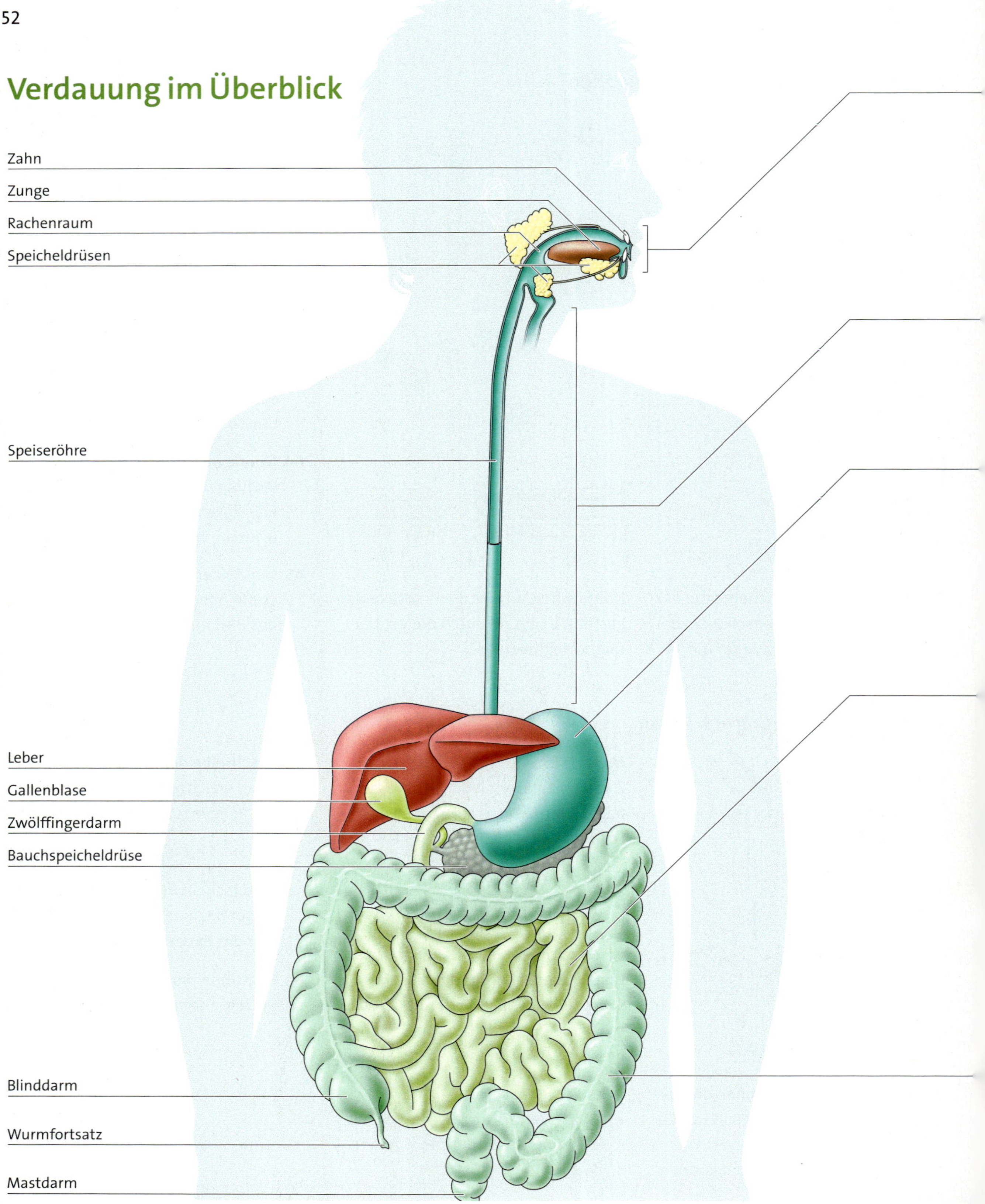

Mundhöhle:

- Mündung der Ausführgänge der Speicheldrüsen
- Speichelproduktion: etwa 1,5 Liter pro Tag
- Zerkleinerung der Nahrung durch Zähne und Zunge

Der Speichel enthält das Enzym Amylase. Dieses zerlegt einen Teil der in der Nahrung enthaltenen Stärke in Malzzucker. Fette, Proteine und Ballaststoffe werden im Mund nicht abgebaut.
Der Nahrungsbrei wird durch den Schluckvorgang in die Speiseröhre befördert.

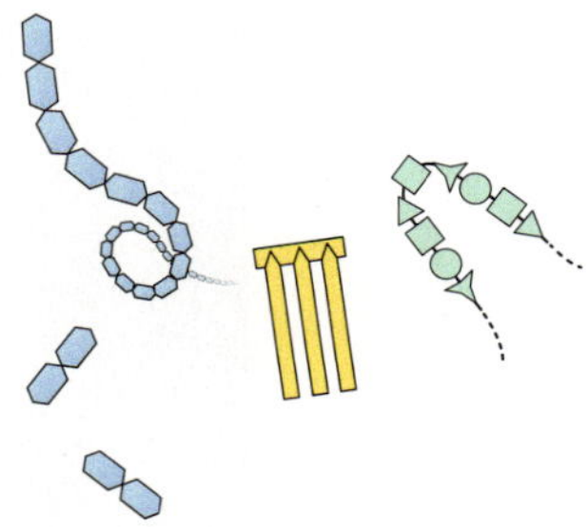

Speiseröhre:

- Länge: etwa 25 Zentimeter
- Durchmesser: etwa 1,5 Zentimeter

Die Speiseröhre dient dem Weitertransport der Nahrung. Verdauungsvorgänge finden nicht statt.

Magen:

- Fassungsvermögen: etwa 1,5 Liter
- Verweildauer der Nahrung: 1 bis 5 Stunden
- Magensaftproduktion: 2 bis 3 Liter pro Tag
- Magensäure: Abtöten von Keimen

Das Pepsin des Magensaftes zerlegt die Eiweiße in kürzere Aminosäureketten. Kohlenhydrate, Fette und Ballaststoffe werden nicht weiter abgebaut.

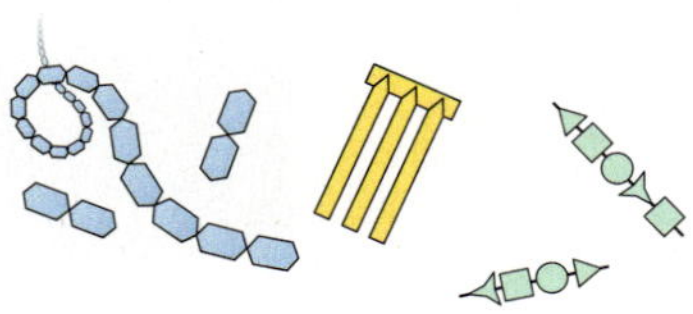

Dünndarm:

- Gesamtinnenfläche: etwa 200 Quadrat meter
- Länge: zwischen 3 und 4 Meter
- Verweildauer des Nahrungsbreis: 2 bis 4 Stunden
- Mündung der Ausführgänge von Bauchspeicheldrüse und Gallenblase in den Zwölffingerdarm
- Leber: Produktion von etwa 650 Milliliter Gallensaft pro Tag
- Gallensaft: Zerteilung großer Fetttropfen in viele kleine
- Bauchspeicheldrüse: Produktion von 700 bis 2500 Milliliter Bauchspeichel pro Tag

Der Dünndarmsaft und der Bauchspeichel enthalten Verdauungsenzyme. Amylasen und Maltasen spalten die Kohlenhydrate in Traubenzucker. Proteasen zerlegen die Aminosäureketten in Aminosäuren. Lipasen spalten die Fette in Glycerin und Fettsäuren. Kohlenhydrate und Aminosäuren werden durch die Zellen der Darmwand ins Blut aufgenommen, Glycerin und Fettsäuren gelangen durch die Zellen der Darmwand in Blut und Lymphe. Ballaststoffe können nicht abgebaut und aufgenommen werden. Ein großer Teil des Wassers wird dem Nahrungsbrei entzogen.

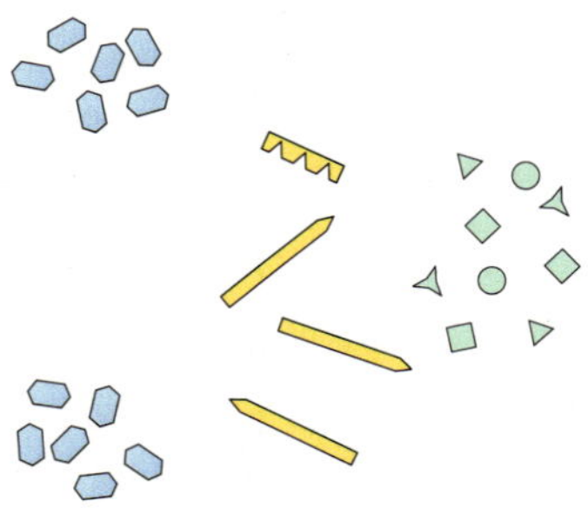

Dickdarm:

- Länge: etwa 1,6 Meter
- Verweildauer der Nahrungsreste: zwischen 5 und 70 Stunden

Durch Wasserentzug werden die Bestandteile, die vom Körper nicht verdaut und aufgenommen werden können, eingedickt und schließlich über den Mastdarm ausgeschieden.

01 Blutende Wunde

Blut – Zusammensetzung und Aufgaben

Ein Stich in die Fingerkuppe ist schmerzhaft. Aus der Wunde tritt Blut aus. Für das bloße Auge erscheint das Blut als einheitlich rot gefärbte Flüssigkeit. Woraus besteht Blut?

BESTANDTEILE DES BLUTES · Ein erwachsener Mensch besitzt etwa sechs Liter Blut. Lässt man Blut einige Zeit in einem Reagenzglas stehen, so trennt es sich in zwei Schichten auf. Die obere Schicht ist gelblich. Dies sind die *flüssigen Bestandteile* des Blutes, das sogenannte **Blutplasma.** Es besteht überwiegend aus Wasser. Darin sind neben Glukose, Fetten und Proteinen auch Hormone, Mineralstoffe und Vitamine gelöst. Außerdem werden Abfallstoffe und Kohlenstoffdioxid im Blutplasma transportiert.
In der unteren, roten Schicht sammeln sich die *festen Bestandteile* des Blutes.

02 Zusammensetzung des Blutes

ROTE BLUTZELLEN · Wenn man die festen Bestandteile des Blutes mit dem Mikroskop untersucht, lassen sich verschiedene Zellen erkennen. Die meisten Zellen haben die Form einer Scheibe, die in der Mitte eingedellt ist. Das sind die **roten Blutzellen,** auch rote Blutkörperchen genannt. In einem Milliliter Blut sind etwa fünf Milliarden von ihnen enthalten. Ihr Durchmesser beträgt nur sieben Mikrometer, das sind sieben tausendstel Millimeter. Sie sind also winzig klein. Rote Blutzellen sind mit einer roten Substanz gefüllt, die Sauerstoff aufnehmen und wieder abgeben kann. Der *rote Blutfarbstoff* heißt **Hämoglobin.** Es verleiht dem Blut seine einheitlich rote Farbe. Mithilfe des Hämoglobins sind die roten Blutzellen in der Lage, Sauerstoff zu transportieren. Daneben sind sie auch am Transport von Kohlenstoffdioxid beteiligt.

Rote Blutzellen besitzen keinen Zellkern. Sie haben daher nur eine kurze Lebensdauer von etwa 110 Tagen. Deshalb müssen sie laufend neu gebildet werden. Dies geschieht im Inneren einiger Knochen, im *roten Knochenmark*.
Der Bau einer roten Blutzelle, ihre Struktur, bietet Vorteile für ihre Funktion, vor allem für die Aufgabe, Sauerstoff zu transportieren. Durch die eingedellte Form wird die Oberfläche der Zelle größer. An der vergrößerten Fläche kann die Zelle mehr Sauerstoff aufnehmen und abgeben. Der Platz, der durch den fehlenden Zellkern frei wird, ist mit Hämoglobin gefüllt. Je mehr Hämoglobin die Zelle enthält, desto mehr Sauerstoff kann sie aufnehmen und transportieren.

WEISSE BLUTZELLEN · Viel seltener als die roten Blutzellen findet man in den festen Bestandteilen des Blutes Zellen mit einem Durchmesser von etwa einem bis zwei hundertstel Millimetern. Damit sind sie zwar deutlich größer als die roten Blutzellen, man erkennt sie unter dem Mikroskop aber erst, wenn man sie anfärbt. In einem Milliliter Blut gibt es nur fünf bis acht Millionen dieser **weißen Blutzellen,** die auch weiße Blutkörperchen genannt werden. Im Gegensatz zu den roten Blutzellen enthalten sie kein Hämoglobin. Sie haben aber einen Zellkern.
Im Körper des Menschen kommen verschiedene weiße Blutzellen vor. Ihre Bildung beginnt im roten Knochenmark. In vielen Fällen wird sie an verschiedenen anderen Stellen des Körpers fortgesetzt. Aufgabe der weißen Blutzellen ist die Abwehr von Krankheitserregern und Fremdkörpern. Während rote Blutzellen nur passiv vom Blutstrom transportiert werden, können sich einige weiße Blutzellen aktiv kriechend fortbewegen. Das ist möglich, weil sie ihre Gestalt stark verändern können. Sie sind sogar in der Lage, die Blutgefäße zu verlassen und sich zwischen den Zellen aufzuhalten. Auch dort nehmen sie den Kampf gegen eingedrungene Krankheitserreger auf,

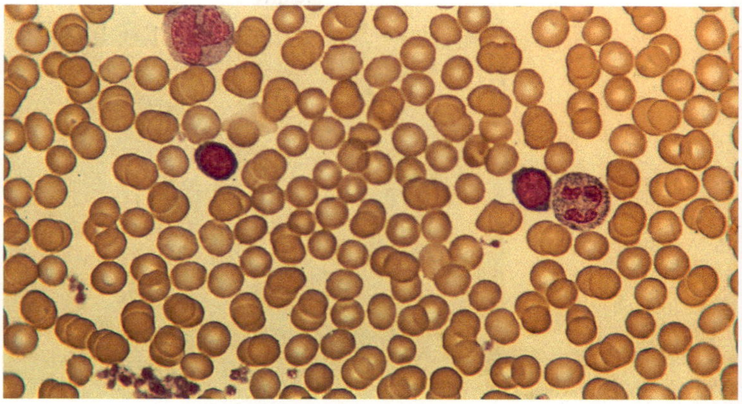

03 Blutausstrich (mikroskopische Aufnahme)

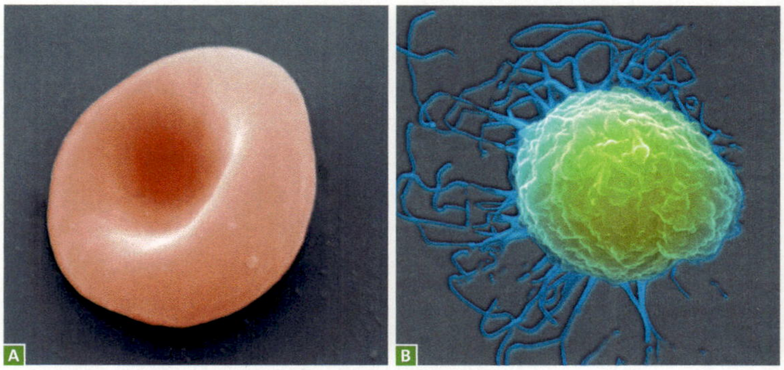

04 Blutzellen (elektronenmikroskopische Aufnahme): A rote Blutzelle, B weiße Blutzelle

unter anderem dadurch, dass sie diese auffressen. Häufig sterben sie dabei ab. Eiter besteht überwiegend aus abgestorbenen weißen Blutzellen.

1 Nenne die festen und flüssigen Bestandteile des Blutes!

2 Berechne die Anzahl der roten Blutzellen, die in fünf Litern Blut enthalten sind!

3 Beschreibe den Zusammenhang zwischen Struktur und Funktion der roten Blutzellen!

4 Stelle die Unterschiede zwischen roten und weißen Blutzellen in Form einer Tabelle dar! Berücksichtige dabei ihre Form, Größe, Anzahl und Aufgabe!

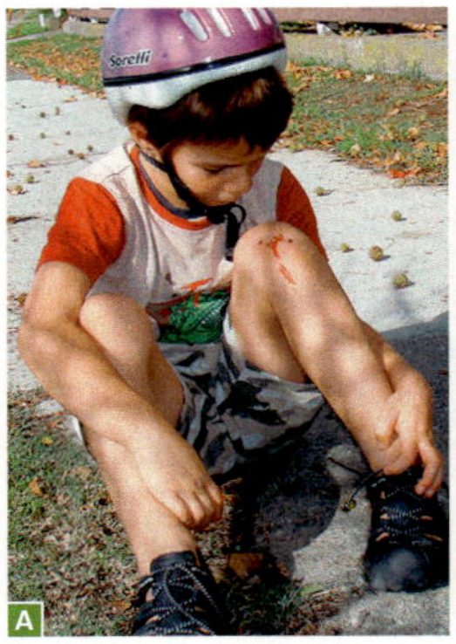

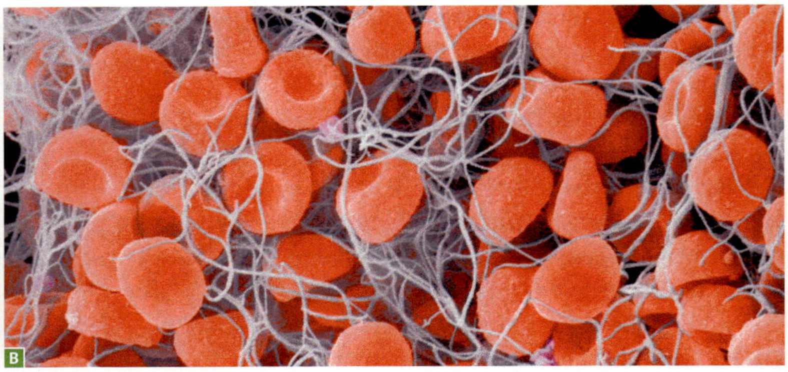

05 Wundverschluss:
A Schürfwunde,
B rote Blutzellen in einem Netz aus Fibrinfäden

BLUTPLÄTTCHEN · Zu den festen Bestandteilen des Blutes gehören auch Bruchstücke besonderer Zellen. Sie haben einen Durchmesser von zwei bis drei tausendstel Millimetern und sind somit sehr viel kleiner als rote Blutzellen. Mit einer Anzahl von 200 bis 300 Millionen pro Milliliter Blut ist ihre Menge deutlich größer als die der weißen Blutzellen. Diese Zellbruchstücke, die **Blutplättchen,** enthalten keinen Zellkern. Sie sterben daher schnell ab. Ihre Lebensdauer von nur acht bis vierzehn Tagen ist noch kürzer als die der roten Blutzellen. Im Knochenmark werden sie ständig nachgebildet. Blutplättchen sind erforderlich, um Wunden verschließen zu können. Sie reißen leicht auf, zum Beispiel bei Verletzungen. Dabei werden Stoffe freigesetzt, die sich im Inneren der Blutplättchen befinden. Diese Stoffe wandeln ein bestimmtes Protein des Blutplasmas um. So entstehen winzige Proteinfäden, das *Fibrin.* Die Fibrinfäden bilden ein engmaschiges schleimiges Netz, in dem rote Blutzellen hängen bleiben. Auf diese Weise entsteht eine Art Blutpfropf, der die Wunde verschließt. Man bezeichnet diese Bildung eines Blutpfropfes als **Blutgerinnung.** Das getrocknete Fibrin bildet mit den darin gefangenen Blutzellen später den *Schorf* der Wunde.

Blutplasma, dem das Protein entzogen wurde, welches für die Bildung von Fibrin notwendig ist, nennt man **Blutserum.**

Wenn keine Blutgerinnung möglich ist, lassen sich Wunden nur schwer schließen. Dadurch kann es zu großen Blutverlusten kommen. Wenn mehr als ein Liter Blut verloren geht, besteht Lebensgefahr.

5 Stelle den Vorgang der Blutgerinnung als Pfeildiagramm dar!

6 Erläutere die Bedeutung der Blutgerinnung!

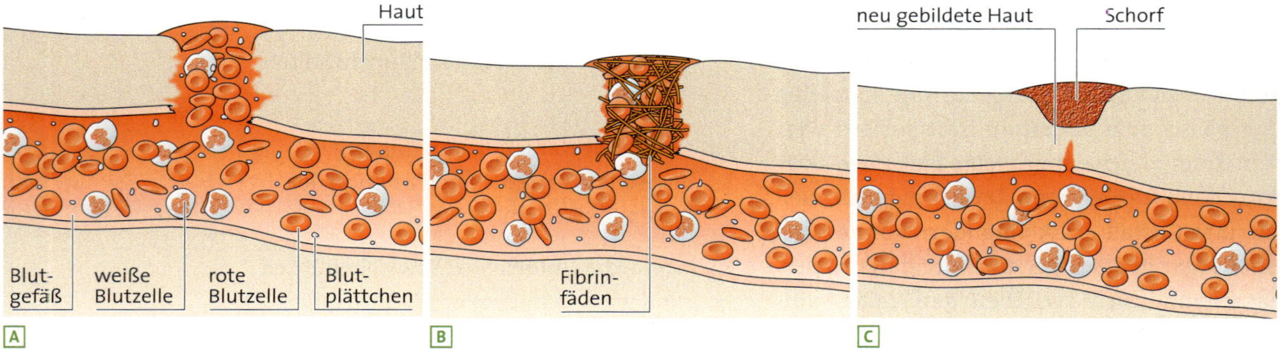

06 Wundverschluss (Schema): **A** Austreten von roten Blutzellen und Blutplättchen, **B** Bildung des Fibrinnetzes, **C** Schorfbildung

BLUTGRUPPEN · Bei einer Blutübertragung passt nicht das Blut jedes Spenders zu dem des Empfängers. Es können Unverträglichkeiten auftreten, die zu Verklumpungen der roten Blutzellen führen. Dadurch kommt es zu lebensgefährlichen Verstopfungen der Blutgefäße.
Die Ursache dafür liegt darin, dass sowohl die roten Blutzellen als auch das Blutserum nicht bei jedem Menschen gleich sind. Die roten Blutzellen können sich in bestimmten Proteinen auf ihrer Oberfläche unterscheiden, den **Antigenen.**

Bei der Bezeichnung der Blutgruppen ging ihr Entdecker, der Wiener Arzt Karl LANDSTEINER, von diesen Antigenen aus. Die roten Blutzellen der Blutgruppe A tragen das Antigen A. Die roten Blutzellen der Blutgruppe B besitzen das Antigen B. Die roten Blutzellen der Blutgruppe AB tragen beide Antigene und die der Blutgruppe 0 tragen keine von beiden.

Im Blutserum können **Antikörper** enthalten sein, die zu den Antigenen fremder Blutgruppen wie der Schlüssel zum Schloss passen. Das Blutserum der Blutgruppe A enthält Anti-B-Antikörper. Treffen sie auf rote Blutzellen mit dem Antigen B, kommt es zur Verklumpung. Das geschieht durch eine **Antigen-Antikörper-Reaktion.** Blutgruppe B enthält hingegen Anti-A-Antiköper, Blutgruppe 0 enthält beide Antikörpertypen und Blutgruppe AB keine.
Damit es bei Blutübertragungen nicht zur Verklumpung kommt, wird nur Blut der gleichen Blutgruppe verwendet. Zur Bestimmung der Blutgruppen genügen zwei *Testseren*. Davon enthält das eine Testserum Anti-A-Antikörper, das andere Anti-B-Antikörper. Wenn zum Beispiel die Blutprobe ausschließlich mit dem Testserum Anti-A verklumpt, handelt es sich um die Blutgruppe A.

7 Erläutere, wie man mithilfe zweier Testseren die Blutgruppe 0 bestimmen kann!

Blutgruppe	Rote Blutzellen	Blutserum
A	Antigene A	Anti - B - Antikörper
B	Antigene B	Anti - A - Antikörper
AB	Antigene A und B	keine Antikörper
0	keine Antigene	Anti - A - Antikörper; Anti - B - Antikörper

07 Blutgruppen A, B, AB und 0

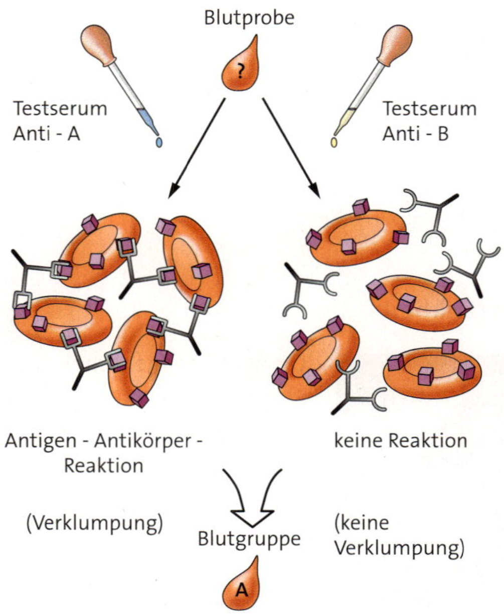

08 Blutgruppenbestimmung

Material A ▸ Blutspende

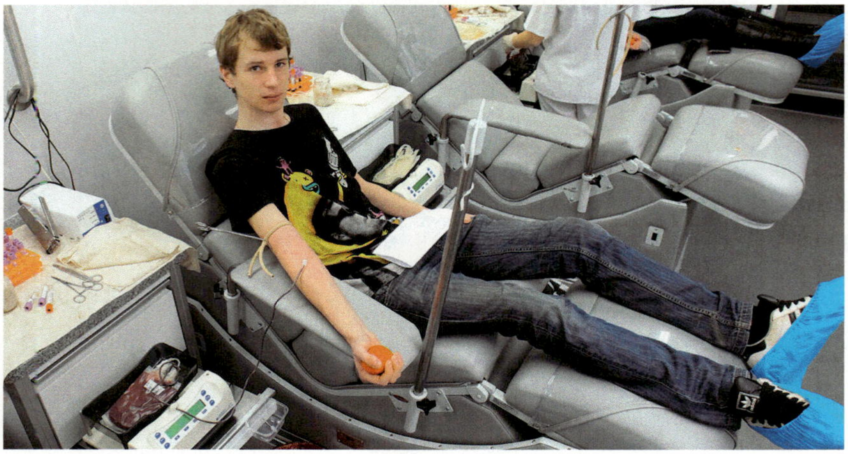

Bei einer Blutspende wird etwa ein halber Liter Blut entnommen.

A1 Begründe, weshalb zwei Blutspenden nicht zu dicht aufeinanderfolgen dürfen!

A2 Stelle Vermutungen an, weshalb nicht jeder Mensch Blut spenden kann!

A3 Begründe, weshalb die körperliche Leistungsfähigkeit kurz nach einer Blutspende herabgesetzt ist!

Material B ▸ Blutbestandteile

	Anzahl der festen Bestandteile des Blutes in Millionen pro Milliliter		
	weiße Blutzellen	**rote Blutzellen**	**Blutplättchen**
normale Werte	5,0 bis 8,0	4 000 bis 6000	200 bis 300
Person A	6,0	5200	240
Person B	2,6	4900	290
Person C	5,2	3200	225
Person D	7,8	5800	91

Die Tabelle zeigt die Anzahl von Blutzellen und Blutplättchen von vier Personen. Außerdem sind die Werte angegeben, die für gesunde Menschen normal sind.

B1 Nenne für jede Person den Bestandteil des Blutes, dessen Wert vom normalen Zustand abweicht!

B2 Beschreibe die Schwierigkeiten, mit denen die Personen B, C und D zu kämpfen haben! Begründe jeweils mithilfe der Tabelle!

Material C ▸ Bluterkrankheit

Das Blut von Menschen, die an der Bluterkrankheit leiden, kann nicht gerinnen. Oft müssen sie Schutzvorrichtungen gegen Stöße tragen, um innere Blutungen zu verhindern.

C1 Nenne Bestandteile des Blutes, die an der Blutgerinnung beteiligt sind!

C2 Begründe, weshalb diese Krankheit so gefährlich ist!

C3 Begründe, weshalb Bluterkranke schon nach kleinen Stößen große, blutunterlaufene blaue Flecke unter der Haut haben!

Material D ▸ Lebenswichtiges Blut

„Blut ist ein ganz besonderer Saft." Dieser Satz wird häufig zitiert, und das nicht ohne Grund.

D1 Erläutere, was das Besondere Blut ist und warum eine Blutspende Leben retten kann!

D2 Begründe, dass vor einer Blutübertragung die Blutgruppe des Empfängers bestimmt werden muss!

Material E ▸ Wärmeregulation

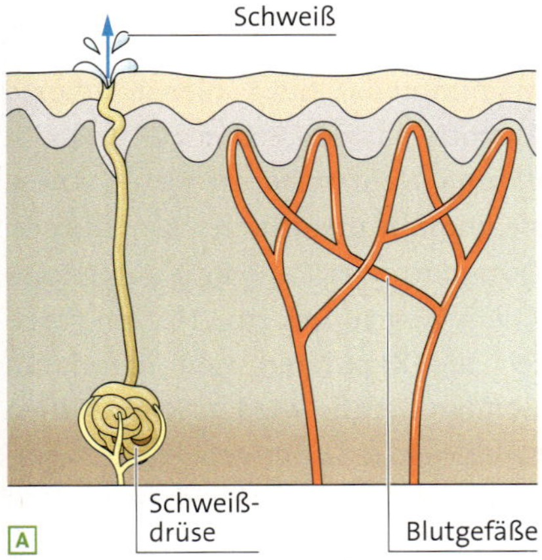

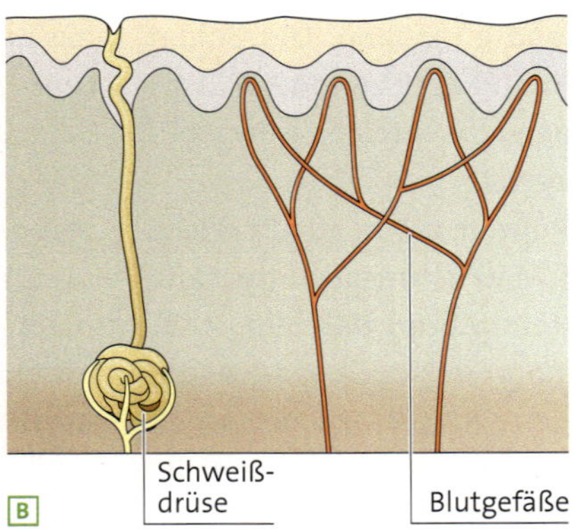

Blut ist an der Wärmeregulation unseres Körpers beteiligt, denn dabei spielt nicht nur die Schweißproduktion eine Rolle.

E1 Vergleiche die beiden Abbildungen! Ziehe eine Schlussfolgerung bezüglich der herrschenden Außentemperatur! Stelle eine Vermutung auf, welche Funktion Blut bei der Wärmeregulation erfüllt!

01 Bewusstloser Wachsoldat

Blutkreislauf

Nachdem ein Wachsoldat lange Zeit still stehen musste, wurde er bewusstlos und fiel um. Wie kam es zu dieser Bewusstlosigkeit?

DURCHBLUTUNG · Kurz bevor der Soldat zu Boden fiel, wurde sein Gesicht blass. Das lag daran, dass sein Kopf nicht ausreichend mit Blut versorgt wurde. Gefährlich war der Blutmangel, weil auch das Gehirn nicht mehr genügend Blut erhielt. Daher konnte das Gehirn seine Aufgabe, den Körper zu steuern, nicht mehr vollständig erfüllen. Der Soldat wurde bewusstlos und fiel zu Boden. Wie schafft es der Körper, alle Bereiche mit genügend Blut zu versorgen?

Das Blut fließt in Röhren, die in alle Bereiche des Körpers ziehen. Man nennt sie **Blutgefäße** oder Adern. Das Herz pumpt das Blut stoßweise in die große *Körperschlagader*, die *Aorta*. Von dort abzweigende Blutgefäße versorgen den Kopf, die Arme, die inneren Organe und die Beine mit sauerstoffreichem Blut. Solche Blutgefäße, die Blut vom Herzen wegführen, nennt man **Arterien.** Die Blutgefäße verzweigen sich im weiteren Verlauf zu immer kleiner werdenden Ästen. Durch die Verästelung entsteht schließlich eine sehr große Anzahl kleinster Blutgefäße, die einen Durchmesser von nur etwa einem Zehntel eines Haares haben. Sie heißen daher Haargefäße oder **Kapillaren.** Alle Organe des Körpers werden durch dichte Geflechte aus Haargefäßen, den *Kapillarnetzen,* mit Blut versorgt. In den Kapillarnetzen des Körpers nimmt das Blut Kohlenstoffdioxid und Abfallstoffe aus den Zellen auf und gibt Sauerstoff und Nährstoffe an sie ab. Diese Nährstoffe wurden zuvor in den Kapillarnetzen der Dünndarmwand ins Blut aufgenommen. Auf dem Weg zurück zum Herzen vereinigen sich die Kapillaren und die daran anschließenden Gefäße wieder. So entstehen immer größer werdende Blutgefäße, die sauerstoffarmes und kohlenstoffdioxidreiches Blut transportieren. Solche Gefäße, in denen das

lateinisch capillus = Haar

Blut zum Herzen hin fließt, nennt man **Venen.** Die Vene, die in der Nähe des Herzens das vom Kopf und Oberkörper kommende Blut sammelt, ist die *obere Hohlvene.* Das von den inneren Organen, dem Rumpf und den Beinen kommende Blut gelangt über die *untere Hohlvene* ins Herz zurück.

Weil das Blut immer wieder zum Herzen zurückkehrt, spricht man von einem **Blutkreislauf.** Da es die Blutgefäße dabei nie verlässt, von einem **geschlossenen Blutkreislauf.** Das Blut, das im Körper seinen Sauerstoff abgegeben und Kohlenstoffdioxid aufgenommen hat, kehrt über die Hohlvenen ins Herz zurück. Das Herz pumpt dieses Blut dann nicht wieder in den Körper, sondern zunächst in einen zweiten Kreislauf. In diesem Kreislauf führt eine große Arterie vom Herzen weg zur Lunge, die *Lungenarterie.* Sie verzweigt sich sehr stark, bis in feine Kapillarnetze. In diesen Lungenkapillaren gibt das Blut Kohlenstoffdioxid an die Luft ab und nimmt Sauerstoff aus der Luft auf. Das nun kohlenstoffdioxidarm und sauerstoffreich gewordene Blut fließt in sich wieder vereinigenden Gefäßen und dann durch die *Lungenvenen* ins Herz zurück. Von dort aus wird es schließlich wieder in die Aorta gepumpt.
Bei einem Herzschlag wird also gleichzeitig Blut in zwei Kreisläufe gepumpt: in einen größeren *Körperkreislauf* und einen deutlich kleineren *Lungenkreislauf.* Man spricht daher von einem **doppelten Blutkreislauf.** Die Trennung in zwei gesonderte Kreisläufe sorgt dafür, dass das Herz nicht nur den Körper, sondern auch die Lunge mit voller Kraft durchblutet.

1 Nenne die zwei Blutgefäße, die an das Herz anschließen und sauerstoffreiches Blut transportieren!

2 Beschreibe den Vorteil eines doppelten Blutkreislaufs!

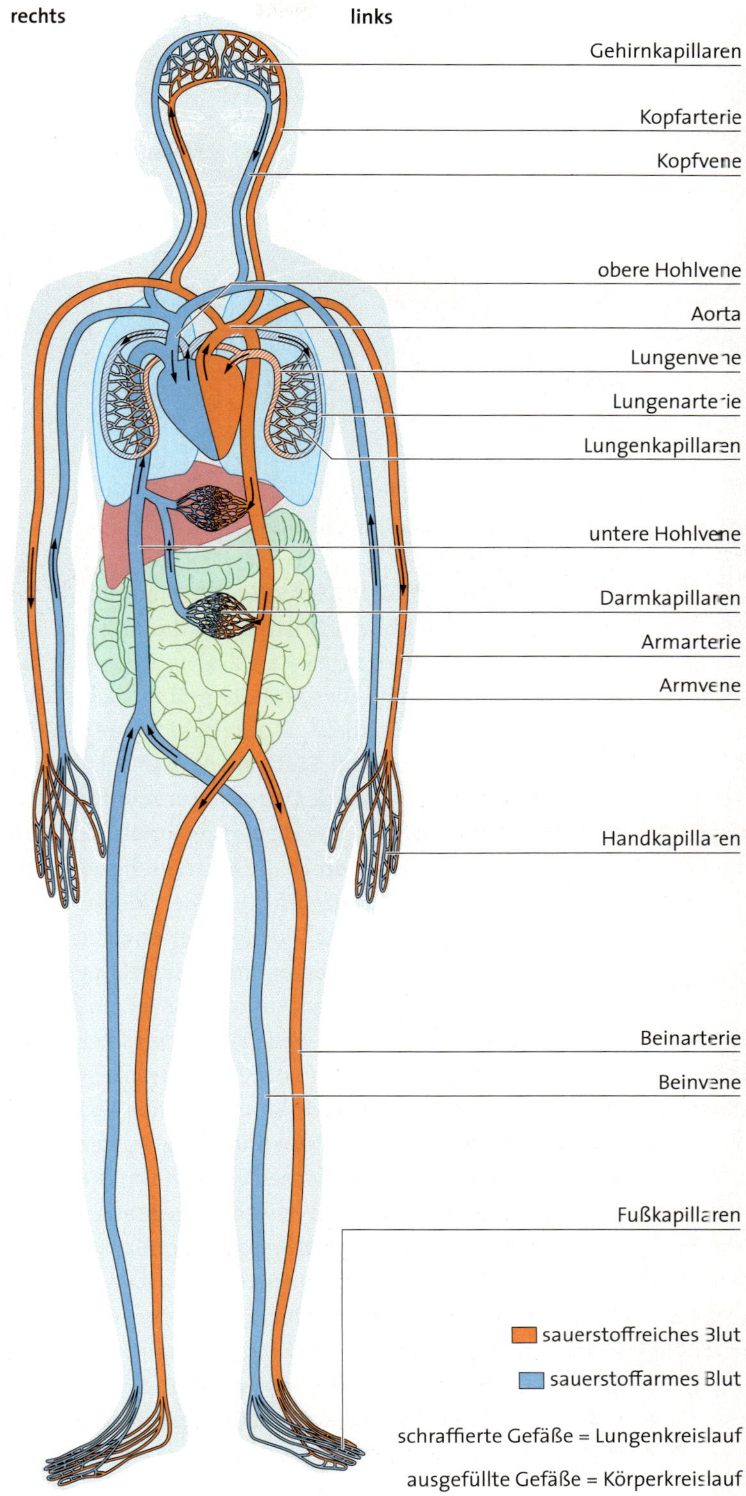

02 Schema des Blutkreislaufs von vorne gesehen

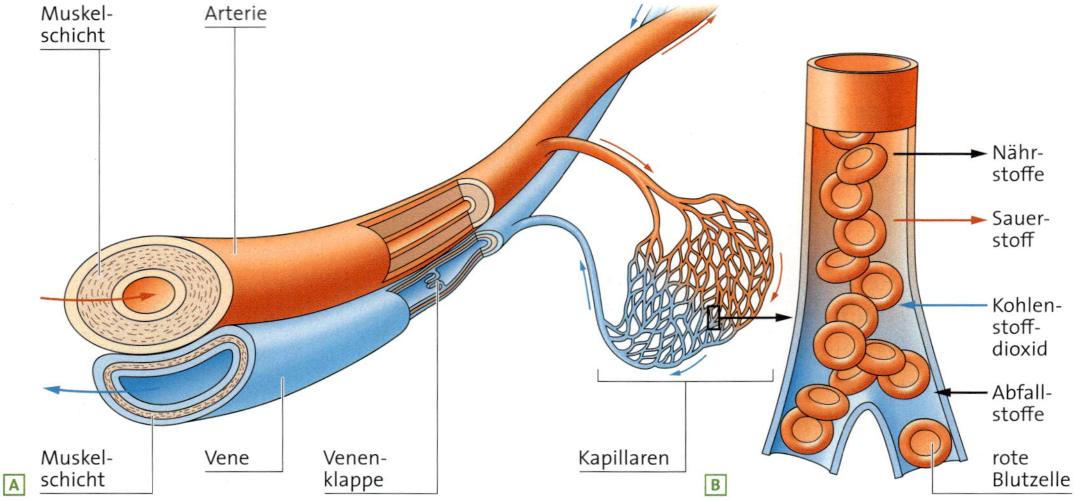

03 Blutgefäße: A Bau, B Stoffaustausch an den Kapillaren

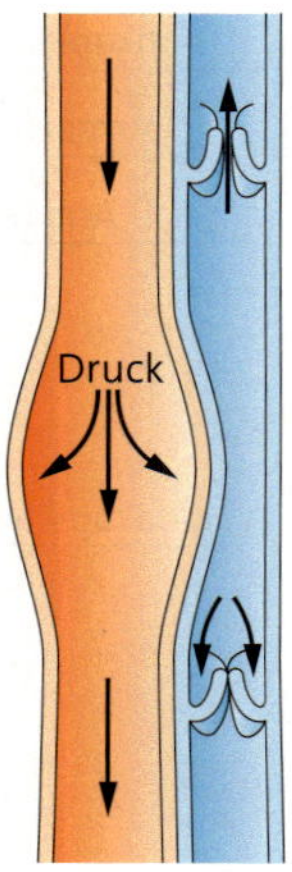

04 Arterienpumpe

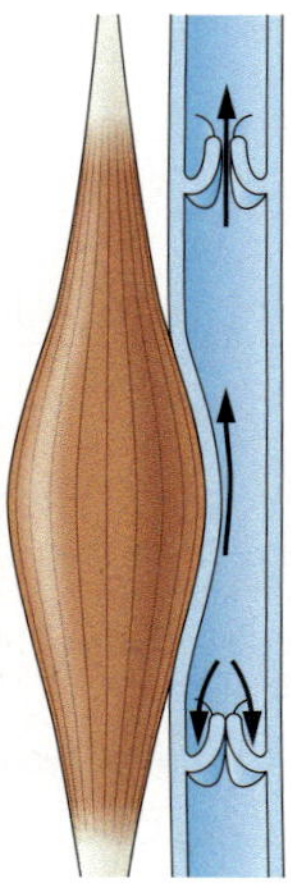

05 Muskelpumpe

BAU DER BLUTGEFÄSSE · Das Herz pumpt das Blut mit hohem Druck durch die Arterien. Die Wand einer Arterie ist kräftig und elastisch und kann so diesem hohen *Blutdruck* standhalten. Die dicke Muskelschicht der Wand unterstützt den Bluttransport und kann die Öffnungsweite der Arterien verändern. Das stoßweise aus dem Herzen gepumpte Blut läuft als Druckwelle durch die Arterien. Sie dehnt die Wände der Arterien zu einer kleinen Verdickung aus. Dort, wo die Arterien dicht unter der Oberfläche liegen, zum Beispiel am Handgelenk und am Hals, kann man die vom Herzen kommende Druckwelle als *Puls* ertasten.

In den Kapillaren ist der Blutdruck nur sehr gering. Ihre Wände können daher sehr dünn sein. Dünne Gefäßwände sind erforderlich, weil in den Kapillarnetzen Stoffe aus dem Blut in das umliegende Gewebe abgegeben und aus ihm aufgenommen werden. Kapillaren sind in so großer Anzahl vorhanden, dass sie insgesamt eine Oberfläche von etwa der Größe eines Fußballfeldes bilden. So kann das Blut in kurzer Zeit viel Sauerstoff und Nährstoffe abgeben sowie Kohlenstoffdioxid und Abfallstoffe aufnehmen.

In den Venen bleibt der Blutdruck sehr gering. Das erklärt, weshalb die Wand einer Vene viel dünner ist als die einer Arterie. Die Muskulatur der Wand ist ebenfalls sehr dünn, sodass sie den Rücktransport des Blutes zum Herzen kaum unterstützen kann. Daher liegen Venen oft eng neben Arterien oder Skelettmuskeln. Wenn sich die Arterie durch die Druckwelle des Pulses ausdehnt oder der Skelettmuskel durch die Kontraktion dicker wird, drückt er auf die Venen und presst das Blut darin weiter. Damit das Blut dabei in die richtige Richtung fließt, liegen in Abständen von wenigen Zentimetern Klappen in den Venen, die *Venenklappen*. Sie wirken wie Ventile und verhindern so den Rückstrom des Blutes in Richtung der Kapillarnetze. Man bezeichnet diesen Mechanismus des Bluttransports in den Venen als *Arterienpumpe* beziehungsweise *Muskelpumpe*. Bewegung, zum Beispiel beim Sport, unterstützt daher den Bluttransport in den Venen und damit den gesamten Blutkreislauf. Bei langem unbeweglichem Stehen kann soviel Blut in den Beinen bleiben, dass das Herz zu wenig für die Versorgung des Gehirns zur Verfügung hat. Bewusstlosigkeit kann dann die Folge sein.

3 Erläutere den Zusammenhang von Struktur und Funktion am Beispiel der Kapillarwände!

Material A ▸ Blutkreislauf

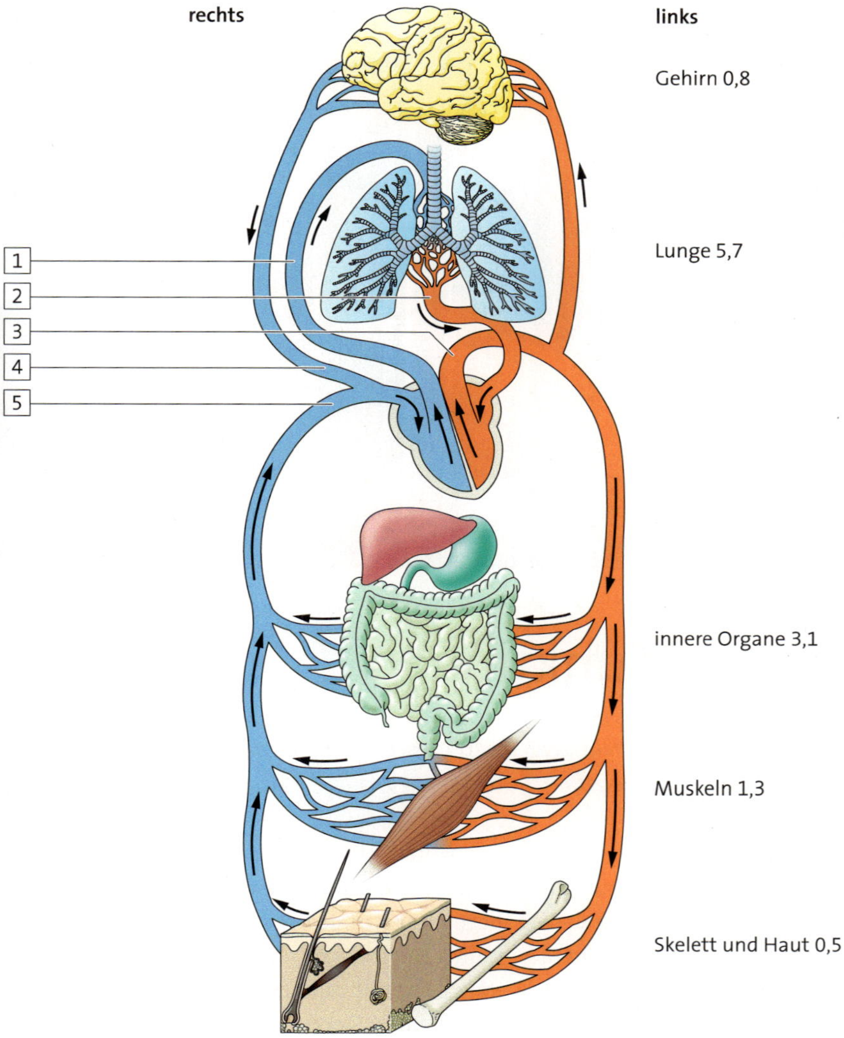

Im Schema ist die durchschnittliche Durchblutung einiger Organe in Litern pro Minute bei ruhendem Körper dargestellt.

A1 Nenne die Fachbegriffe für die mit Zahlen gekennzeichneten Blutgefäße!

A2 Beschreibe zwei Wege, die eine Blutzelle nehmen kann, wenn sie von der Aorta aus durch den Kreislauf transportiert wird, bis sie die Aorta wieder erreicht hat! Fertige dazu jeweils ein Pfeildiagramm an!

A3 Stelle die Durchblutungsmenge der im Schema angegebenen Organe als Säulendiagramm dar!

A4 Während eines Marathonlaufs, einer Klassenarbeit oder der Zeit nach einem reichhaltigen Mittagessen ändert sich die Durchblutung der Organe gegenüber dem Ruhezustand. Stelle Vermutungen an, in welchen Organen die Durchblutung während der oben genannten Tätigkeiten jeweils besonders stark ansteigt!

Material B ▸ Durchblutung der Haut

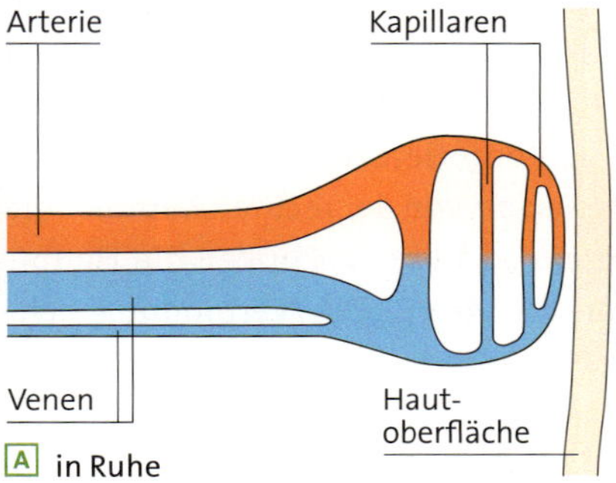

A in Ruhe

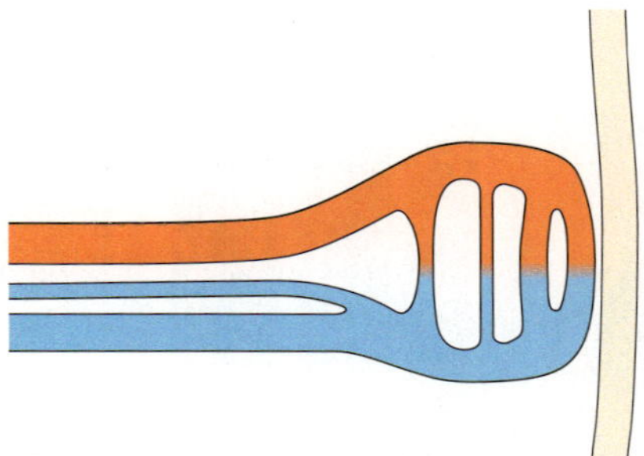

B Bei starker körperlicher Anstrengung

Das Schema zeigt Blutgefäße der Haut.

B1 Vergleiche den Durchmesser der Blutgefäße in Schema A und B!

B2 Erläutere den Vorteil, den die Veränderungen der Durchmesser im Schema B mit sich bringen!

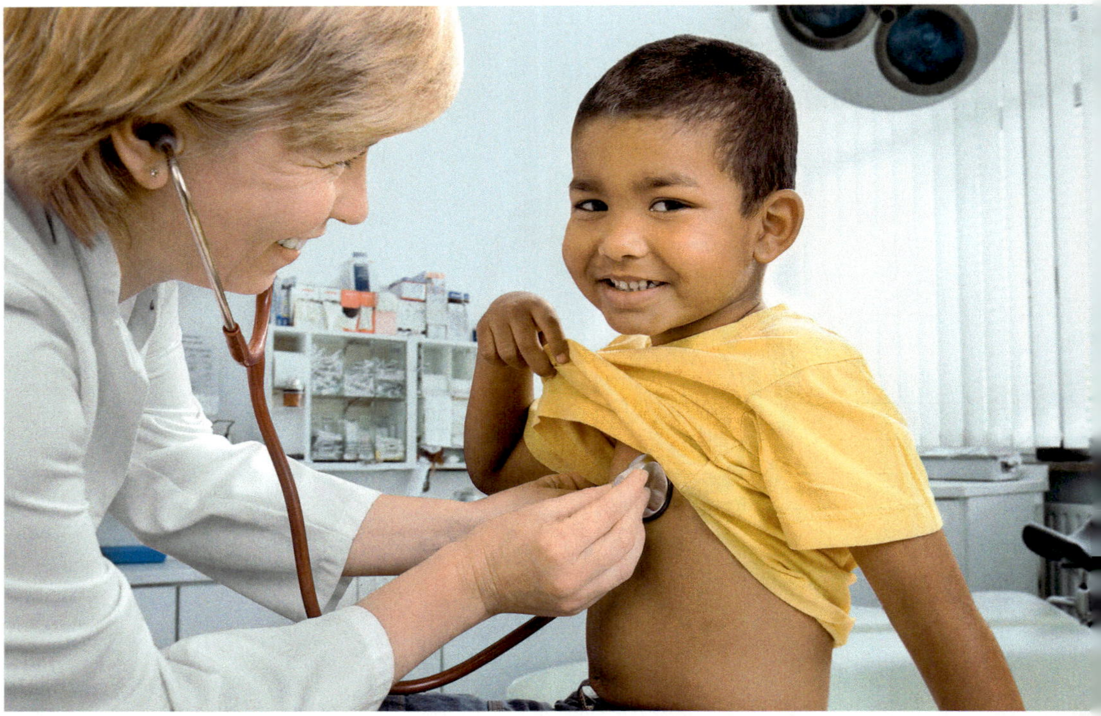

01 Abhören der Herztöne

Herz – Bau und Funktion

Bei der körperlichen Untersuchung horcht der Arzt auch das Herz ab. Dabei hört er Herztöne. Wie arbeitet das Herz?

BAU DES HERZENS · Das Herz liegt gut geschützt in der Mitte des Brustkorbs unter dem Brustbein. Es ist eingebettet in den *Herzbeutel.* Die Innenwand des Herzbeutels ist mit einer Schleimschicht ausgekleidet. Dadurch erfolgen die Pumpbewegungen des Herzmuskels fast reibungsfrei. Die Herzspitze zeigt leicht nach links.

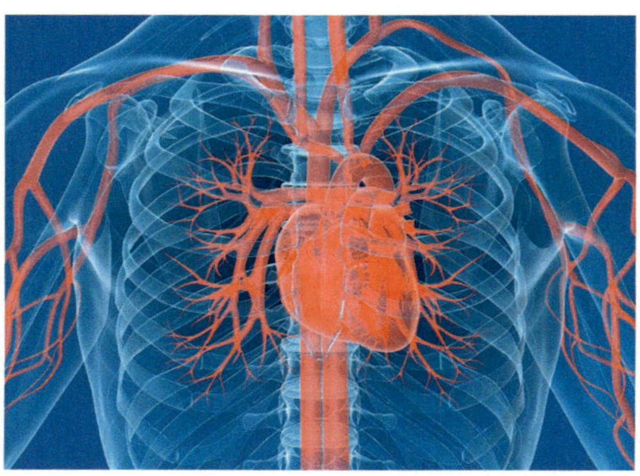

02 Lage des Herzens im Brustkorb

Das Herz ist ein etwa faustgroßer Muskel, der Hohlräume umschließt. Einen solchen Muskel bezeichnet man als *Hohlmuskel.* Die beiden vom Herzmuskel umschlossenen großen Räume nennt man **Herzkammern.** Diese sind durch die **Herzscheidewand** voneinander getrennt. Über der linken und rechten Herzkammer liegt jeweils ein deutlich kleinerer **Vorhof.** Auf jeder Seite besteht zwischen dem Vorhof und der Herzkammer eine Verbindung, die durch Klappen geöffnet und geschlossen werden kann. Diese Klappen nennt man **Segelklappen.** Von den Herzkammern gehen zwei große Arterien ab, von der rechten Kammer die *Lungenarterie* und von der linken die Hauptschlagader, die *Aorta.* Die Verbindung zwischen den Herzkammern und den abgehenden Arterien lässt sich durch die **Taschenklappen** öffnen und schließen.

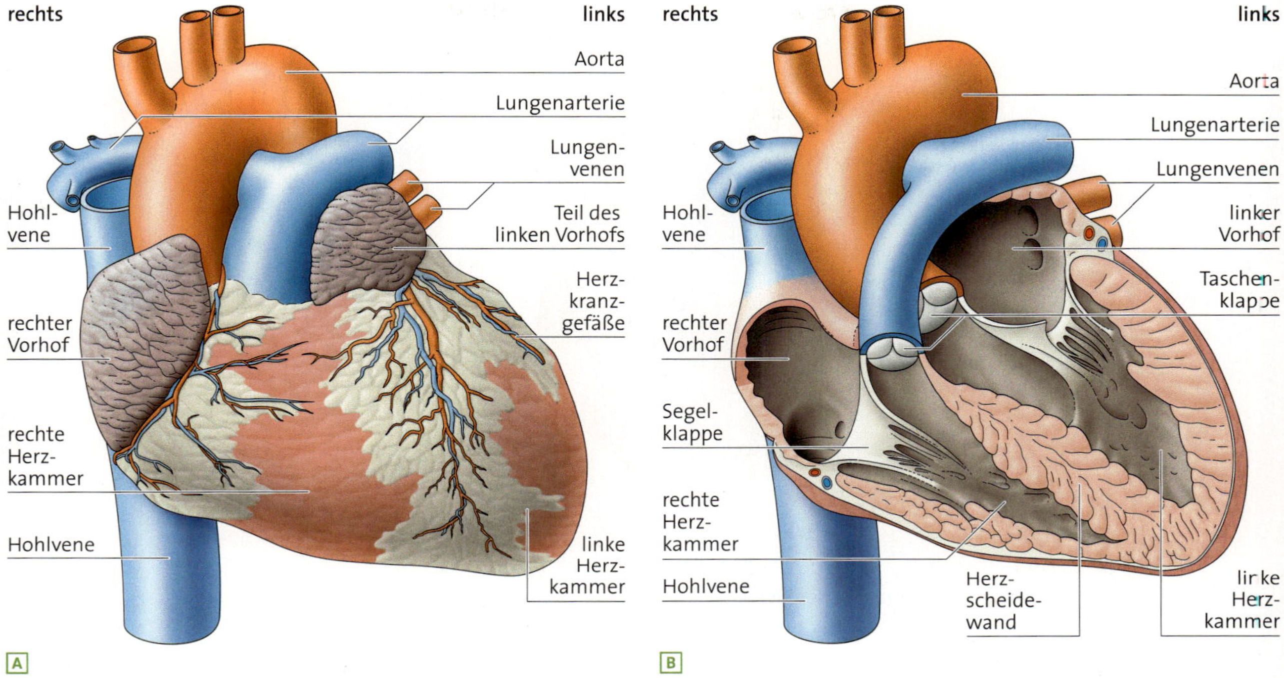

03 Bau des Herzens: **A** Aufsicht, **B** Längsschnitt
■ Gefäße, die sauerstoffreiches Blut transportieren ■ Gefäße, die sauerstoffarmes Blut transportieren

AUFGABEN DES HERZENS · Das Herz ist der Motor des Blutkreislaufs. Ein Herzstillstand hat immer auch einen Kreislaufstillstand zur Folge. Das ist lebensgefährlich. Ein Mensch, dessen Gehirn nur sechs bis zehn Sekunden keinen Sauerstoff erhält, wird bewusstlos. Nach einigen Minuten ohne Sauerstoff erleidet das Gehirn nicht behebbare Schäden. Fällt die Sauerstoffversorgung des Körpers noch länger aus, stirbt der Mensch. Deshalb muss das Herz das ganze Leben lang ununterbrochen arbeiten und darf nicht ausfallen. Auch bei Bewusstlosigkeit schlägt das Herz weiter. Die Steuerung des Herzschlags geschieht nämlich unabhängig vom Gehirn und vom übrigen Nervensystem durch ein Zentrum im Herzen selbst.

Das Herz schlägt bei einem Erwachsenen in Ruhe etwa siebzig Mal pro Minute. Damit werden jeden Tag etwa 14 000 Liter Blut durch die beiden Herzkammern bewegt.
Für den Körperkreislauf ist ein höherer Druck erforderlich als für den Lungenkreislauf. Daher ist der Herzmuskel auf der linken Seite, von der aus das Blut über die Aorta in den Körper gepumpt wird, wesentlich kräftiger als auf der rechten Seite.
Jeder Muskel benötigt Energie, um seine Arbeit zu verrichten. Dies gilt auch für den Herzmuskel. Deshalb wird er von Blutgefäßen versorgt. Die Durchblutung des Herzens erfolgt nicht von innen her, sondern dafür sorgt ein Geflecht aus Blutgefäßen, das an der Herzoberfläche zu sehen ist. Diese Gefäße heißen *Herzkranzgefäße*. Sie transportieren Sauerstoff und Nährstoffe, vor allem Glukose, an das Herz heran und führen Kohlenstoffdioxid und Abfallstoffe ab.

1 Beschreibe die Lage der Segelklappen und der Taschenklappen!

2 Begründe, weshalb die Herzkranzgefäße so wichtig für das Herz sind!

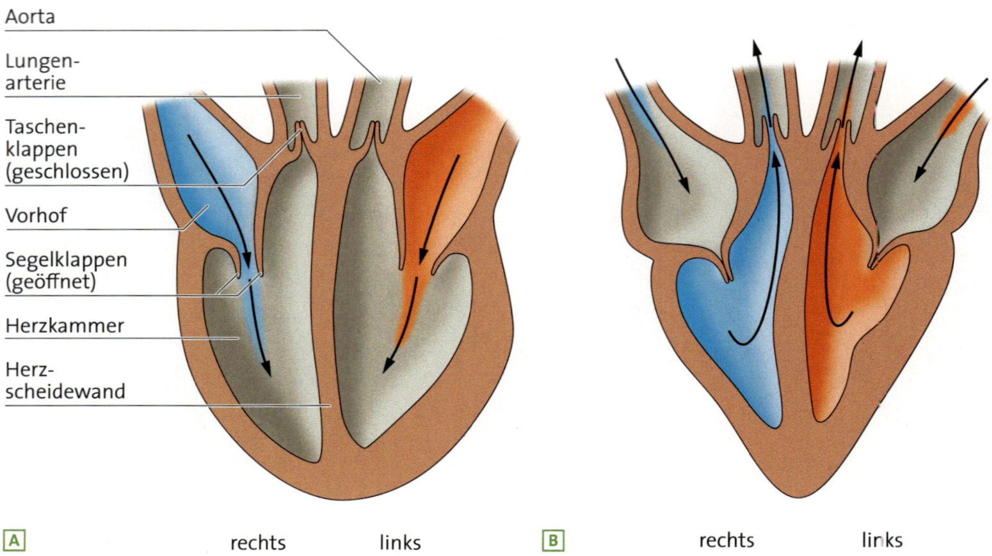

04 Pumpbewegungen des Herzens: **A** Diastole, **B** Systole

FUNKTION DES HERZENS · Das Herz arbeitet wie eine Pumpe. In ständigem Wechsel saugt es Blut aus den Venen an und drückt es danach in die Arterien. Die rhythmische Tätigkeit lässt sich in zwei Abschnitte unterteilen.

Zu Beginn der Herztätigkeit strömt Blut aus den Vorhöfen in die Herzkammern. Diesen Zeitabschnitt, in dem der Herzmuskel entspannt ist und die Herzkammern sich mit Blut füllen, nennt man **Diastole.**

Im Anschluss an die Diastole zieht sich die Muskulatur der Herzkammern zusammen. Dadurch verringert sich der Raum in den Kammern, sodass das darin enthaltene Blut unter Druck gerät. Infolgedessen wird Blut aus der rechten Herzkammer in die Lungenarterie und aus der linken Herzkammer in die große Körperarterie, die Aorta, gepumpt. Diesen Abschnitt der Herztätigkeit, bei dem der Herzmuskel sich zusammenzieht und Blut in die Arterien drückt, nennt man **Systole.** Inzwischen ist Blut aus den Hohlvenen in den rechten und aus den Lungenvenen in den linken Vorhof geströmt. Nur während der Systole zieht sich also der Herzmuskel zusammen. In der übrigen Zeit erschlafft der Herzmuskel.

Beim Abhören des Herzens kann man zwei rhythmisch aufeinanderfolgende Herztöne wahrnehmen. Den ersten Ton hört man, wenn sich die Muskulatur der Herzkammern zusammenzieht und die Segelklappen sich schließen. Der zweite Ton tritt am Ende der Systole auf, wenn sich die Taschenklappen schließen.

Durch Bewegungen der beiden Vorhöfe öffnen sich die Segelklappen, sodass das Blut in die Herzkammern strömen kann. Zu Beginn der Systole sorgt der steigende Druck in den Herzkammern dafür, dass sich die Segelklappen schließen. Dies verhindert, dass das Blut in die Vorhöfe zurückfließt. Bei weiter steigendem Druck gegen Ende der Systole öffnen sich die Taschenklappen und lassen das Blut in die Arterien fließen, schließen sich aber sofort wieder, damit das Blut nicht in die Herzkammern zurückließt.

3 Beschreibe die Vorgänge während der Diastole und während der Systole!

4 Erkläre, wodurch die Segelklappen geschlossen und die Taschenklappen geöffnet werden!

Material A ▸ Bau des Herzens

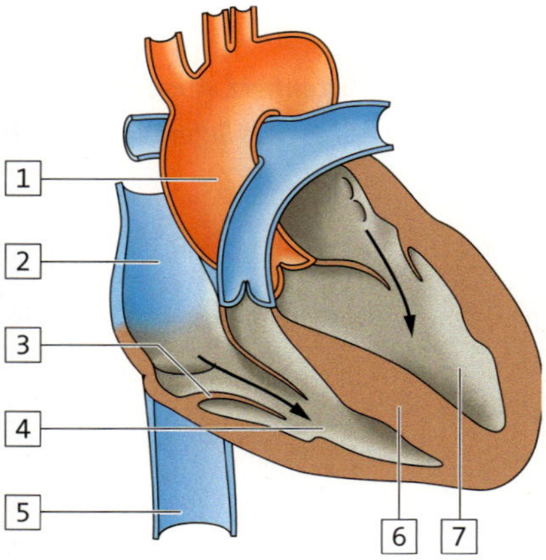

A1 Benenne die mit Zahlen gekennzeichneten Teile des Herzens mit Fachbegriffen!

A2 Begründe, ob sich das Herz in der Diastole oder der Systole befindet!

A3 Beschreibe die Fließrichtung des Blutes in den Gefäßen 1 und 5!

A4 Stelle Vermutungen an, welche Folgen es hätte, wenn die beiden Bereiche 4 und 7 durch ein Loch im Bereich 6 nicht vollständig voneinander getrennt wären!

Material B ▸ Sportlerherz

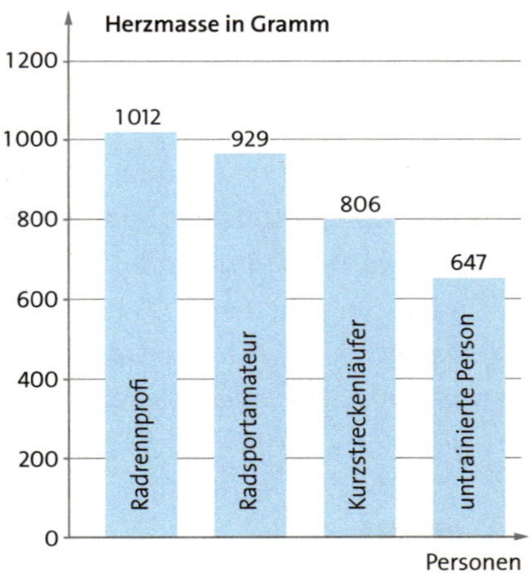

Aus dem Säulendiagramm kann die Größe des Herzens bei verschiedenen Personen abgeleitet werden. Je größer die Masse des Herzens ist, desto größer ist auch der Raum der Herzkammer.

B1 Berechne die Unterschiede der Herzmassen in Prozent zwischen der untrainierten Person und den Sportlern!

B2 Stelle Vermutungen an, wie es zu den dargestellten Unterschieden gekommen sein könnte!

B3 Erkläre, weshalb das Herz eines trainierten Sportlers unter anderem dafür verantwortlich ist, dass seine Körperleistung höher ist als die einer untrainierten Person!

B4 Erkläre, weshalb das Herz von Radrennprofis bei ruhendem Körper weniger häufig pro Minute schlägt als das Herz einer untrainierten Person!

Material C ▸ Leistungen des Herzens

	ruhend	belastet
Von einer Herzkammer bei einem Schlag gepumptes Blut	70 ml	70 ml
Herzschläge pro Minute	70	130
Gesamte Blutmenge im Körper	6 l	6 l

In der Tabelle sind Daten zu Tätigkeit und Leistung des Herzens bei ruhendem Körper und bei einer bestimmten körperlichen Anstrengung angegeben. Sie gelten für ein und dieselbe Person.

C1 Berechne jeweils für den ruhenden und den belasteten Körper, wie viel Liter Blut in einer halben Stunde in die Aorta gepumpt wird!

C2 Erkläre die Unterschiede, die sich für den ruhenden und den belasteten Körper ergeben!

C3 Berechne, wie oft pro Tag bei ruhendem Körper das gesamte Blut durch das Herz fließt!

C4 Begründe, weshalb die aus beiden Herzkammern in die Blutgefäße ausströmenden Blutmengen gleich groß sein müssen!

METHODE

Präparation eines Schweine- oder Putenherzens

Das menschliche Herz hat die gleichen Bestandteile wie ein Schweineherz oder ein Putenherz. Auch die Funktionen der Bestandteile sind vergleichbar. Die Präparation eines Schweine- oder Putenherzens liefert somit auch Erkenntnisse über das menschliche Herz.

Material:

Einmalhandschuhe, frisches Schweine- oder Putenherz, Präparierschale, Präparierbesteck, Papiertücher, Plastiktüte

Durchführung:

Beim Präparieren wird das Herz zunächst äußerlich untersucht und anschließend geöffnet. Um Verletzungen zu vermeiden, muss man mit scharfen und spitzen Arbeitsmaterialien besonders vorsichtig umgehen. Das Tragen von Einmalhandschuhen ist aus hygienischen Gründen wichtig.

Lies dir zunächst jeden Arbeitsschritt genau durch und beginne erst dann mit der Präparation. Dokumentiere deine Ergebnisse der einzelnen Arbeitsschritte.

Gib am Ende der Präparation alle Herzteile und die Einmalhandschuhe in einer verschlossenen Plastiktüte in den Restmüll. Reinige alle Materialien, deinen Arbeitsplatz sowie anschließend deine Hände gründlich.

Äußere Untersuchung:

1) *Lege das Herz in die Präparierschale und identifiziere die Brustansicht sowie die Rückenansicht.*

2) *Lege das Herz so in die Präparierschale, dass die Herzspitze zu dir und nach rechts zeigt.*

3) *Identifiziere folgende äußerlich sichtbaren Teile des Herzens: Aorta, linker und rechter Vorhof, Herzspitze, Lungenvenen, Lungenarterie, obere und untere Hohlvene, Herzkranzgefäße.*

4) *Untersuche von außen die Taschenklappen am Anfang der Aorta und der Lungenarterie.*

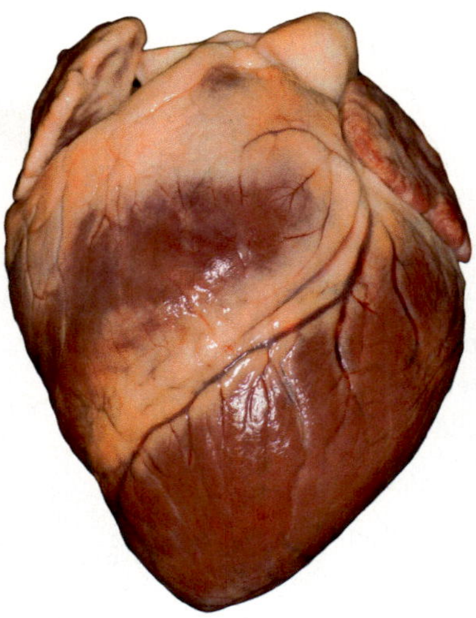

A

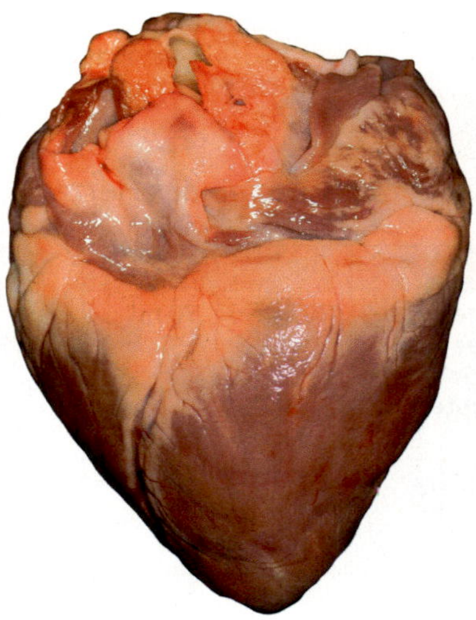

B

01 Lage des Herzens im Körper:
A Brustansicht,
B Rückenansicht

Innere Untersuchung:

1) *Trenne die Aorta und die Lungenarterie ab, sodass die Taschenklappen freigelegt sind.*

2) *Führe nun einen Schnitt durch den Muskel des rechten Vorhofs (Schnitt 1) und lege so die Segelklappen frei.*

3) *Schneide durch die rechte Segelklappe nach vorn links unten die rechte Herzkammer auf (Schnitt 2). Ziehe die Herzkammerwände auseinander und betrachte das Innere.*

4) *Suche die Lungenarterie und schneide sie von der rechten Herzkammer nach oben hin auf (Schnitt 3). Jetzt siehst du die Taschenklappe der Lungenarterie.*

5) *Schneide die komplette linke Herzhälfte seitlich auf. Vergleiche Vorhof und Herzkammer mit der rechten Seite.*

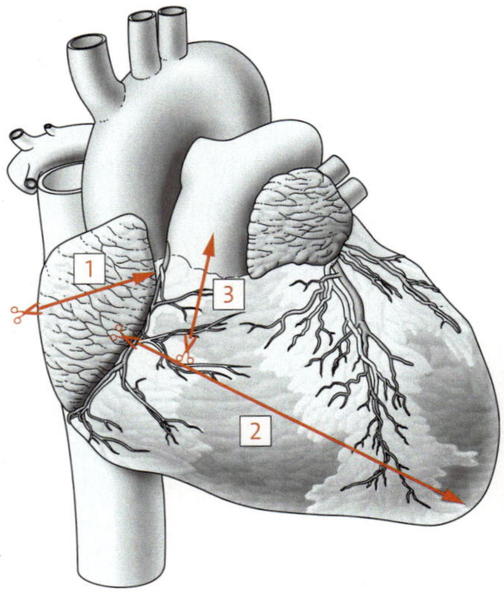

02 Schnittführung bei der inneren Untersuchung

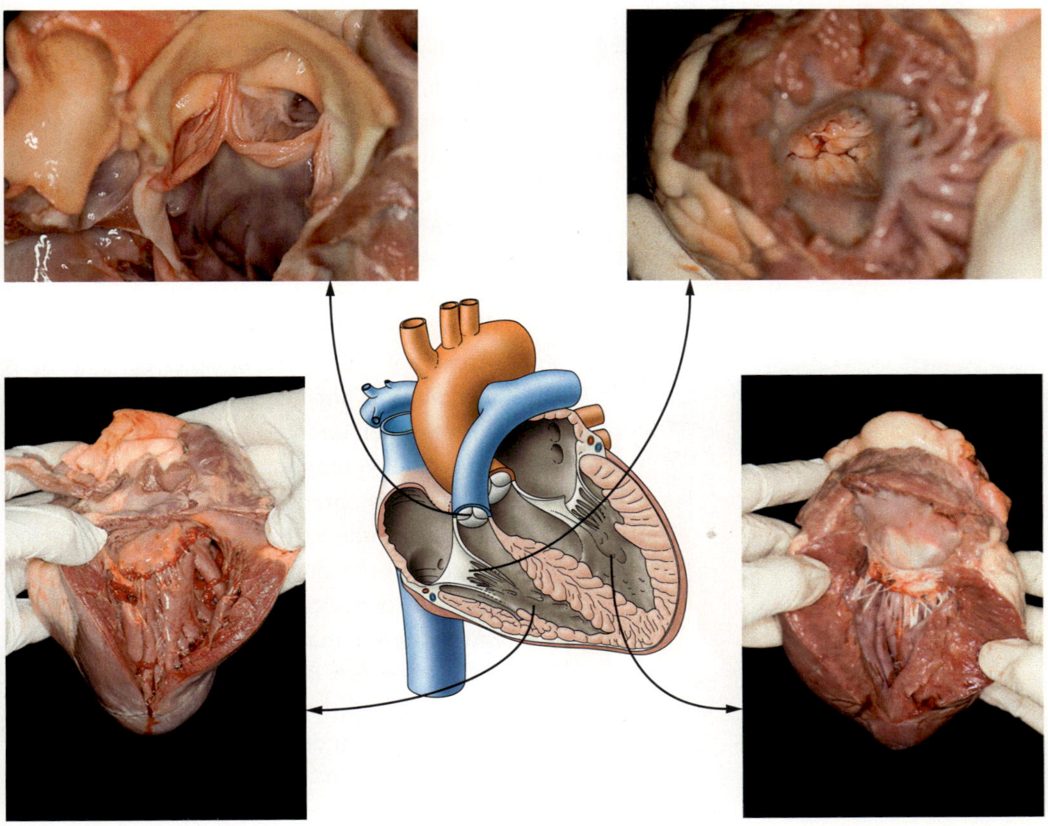

03 Strukturen im Inneren eines Schweineherzens

IM BLICKPUNKT MEDIZIN

Herz-Kreislauf-Erkrankungen

Fast die Hälfte aller Menschen in Deutschland stirbt infolge von Krankheiten des Herz-Kreislauf-Systems. Häufig sind die Ursachen mangelnde Bewegung, falsche Ernährung, hoher Blutdruck oder Rauchen. Solche Bedingungen, die Krankheiten begünstigen, heißen *Risikofaktoren.*

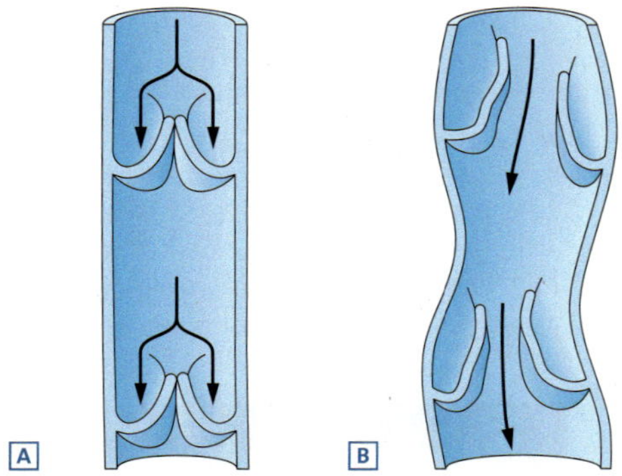

01 Krampfader:
A gesunde Vene,
B Krampfader mit nicht mehr schließenden Venenklappen

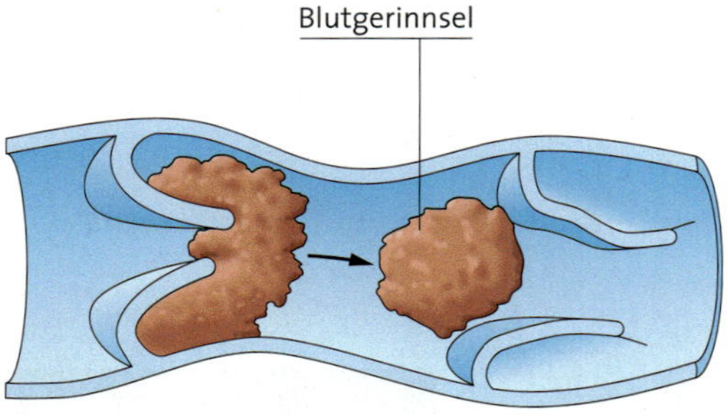

02 Thrombose mit sich lösendem Teil des Blutgerinnsels

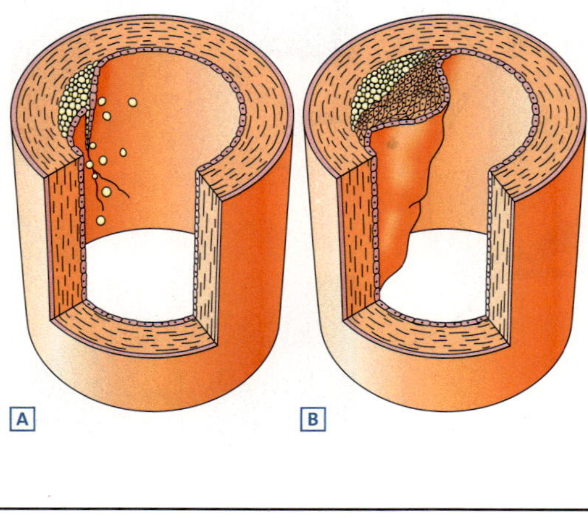

03 Arteriosklerose:
A Ablagerung von Fetten und Kalk,
B Wucherung der Arterienwand

ERKRANKUNGEN DER VENEN · Bei Bewegungsmangel kann der Bluttransport in den Venen so gering sein, dass vor allem im Unterschenkel viel Blut unbewegt in den Venen bleibt. Häufig können die dünnen Wände der Venen der ständigen Belastung durch den Blutstau nicht standhalten. Die Venen erweitern sich dann so stark, dass die Venenklappen nicht mehr dicht schließen. Dadurch staut sich immer mehr Blut in den Venen. Wenn die geschädigten Venen als dicke, bläuliche, geschlängelte Adern durch die Haut schimmern, spricht man von **Krampfadern.** Das gestaute Blut bildet in den Krampfadern leicht feste Blutgerinnsel, die zur Verstopfung der Vene, zu einer *Thrombose,* führen können. Wenn sich Teile eines solchen Blutgerinnsels ablösen und mit dem Blutstrom in ein Kapillarnetz gelangen, kann es zu lebensgefährlichen Durchblutungsstörungen kommen, zum Beispiel in der Lunge.

ERKRANKUNGEN DER ARTERIEN · An den Wänden der Arterien kann es zu Fett- und Kalkablagerungen kommen. Das geschieht vor allem dann, wenn die Gefäßwände schon vorgeschädigt sind, zum Beispiel bei Rauchern oder durch zu hohen Blutdruck. Die Ablagerungen verengen und verhärten die Arterien. Der durch die Verengung gestiegene Blutdruck schädigt die spröden und wenig elastischen Arterienwände weiter. Das kann zu Wucherungen führen, die die Arterien immer enger machen. Eine solche Erkrankung der Arterienwände nennt man Arterienverkalkung oder **Arteriosklerose.** Bei Arteriosklerose steigt die Gefahr, dass die Arterien platzen oder dass sich Blutgerinnsel bilden, die die Arterien vollständig verschließen.

HERZINFARKT UND SCHLAGANFALL · Besonders gefährlich sind Arteriosklerosen in Gefäßen, die das Herz und das Gehirn mit Blut versorgen. Wenn ein Herzkranzgefäß verstopft wird, erhält der von ihm versorgte Teil des Herzmuskels kein Blut und damit auch keinen Sauerstoff mehr. Nach kurzer Zeit sterben die betroffenen Muskelzellen. Man spricht dann von einem **Herzinfarkt.** Wenn zu große Bereiche des Herzens betroffen sind, ist das lebensgefährlich, weil das Herz aufhört zu schlagen. Eine Verengung oder Verstopfung von Blutgefäßen im Gehirn führt dazu, dass Nervenzellen nicht mehr ausreichend mit Sauerstoff versorgt werden. Sie können dann ihre Aufgaben nicht mehr erfüllen. Es kommt zu einem lebensbedrohenden **Schlaganfall.** Welche Folgen ein Schlaganfall hat, hängt davon ab, welche Bereiche des Gehirns betroffen sind, wie groß der nicht mehr durchblutete Teil des Gehirns ist und wie lange der Hirnbereich von der Blutzufuhr abgeschnitten wurde. Häufig führt ein Schlaganfall zu schwerwiegenden Behinderungen, zum Beispiel Lähmungen, Sprachstörungen oder Beeinträchtigungen des Sehens. Nicht selten ist er tödlich.

VORBEUGUNG · Die meisten Risikofaktoren für die Erkrankungen des Herz-Kreislauf-Systems mit ihren oft tödlichen Folgen lassen sich durch eine gesunde Lebensweise vermeiden. Menschen, die sich viel bewegen, zum Beispiel regelmäßig Sport treiben, auf eine ausgewogene Ernährung mit wenig Fett und Zucker achten und nicht rauchen, können das Risiko eines Herzinfarkts oder Schlaganfalls deutlich senken.

1 Beschreibe die Vorgänge im Herz-Kreislauf-System, die zu einer Verstopfung von Blutgefäßen des Gehirns oder des Herzens führen können!

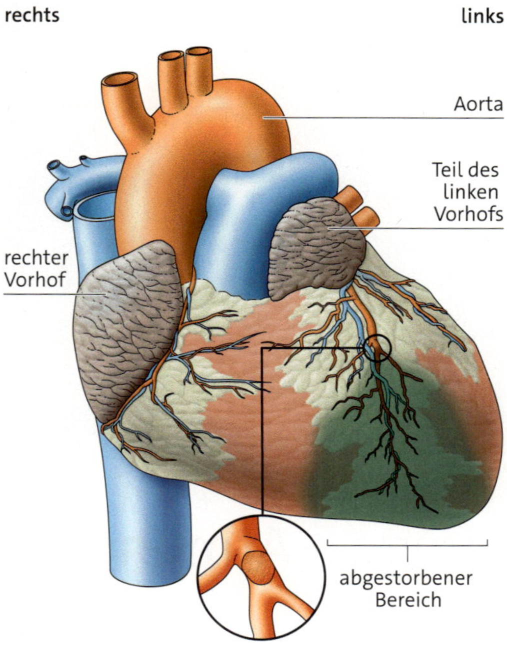

04 Herzinfarkt (Schema)

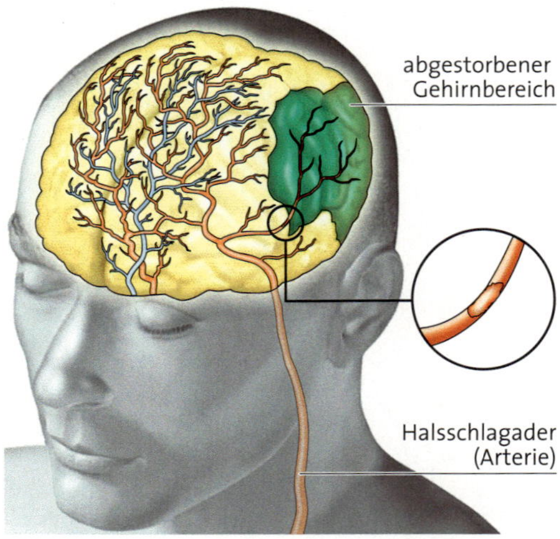

05 Schlaganfall (Schema)

2 Erkläre, weshalb ein Herzinfarkt und ein Schlaganfall tödlich sein können!

3 Recherchiere im Internet, wie man erkennen kann, ob jemand einen Schlaganfall erlitten hat!

01 Auftauchen, um Luft zu holen

Lunge – Atmung und Gasaustausch

Der Mensch kann nur kurze Zeit unter Wasser bleiben. Dann muss er auftauchen, um zu atmen. Was geschieht bei der Atmung?

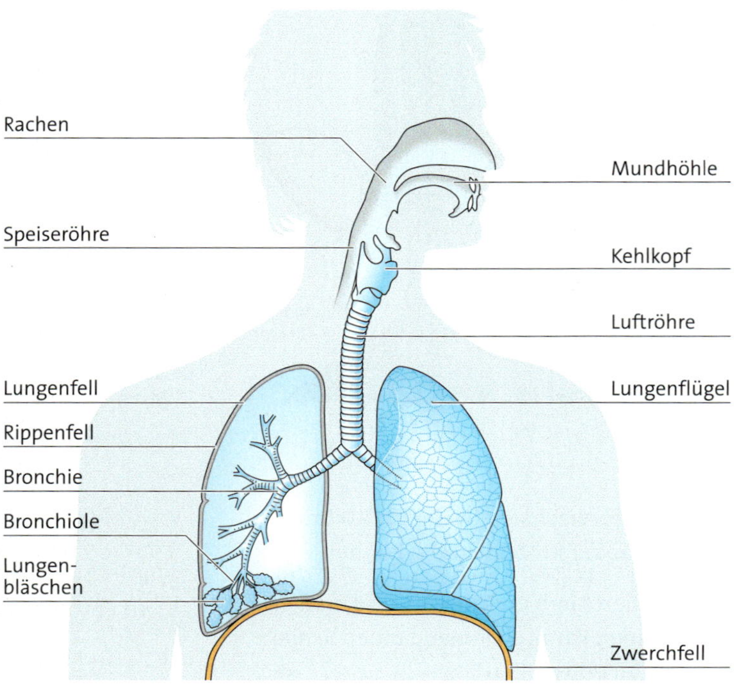

02 Atmungsorgane

ATMUNGSORGANE · Sobald ein Schwimmer den Kopf über Wasser hat, kann er atmen. Mit jedem Atemzug strömt Luft durch den Mund und die Nase in seinen Körper.

Die Nase prüft, ob gefährliche oder unangenehme Stoffe in der Luft sind. Sie ist gut durchblutet und von einer Schleimhaut ausgekleidet, der *Nasenschleimhaut.* Dadurch wird die Luft vorgewärmt und angefeuchtet. Im Nasenschleim bleiben Staub und Krankheitserreger hängen. Beim Naseputzen werden sie aus dem Körper entfernt. Die Nasenschleimhaut ist von dicht stehenden, feinen Härchen, den *Flimmerhärchen,* besetzt. Sie schlagen ständig und transportieren so den Nasenschleim nach hinten in den **Rachen.** Dort wird er verschluckt. Am Ende des Rachens trennen sich die Transportwege von Luft und Nahrung. Dort liegt der **Kehlkopf.** Sein Klappenmechanismus sorgt dafür, dass die Nahrung in die Speiseröhre gelangt und die Luft in eine durch Knorpelringe versteifte Röhre, die **Luftröhre.** Am unteren Ende verzweigt sich die Luftröhre in zwei Äste, die **Bronchien.** Die Luftröhre und die Bronchien sind wie die Nase von einer

Schleimhaut ausgekleidet, die Flimmerhärchen trägt. Durch die Bronchien strömt die Luft in die **Lunge,** die rechts und links vom Herzen fast den ganzen Brustraum ausfüllt. Sie ist in zwei Hälften, die *Lungenflügel,* geteilt. Die Lungenflügel bestehen aus zartem und sehr empfindlichem Gewebe. Die Lunge ist von einer Art Korb eingeschlossen, dem *Brustkorb.* Die Seiten des Brustkorbs sind die Rippen. Den Boden bildet eine kuppelförmige Fläche, das **Zwerchfell.** Es besteht aus Muskeln und Sehnen.

ATEMBEWEGUNGEN · Obwohl die Lunge keine Muskeln hat, kann sie ihre Form verändern. Dafür sind viele kleine Muskeln zuständig, die zwischen den Rippen liegen. Wenn sich diese *Zwischenrippenmuskulatur* zusammenzieht, heben sich die schräg nach unten gerichteten Rippen. Dadurch wird der Brustraum größer. Die äußere Begrenzung der Lunge, das *Lungenfell,* liegt der Innenauskleidung des Brustraums, dem *Rippenfell,* sehr eng an. Der sich vergrößernde Brustkorb zieht die Lunge deshalb mit und erweitert sie so ebenfalls. Dadurch saugt sie Luft an. Diese Form der Atmung bezeichnet man als **Brustatmung.** Die Verbindung zwischen Lungen- und Rippenfell kommt dadurch zustande, dass beide Häute sehr glatt sind und zwischen ihnen ein dünner Feuchtigkeitsfilm liegt. Daher haften sie fest aneinander, ähnlich wie zwei feuchte Glasplatten.
An einer weiteren Atembewegung ist das *Zwerchfell* beteiligt. Wenn sich seine Muskulatur zusammenzieht, wird seine nach oben gewölbte Form flacher. Dadurch senkt sich das Zwerchfell, drückt auf die Bauchorgane und erweitert so den Brustraum nach unten hin. Die Lunge folgt dieser Bewegung, erweitert sich ebenfalls und saugt so Luft an. Diese Form der Atmung nennt man **Bauchatmung.**

Nach dem Einatmen erschlaffen die Zwischenrippenmuskulatur und das Zwerchfell. Damit beginnt das Ausatmen der Luft. Da der Brustkorb elastisch ist, sinken die Rippen wieder schräg nach unten, und die Bauchorgane drücken das Zwerchfell zurück in die gewölbte Stellung. Dadurch verkleinern sich der Brustraum und infolgedessen auch die Lunge, sodass die Luft ausströmt. Der Mensch atmet meistens gleichzeitig durch Brust- und Bauchatmung.

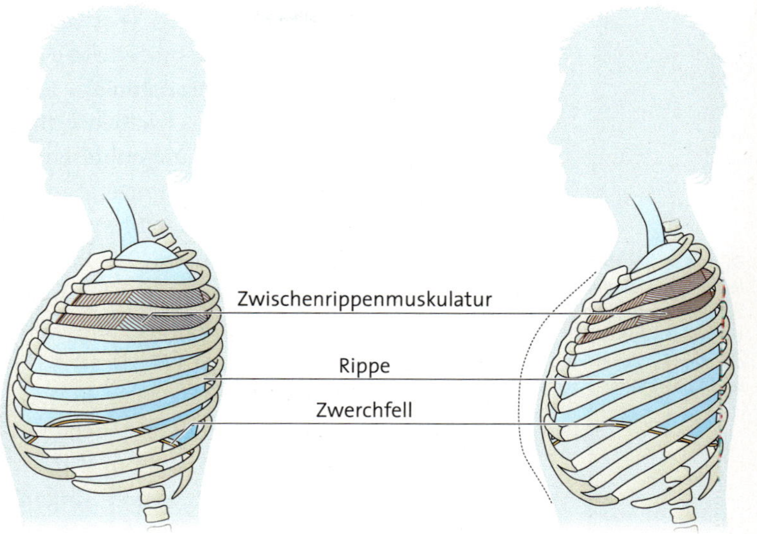

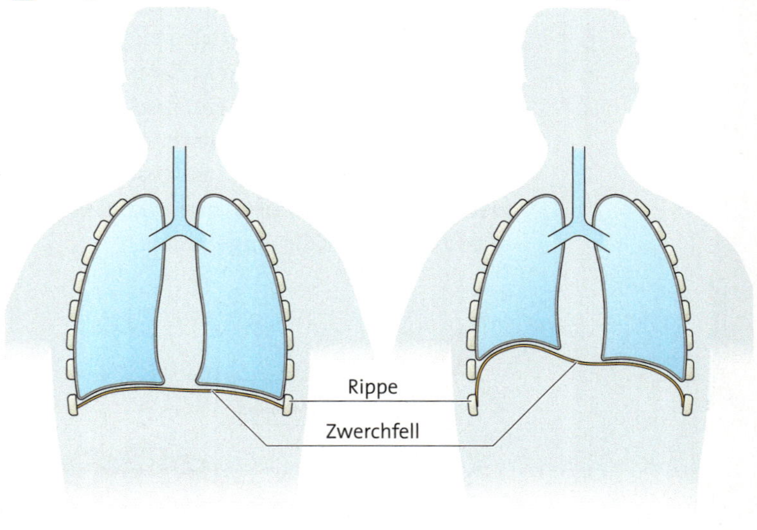

03 Atembewegungen: **A** Brustatmung, **B** Bauchatmung

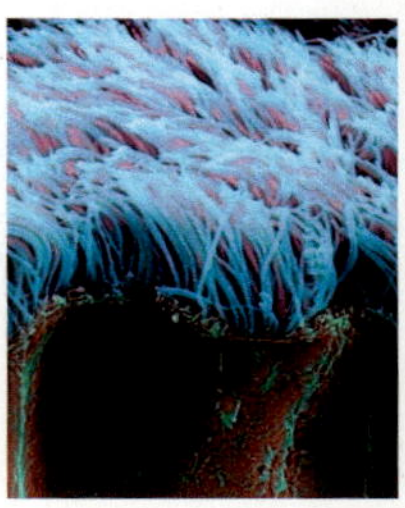

04 Flimmerhärchen auf der Innenwand der Bronchien

1 Beschreibe die Bewegungen bei der Brust- und Bauchatmung!

Diffusion: physikalischer Prozess, der zur gleichmäßigen Verteilung von Teilchen in Flüssigkeiten und Gasen führt

GASAUSTAUSCH · In der Lunge verzweigen sich die Bronchien sehr stark, bis feinste Luftkanälchen entstehen, die **Bronchiolen.** Jede Bronchiole endet in kleinen, traubenförmig angeordneten Bläschen, den **Lungenbläschen.** Die Lungenbläschen sind von einem eng anliegenden dichten Netz aus feinsten Blutgefäßen umhüllt, den **Lungenkapillaren.** Das Blut ist von der Atemluft in der Lunge nur durch die sehr dünnen Wände der Kapillaren und Lungenbläschen getrennt. Diese Wände sind für Sauerstoff und Kohlenstoffdioxid durchlässig. Das Blut, das vom Herzen in die Lunge gepumpt wird, enthält weniger Sauerstoff und mehr Kohlenstoffdioxid als die Luft in den Lungenbläschen. Dieser Unterschied gleicht sich durch den Prozess der Diffusion teilweise aus, sodass im Blut der Sauerstoffgehalt steigt und der Kohlenstoffdioxidgehalt sinkt. Da es so scheint, als ob diese beiden Gase getauscht würden, spricht man vom **Gasaustausch.** Dieser ist die Ursache dafür, dass die ausgeatmete Luft weniger Sauerstoff und mehr Kohlenstoffdioxid enthält als die eingeatmete.

Die Struktur der Lunge, ihr Bau, steht in Zusammenhang mit ihrer Funktion. Sie ist so gebaut, dass in kurzer Zeit sehr viel Gas ausgetauscht werden kann. Dafür sorgt erstens die sehr hohe Anzahl der Lungenbläschen, sodass eine Gesamtoberfläche der Lunge von etwa 200 Quadratmetern entsteht. Diese große Oberfläche ermöglicht einen intensiven Stoffaustausch zwischen der eingeatmeten Luft und dem Blut. Zweitens ist das Blut in den fein verzweigten Kapillaren nur durch dünne Häutchen von der eingeatmeten Luft in den Lungenbläschen getrennt. Diese dünnen Häutchen sind nur eine geringe Hürde für den Stoffübertritt, sodass auch hierdurch der Stoffaustausch erhöht ist.

2 Stelle in einem Fließschema den Weg eines Sauerstoffmoleküls von der Luft in die Nase bis ins Blut dar!

3 Beschreibe den Zusammenhang von Struktur und Funktion am Beispiel der Lunge!

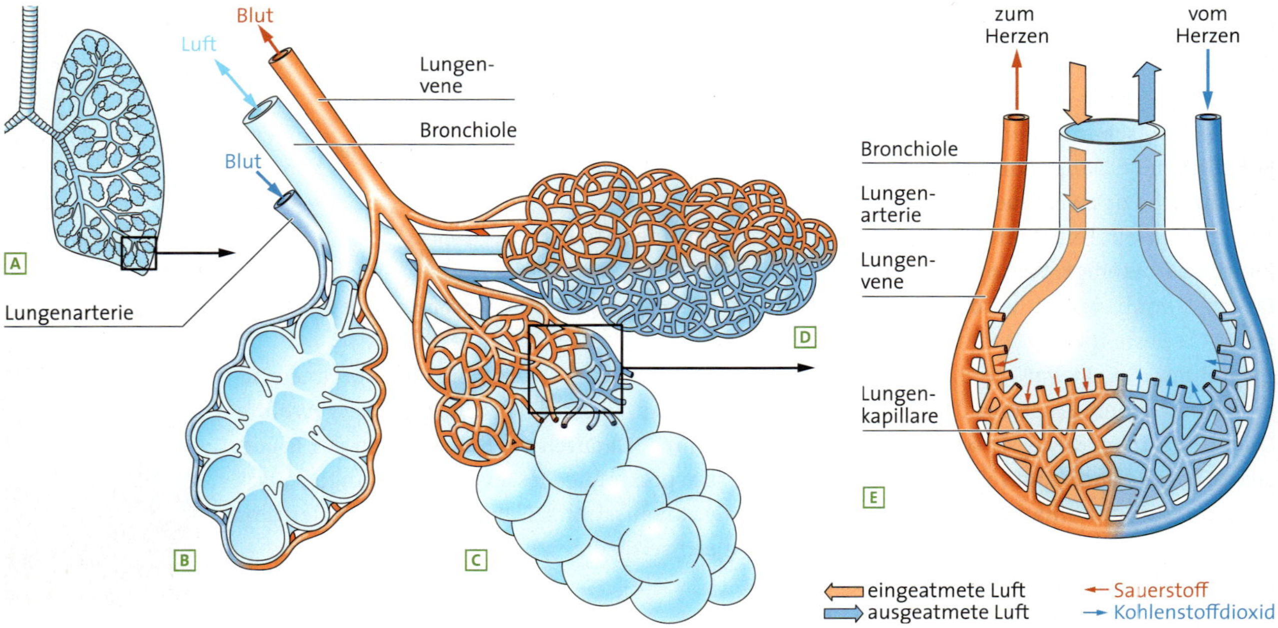

05 Lunge: **A** Lungenflügel, **B** Lungenbläschen im Längsschnitt, **C** Lungenbläschen, Kapillaren teilweise entfernt, **D** Lungenbläschen mit Kapillaren, **E** Gasaustausch am Lungenbläschen (Schema)

IM BLICKPUNKT BIOLOGIE

Bewegung und Energie

ENERGIEBEREITSTELLUNG · Bei einem Fußballspiel müssen die Beinmuskeln Arbeit verrichten. Dafür benötigen die Muskelzellen Glukose und Sauerstoff. Die Stoffe werden bei der Zellatmung in Kohlenstoffdioxid und Wasser umgewandelt. Dabei wird Energie für den Körper nutzbar. Ein Teil dieser Energie kann von den Muskelzellen für die Kontraktion genutzt werden. In den Muskeln wird also chemische Energie in Bewegungsenergie umgewandelt. Ein anderer Teil der Energie, die bei der Zellatmung freigesetzt wird, wird als Wärme (thermische Energie) abgegeben. Zellatmung findet ständig in den Körperzellen statt. Bei erhöhter Muskeltätigkeit, wie beim Fußballspielen, findet mehr Zellatmung als in Ruhe statt. Hierdurch benötigen die Muskelzellen mehr Glukose und mehr Sauerstoff als in Ruhe.

Durch die Erhöhung der Atemfrequenz und durch tiefere Atemzüge gelangt über die Lunge mehr Sauerstoff ins Blut. Gleichzeitig schlägt das Herz pro Minute häufiger, wodurch das Blut schneller durch die Blutgefäße fließt. So erreichen Sauerstoff und Glukose schneller die Muskelzellen. Das bei der Zellatmung entstehende Kohlenstoffdioxid wird beim Ausatmen aus dem Körper abgegeben. Es kann durch die größere Fließgeschwindigkeit des Blutes schneller zur Lunge transportiert werden.

Außerdem entsteht durch die verstärkte Zellatmung mehr Wärme. Die Körpertemperatur steigt und der Körper beginnt zu schwitzen. Der Schweiß an der Körperoberfläche verdunstet, wodurch Wärme nach außen abgegeben wird. So wird die Körpertemperatur gesenkt.

STEUERUNG UND REGELUNG · Der Sauerstoffgehalt des Blutes wird ständig von Messfühlern in der Aorta erfasst. Mit Beginn der sportlichen Belastung sinkt der Sauerstoffgehalt im Blut, da die arbeitenden Muskelzellen mehr Sauerstoff benötigen als in Ruhe. Diese Information gelangt von den Messfühlern über Nervenbahnen zum Gehirn. Über andere Nervenbahnen veranlasst das Gehirn die Atemmuskulatur, schneller zu arbeiten. Dadurch erhöht sich die Atemfrequenz und der Sauerstoffgehalt im Blut steigt wieder an.

Endet die Belastung, sinkt der Sauerstoffbedarf in den Muskelzellen. Die Messfühler in der Aorta melden an das Gehirn, dass der Sauerstoffgehalt im Blut ausreichend ist. Das Gehirn veranlasst die Atemmuskulatur, langsamer zu arbeiten. Die Atemfrequenz wird verringert und der Sauerstoffgehalt im Blut sinkt.

Je niedriger der Sauerstoffgehalt im Blut ist, desto stärker erhöht sich die Atemfrequenz. Je höher die Atemfrequenz ist, desto mehr steigt der Sauerstoffgehalt im Blut. Über den Sauerstoffgehalt des Blutes findet eine Regelung der Atemfrequenz statt.

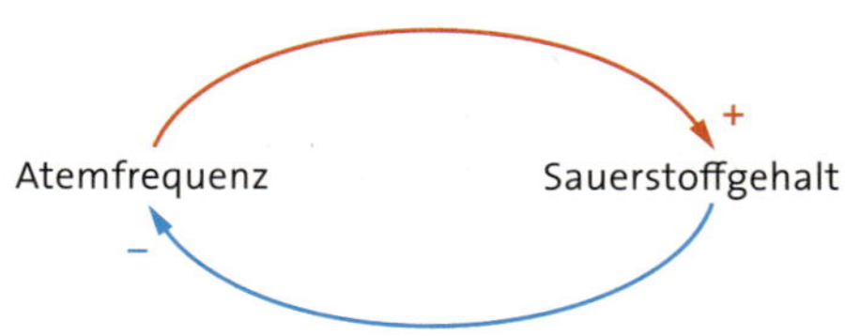

+ je höher ..., desto höher **oder** je niedriger ..., desto niedriger

– je höher ..., desto niedriger **oder** je niedriger ..., desto höher

01 Wirkungspfeilschema der Regelung von Atemfrequenz und Sauerstoffgehalt im Blut

Material A ▸ Atembewegungen

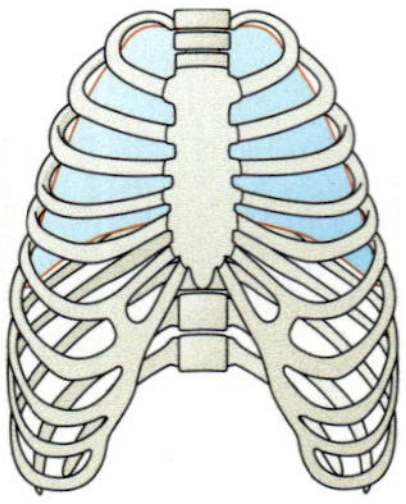

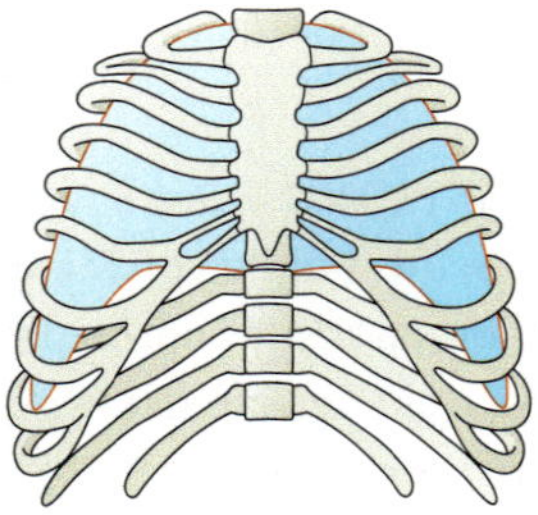

Tabelle 1	
Stickstoff	78 %
Sauerstoff	17 %
Kohlenstoffdioxid	4 %
andere Gase	1 %

Tabelle 2	
Stickstoff	78 %
Sauerstoff	21 %
Kohlenstoffdioxid	0,03 %
andere Gase	1 %

In den Tabellen ist die ungefähre Zusammensetzung der Luft dargestellt, die sich beim Ein- oder Ausatmen in der Luftröhre befindet.

A1 Vergleiche den Zustand des Brustkorbs bei A und B! Erkläre, wie sich A in den bei B dargestellten Zustand ändert!

A2 Vergleiche die beiden Tabellen! Ordne die Tabellen den Abbildungen des Brustkorbs zu! Begründe die Zuordnung!

A3 Erkläre die Vorgänge, die zu den in den Tabellen dargestellten Unterschieden führen!

VERSUCH B ▸ Fitness

Zeit in Minuten	Herzschläge pro Minute		
	Jugendlicher 1	Jugendlicher 2	Jugendlicher 3
Zeitpunkt „0“ (Ruhepuls)	75	56	85
nach 3 min Belastung (Belastungspuls)	120	100	140
nach 3 min Pause (Erholungspuls)	95	65	120

Bei Steigerung der körperlichen Aktivität schlägt das Herz schneller. Dies lässt sich feststellen, wenn man den Puls fühlt. Die Anzahl der Herzschläge pro Minute wird als *Herzfrequenz* bezeichnet. Bei körperlichem Ruhezustand spricht man von *Ruhepuls,* während einer körperlichen Belastung von *Belastungspuls*. Nach Beendigung einer körperlichen Belastung sinkt die Herzfrequenz wieder. Sie wird als *Erholungspuls* bezeichnet. Die Differenz zwischen dem Belastungspuls und dem Erholungspuls gibt an, wie schnell sich das Herz von der Belastung wieder erholt.

Dazu misst man den Erholungspuls zu einer bestimmten Zeit nach Ende der Belastung. Je größer die Differenz ist, desto besser ist das Herz-Kreislauf-System an körperliche Belastungen angepasst und desto besser ist die Fitness.

Auch die *Atmung* ändert sich in Abhängigkeit von der körperlichen Aktivität.

Durch das Zusammenwirken von Organen und Organsystemen kann unser Körper auf veränderte Belastungen reagieren.

B1 Stelle die Messwerte der Jugendlichen mit unterschiedlichen Farben in einem Liniendiagramm dar!

B2 Beschreibe das Diagramm und die Kurvenverläufe!

B3 Begründe, welche der Kurven für einen trainierten und welche für einen untrainierten Jugendlichen gilt!

B4 Miss deinen Ruhepuls und mache dann in schneller Folge drei Minuten lang Kniebeugen! Miss unmittelbar danach deinen Belastungspuls und nach drei Minuten Pause deinen Erholungspuls! Trage deine Daten in das Diagramm von Aufgabe A1 ein und beurteile deinen Trainingszustand!

B5 Beobachte parallel zu den Messungen in Aufgabe B4 deine Atmung und erkläre die registrierten Veränderungen!

Material C ▸ Hauttemperatur und Puls beim Rauchen

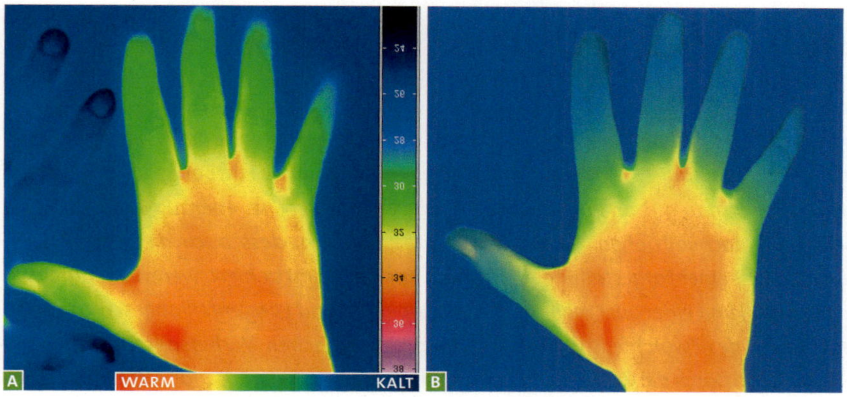

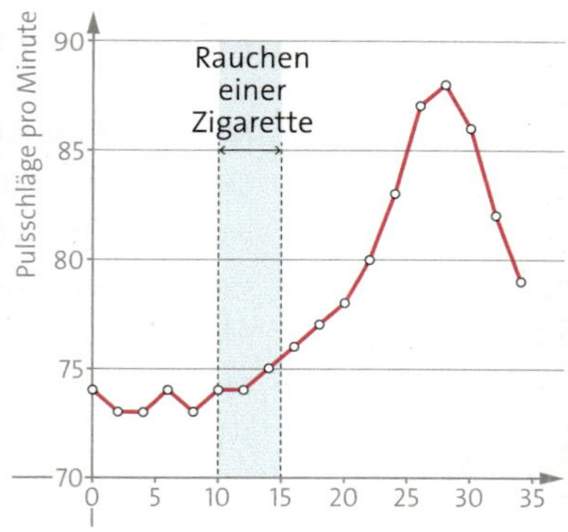

Bild A zeigt das Wärmebild der Hand eines Rauchers vor dem Rauchen, Bild B nach dem Rauchen. Während des Rauchens wurde sein Puls gemessen. Nikotin führt zur Verengung der Gefäße.

C1 Werte die Wärmebilder aus!

C2 Werte das Diagramm aus!

C3 Erkläre, welche Folgen aus den Ergebnissen für den Kreislauf abgeleitet werden können!

Material D ▸ Teer im Zigarettenrauch

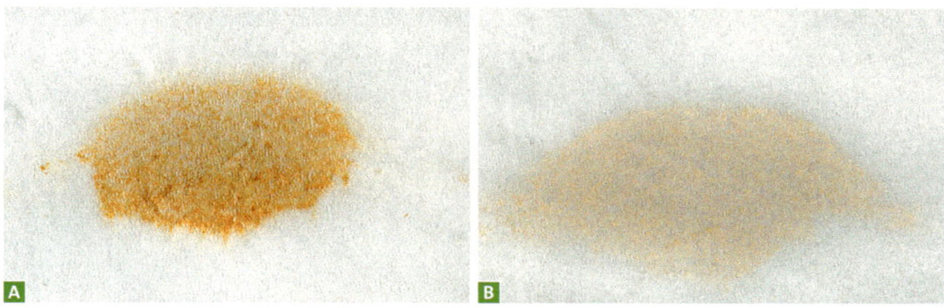

In einem Experiment raucht eine Versuchsperson eine Zigarette und atmet den eingezogenen Rauch durch ein Papiertaschentuch wieder aus. Das Experiment, das zur Abbildung A führt, kann aus Gründen des Gesundheitsschutzes bestimmt auch ohne Versuchsperson durchgeführt werden.

A zeigt das Ergebnis, bei dem der Rauch nur in die Mundhöhle eingeatmet und dann wieder ausgeatmet wurde. Bei B wurde der Rauch bis in die Lunge gezogen.

D1 Werte die Abbildungen aus!

D2 Erläutere die Wirkung des Teers!

D3 Entwickle eine Apparatur mit der man das Experiment zur Abbildung A auch ohne eine Versuchsperson durchführen könnte!

Material E ▸ Warnhinweise auf Zigarettenpackungen

Seit dem Jahr 2003 ist vorgeschrieben, das auf Tabakwarenpackungen Warnhinweise stehen:

- Rauchen führt zur Verstopfung der Arterien und verursacht Herzinfarkte und Schlaganfälle.
- Rauchen verursacht tödlichen Lungenkrebs.
- Rauchen in der Schwangerschaft schadet Ihrem Kind.
- Schützen Sie Kinder – lassen Sie sie nicht Ihren Tabakrauch einatmen!

E1 Begründe die Berechtigung der einzelnen Warnhinweise!

METHODE

Arbeiten mit Modellen

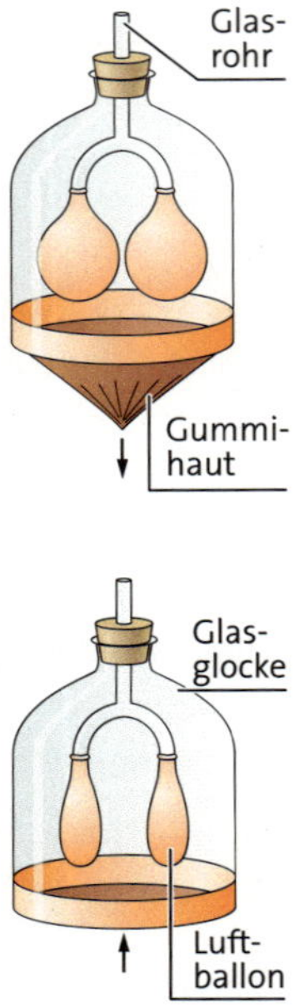

01 Modell zur Bauchatmung

Modelle entwickeln

Um biologische Strukturen oder Funktionsweisen zu verstehen, entwickeln Biologen häufig Modelle. Diese Modellentwicklung kann man gut an einem Modell zur Bauchatmung nachvollziehen. Die Modellentwicklung beginnt mit einer Fragestellung (Wie gelangt Luft in die Lunge?) und einer oder mehreren Ideen (Durch das Senken des Zwerchfells wird das Lungenvolumen vergrößert; durch die Volumenvergrößerung strömt Luft in die Lunge.).

Geleitet von diesen Ideen kann man mit geeigneten Materialien ein Modell bauen. Die Teile des Lungenaufbaus, die man für die Funktion des Einatmens für wesentlich hält, baut man dann im Modell so nach, dass sich der Vorgang des Lufteinströmens beim Testen des Modells zeigt. Ist dies erreicht, muss in weiteren Überprüfungen gezeigt werden, dass das entworfene Modell auch tatsächlich der realen Funktionsweise der Lunge entspricht. Hierzu leitet man aus dem Modell Vorhersagen ab.

So funktioniert beispielsweise das Modell nur dann, wenn der Raum zwischen Luftballon und Glasglocke luftdicht verschlossen ist. Hieraus kann man die Vorhersage ableiten, dass auch die reale Bauchatmung nur dann funktioniert, wenn der Raum zwischen Rippenfell und Lungenfell abgeschlossen ist. Der ***Vergleich zwischen Vorhersage und Original*** *beziehungsweise der Realität gibt Aufschluss darüber, ob die Vorhersage zutrifft.*

In dem Beispiel der Bauchatmung kann sie bestätigt werden: Kommt es beispielsweise durch eine Brustverletzung zu einer Öffnung des Spalts zwischen Rippenfell und Lungenfell, funktioniert die Atmung nicht mehr. Die Vorhersage aus dem Modell stimmt also mit dem Original beziehungsweise der Realität überein. Solange ein Modell durch derartige Überprüfungen bestätigt wird, kann es als (vorläufig) gültig beurteilt werden. Trifft die Vorhersage nicht zu, muss das Modell weiterentwickelt und erneut überprüft werden.

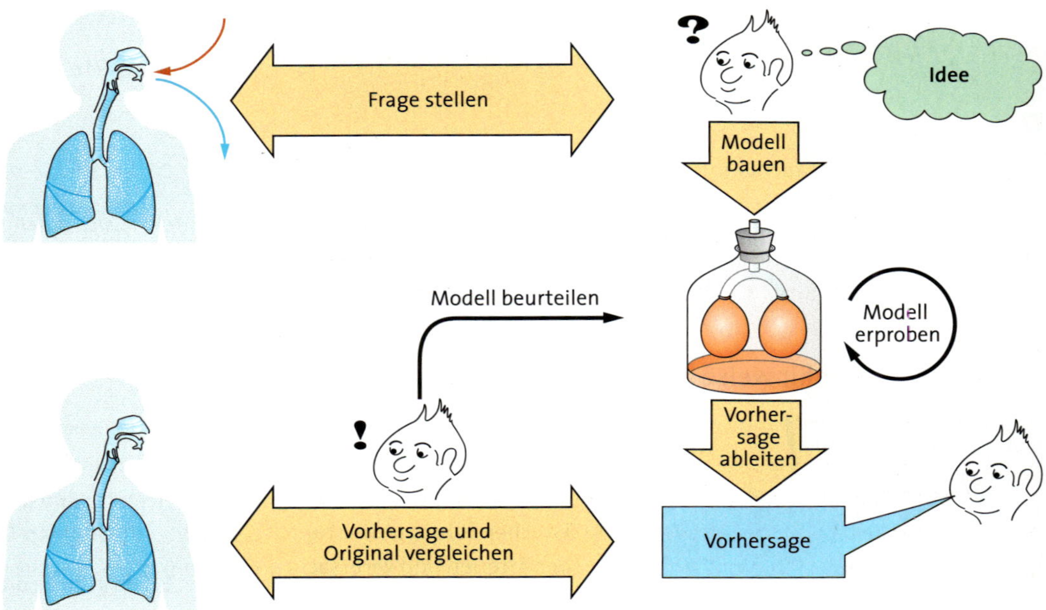

02 Schritte der Modellentwicklung

Struktur- und Funktionsmodelle

Das Modell eines Torsos zeigt den wesentlichen Aufbau der Organe im menschlichen Rumpf, ihre Größenverhältnisse und Lagebeziehungen. So werden beispielsweise Form und Lage der beiden Lungenflügel sowie ihre Verbindung mit den Atemwegen deutlich. Modelle wie diese, die biologische Strukturen darstellen, werden als ***Strukturmodelle*** *bezeichnet. Sie weisen häufig schon auf den ersten Blick eine hohe Ähnlichkeit mit den Originalen auf. Dies beruht meistens darauf, dass sie die Form, Oberfläche, Farbgebung oder auch Größe originalnah darstellen. Im Gegensatz zum Torso zeigt das auf Seite 106 beschriebene Glasglocken-Modell den Mechanismus auf, der auch für das Einströmen der Luft in die Lunge verantwortlich ist. Zieht man die elastische Membran an der Unterseite der Glasglocke nach unten, so strömt Luft in die mit der Außenluft verbundenen Luftballons.*

Modelle, die wie dieses eine Funktionsweise darstellen, werden als ***Funktionsmodelle*** *bezeichnet. Sie weisen im Vergleich zu Strukturmodellen meistens eine geringere Ähnlichkeit zu den Originalen auf, da Merkmale wie Form oder Farbe von nachgeordneter Bedeutung sind.*

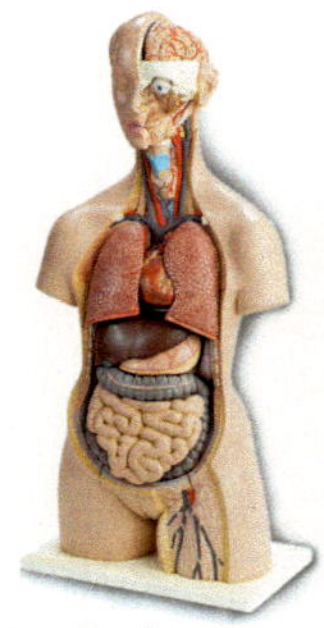

03 Strukturmodell des menschlichen Torsos

Modelle und Originale analogisieren

Die Luft innerhalb der Glasglocke des Funktionsmodells zur Bauchatmung entspricht in der Realität dem mit Flüssigkeit gefüllten Spalt zwischen Lungenfell und Rippenfell. Aufgrund der geringen Ähnlichkeit dieses Teils des Modells mit den originalen Strukturen kann es leicht zu Missverständnissen kommen. Daher ist es wichtig, die Teile eines Modells den entsprechenden Elementen des Originals zuzuordnen; dies bezeichnet man als ***Analogisieren.***

Teile des Modells	Entsprechung im Original
Glasglocke	Brustkorb
Luftballons	Lungenflügel
elastische Unterseite	Zwerchfell
Glasrohr nach außen	Luftröhre, Bronchien und Bronchiolen
luftgefüllter Raum zwischen Glasglocke und Luftballons	mit Flüssigkeit gefüllter Raum zwischen Lungenfell und Rippenfell

Modelle kritisieren

Bei der Entwicklung von Modellen steht meistens eine spezielle Darstellungsabsicht im Vordergrund. Das Glasglocken-Modell stellt beispielsweise den Mechanismus des Lufteinstroms durch Druckunterschiede zwischen Glockeninnenraum und Außenluft dar. Diese Druckunterschiede werden im Modell dadurch erzeugt, dass die elastische Unterseite der Glasglocke nach unten gezogen wird, sodass sich das Volumen im Inneren der Glasglocke vergrößert. Würde man diesen Teil des Modells direkt auf die Realität übertragen, müsste man annehmen, dass ein Muskel am Zwerchfell ansetzt und diesen nach unten zieht. Dies trifft jedoch nicht zu. Vielmehr ist das Zwerchfell selbst ein Muskel, der sich beim Einatmen zusammenzieht. Da das Zwerchfell im entspannten Zustand nach oben gewölbt ist, flacht es sich durch das Zusammenziehen des Muskels nach unten ab. Hierdurch vergrößert sich das Lungenvolumen und die Luft strömt ein. Dieser Teilprozess der Bauchatmung wird also durch das Funktionsmodell falsch dargestellt und muss entsprechend kritisch diskutiert werden. Diese ***Modellkritik*** *bedeutet jedoch nicht, dass es sich um ein „schlechtes Modell" handelt. Vielmehr werden zugunsten einer bestimmten Darstellungsabsicht andere Eigenschaften sinnvollerweise vernachlässigt oder vereinfacht im Modell umgesetzt.*

A ▸ Ernährung und Verdauung

1 Benenne die Nährstoffe, die der Körper benötigt, beschreibe ihren Bau und zeichne sie als Symbole! *(Seite 128 und 129)*

2 Beschreibe, welche Funktionen Kohlenhydrate, Fette, Eiweiße sowie Vitamine, Mineralstoffe und Ballaststoffe im Köper des Menschen haben! *(Seite 128 bis 130)*

3 Beschreibe je einen Versuch, mit dem man Glukose, Stärke, Fette und Eiweiße nachweisen kann! *(Seite 131 bis 133)*

4 Erläutere, wie man eine ausgewogene Ernährung erreichen kann! *(Seite 134)*

5 Beschreibe verschiedene Formen der Essstörungen! *(Seite 138 bis 140)*

6 Vergleiche die Verdauung von Kohlenhydraten im Mund und im Dünndarm miteinander! *(Seite 142 und 143)*

7 Erläutere das Prinzip der Oberflächenvergrößerung am Beispiel des Dünndarms! *(Seite 143)*

8 Erläutere die Arbeitsweise eines Enzyms am Beispiel der Amylase und beschreibe das Schlüssel-Schloss-Prinzip mithilfe einer beschrifteten Skizze! *(Seite 144)*

9 Beschreibe die Prozesse, die bei der Verdauung von Fetten und Eiweißen ablaufen! *(Seite 148 bis 150)*

B ▸ Transport und Ausscheidung

1 Beschreibe die Zusammensetzung des Blutes und ordne den Blutbestandteilen Funktionen zu! *(Seite 154 bis 156)*

2 Beschreibe das AB0-Blutgruppensystem! *(Seite 157)*

3 Zeichne und beschrifte ein Schema des Blutkreislaufs! *(Seite 160 und 161)*

4 Erläutere den Zusammenhang von Struktur und Funktion am Beispiel der Blutgefäße! *(Seite 162)*

5 Zeichne und beschrifte ein Schema des Herzens und erläutere die Funktion des Herzens! *(Seite 164 bis 166)*

6 Beschreibe den Weg der Luft beim Einatmen! *(Seite 172)*

7 Beschreibe die Atembewegungen beim Einatmen und beim Ausatmen! *(Seite 173)*

8 Erläutere am Bau der Lunge das Prinzip der Oberflächenvergrößerung ! *(Seite 174)*

9 Erläutere den Gasaustausch in der Lunge! *(Seite 174)*

Erläutere folgende Basiskonzepte:

- Struktur und Funktion
- System

ABO-System Dabei handelt es sich um ein Blutgruppensystem. Entsprechend der Blutgruppenmerkmale wird zwischen den Blutgruppen A, B, AB und 0 unterschieden.

Antigene Eiweißstrukturen, die sich auf der Oberfläche von roten Blutzellen befinden können. Sie sind ein wichtiges Blutgruppenmerkmal.

Antikörper Eiweißstrukturen, die sich im Blutserum befinden können und die nach dem Schlüssel-Schloss-Prinzip in die Bindungsstellen der Antigene passen. Sie sind ein wichtiges Blutgruppenmerkmal.

Arterien Blutgefäße, die Blut vom Herzen wegführen.

Blutkreislauf Da das Blut immer wieder zum Herzen zurückkehrt, spricht man von einem Kreislauf. Weil das Blut die Blutgefäße nicht verlässt, ist der Blutkreislauf geschlossen. Ist der größere Körperkreislauf vollständig vom kleineren Lungenkreislauf getrennt, handelt es sich um einen doppelten Kreislauf. Dies ist beim Menschen der Fall.

Diffusion Es handelt sich um einen physikalischen Prozess, der zur gleichmäßigen Verteilung von Teilchen in Flüssigkeiten und Gasen führt.

Eiweiße Sie sind die wichtigsten Baustoffe des Körpers. Bei der Verdauung werden sie in ihre kleinsten wasserlöslichen Bausteine, in Aminosäuren, zerlegt.

Enzyme Eiweißstoffe, die innerhalb und außerhalb von Zellen biochemische Reaktionen beschleunigen. Sie arbeiten nach dem Schlüssel-Schloss-Prinzip.

Fette Sie liefern Energie und dienen als Energiespeicher. Außerdem dienen sie dem Körper als Baustoffe. Fette werden bei der Verdauung in die kleinsten wasserlöslichen Bausteine Glycerin und je drei Fettsäuren zerlegt.

Gasaustausch In der Lunge wird aus dem Blut der Kapillaren Kohlenstoffdioxid in die Lungenbläschen abgegeben und Sauerstoff aus der Lunge von den roten Blutzellen aufgenommen. Im Körper wird aus den Zellen Kohlenstoffdioxid an das Blut in den Kapillaren abgegeben und Sauerstoff aus dem Blut in die Zellen aufgenommen.

Kapillaren Blutgefäße verzweigen sich in ihrem Verlauf zu immer kleiner werdenden Ästen. Dadurch entsteht eine sehr große Anzahl an kleinsten Blutgefäßen. Geflechte aus Kapillaren, die Kapillarnetze, versorgen die Organe mit Blut.

Kohlenhydrate Sie sind wichtige Energieträger für den Körper. Die kleinsten Bausteine der Kohlenhydrate werden als Einfachzucker bezeichnet, zum Beispiel Glukose. Stärke ist ein Vielfachzucker und wird bei der Verdauung in die kleinsten wasserlöslichen Bausteine, in Glukose, zerlegt.

Schlüssel-Schloss-Prinzip Zwei Strukturen müssen räumlich genau zueinander passen, damit eine Funktion erfüllt werden kann. So passt die Struktur der Amylase genau zur Struktur der Stärke wie ein Schlüssel zum Schloss. Nur so kann die Stärke in kleinere Bausteine zerlegt werden.

Venen Blutgefäße, die Blut dem Herzen zuführen.

Verdauung Bei der Verdauung werden Nährstoffe mithilfe von Enzymen in ihre kleinsten wasserlöslichen Bausteine zerlegt und über die Dünndarmzotten in Blut und Lymphe aufgenommen.

Fortpflanzung und Entwicklung

In diesem Kapitel beschäftigst du dich mit

- der Pubertät. Du lernst etwas über die Veränderungen des Körpers und des Verhaltens während der Zeit des Erwachsenwerdens. Hierbei erfährst du auch etwas über die Wirkung der Geschlechtshormone.
- der Fortpflanzung. Hierbei lernst du etwas über die weiblichen und männlichen Geschlechtsorgane und die Bildung von Geschlechtszellen. Außerdem lernst du die Vorgänge während eines Menstruationszyklus und einer Schwangerschaft kennen.
- Liebe und Sexualität. Du lernst dabei etwas über Liebe, Partnerschaft und Sexualität. Hierbei erfährst du auch etwas über verschiedene Formen der Sexualität.
- der Familienplanung. Dabei lernst du verschiedene Verhütungsmethoden kennen.

01 Erwachsenwerden:
A Kindheit,
B Pubertät,
C Erwachsenenalter

Zeit des Erwachsenwerdens

lateinisch pubertas = Geschlechtsreife

Auf dem Weg vom Kind zum Erwachsenen, der Pubertät, durchleben Jungen und Mädchen zahlreiche körperliche Veränderungen. Auch ihr Verhalten ändert sich. Was ist die Ursache dieser Veränderungen?

KÖRPERLICHE VERÄNDERUNGEN • Jungen und Mädchen unterscheiden sich während der ersten Lebensjahre in ihrem Körperbau vor allem durch ihre **primären Geschlechtsmerkmale.** Äußerlich sind dies der Penis und der Hodensack beim Jungen und die Schamlippen beim Mädchen.
Die Pubertät beginnt meistens mit einem Wachstumsschub. Dieser erfolgt bei Mädchen etwa im Alter von zehn bis zwölf Jahren, bei Jungen etwa zwei Jahre später. Zusätzlich finden weitere körperliche Veränderungen statt, an denen man Frauen und Männer schließlich deutlich unterscheiden kann: Die **sekundären Geschlechtsmerkmale** entwickeln sich. Beim Jungen beginnen *Schamhaare, Achselhaare* und *Barthaare* zu wachsen. Auch die restliche Körperbehaarung wird oft stärker. Die Schultern werden breiter, die *Muskulatur* wird *kräftiger*, das Becken dagegen bleibt schmal. Der Kehlkopf mit den darin liegenden Stimmbändern vergrößert sich, wodurch die Stimme während des *Stimmbruchs* tiefer wird. Beim Mädchen entwickeln sich ebenfalls *Scham-* und *Achselhaare*. Die *Brüste* mit den Milchdrüsen wachsen, und durch die Einlagerung von *Fettpolstern* in die unteren Hautschichten wird die Körperform weicher. Vor allem das *Becken* wird *runder* und *breiter,* während die Schultern schmal bleiben.
Die bedeutendste Veränderung aber findet in den Geschlechtsorganen statt: Sie wachsen, und in den Hoden beginnen sich *reife Spermienzellen* zu bilden. Ab diesem Moment ist der Junge fähig, Kinder zu zeugen. Wenn sich viele reife Spermienzellen angesammelt haben, kann es im Schlaf zu einem ungewollten Samenerguss, der *Pollution,* kommen. Auch beim

Mädchen ist die wichtigste Veränderung von außen kaum sichtbar: In den reifenden Geschlechtsorganen wird die erste *reife Eizelle* gebildet. Danach setzt die erste Monatsblutung ein, die *Menstruation.* Das Mädchen kann ab jetzt schwanger werden. Die Pubertät führt also schrittweise zu der Fähigkeit, eigene Kinder zu bekommen, zur **Geschlechtsreife.**

Mit der Pubertät beginnen bei Jungen und Mädchen die *Schweißdrüsen* verstärkt zu arbeiten sowie Drüsen, die Haut und Haare fetten, die *Talgdrüsen.* Deshalb wird die tägliche Körperpflege wichtiger als je zuvor. Wenn die Talgdrüsen der einzelnen Härchen mehr Talg bilden, kann es zur Verstopfung der dünnen Ausfuhrkanäle kommen. Der Talg staut sich nun unter der Haut, ein *Mitesser* ist entstanden. Wenn der Mitesser sich durch das Eindringen von Bakterien entzündet, entsteht Eiter. Dadurch vergrößert sich der Mitesser weiter und wird zum *Pickel.* Treten solche Pickel gehäuft auf, spricht man von **Akne.** Sie kommt vor allem im Gesicht, aber auch an Hals und Rücken vor. Wer unter Akne leidet, sollte zu einem Hautarzt gehen. Mit dem Ende der Pubertät klingt die Akne meistens von selbst wieder ab.

GESCHLECHTSHORMONE • Ursache aller Veränderungen in der Pubertät sind körpereigene Botenstoffe, die bereits in winzigen Mengen wirken, die **Hormone.** Dabei bildet zunächst eine Drüse im Gehirn, die *Hypophyse,* bestimmte Hormone. Diese werden in den Blutkreislauf abgegeben und dadurch im ganzen Körper verteilt. Kommen sie in den Geschlechtsdrüsen an, bewirken sie dort die Bildung von weiteren Hormonen, den **Geschlechtshormonen.** In den Hoden wird vor allem *Testosteron,* in den Eierstöcken *Östrogen* gebildet. Diese werden in die Blutbahn abgegeben und bewirken die Reifung der Geschlechtsorgane und die Ausbildung der sekundären Geschlechtsmerkmale. Beginn und Ende dieser Entwicklung sind individuell sehr unterschiedlich und durch den Willen nicht zu beeinflussen.

Die Menge der Geschlechtshormone im Blut wird ständig im Gehirn kontrolliert: Wenn viele Geschlechtshormone im Blut vorhanden sind, bildet die Hypophyse weniger Hypophysenhormone. Daraufhin stellen die Geschlechtsdrüsen weniger Hormone her. Wenn die Menge der Geschlechtshormone im Blut abnimmt, werden wieder mehr Hypophysenhormone produziert.

02 Aknebildung

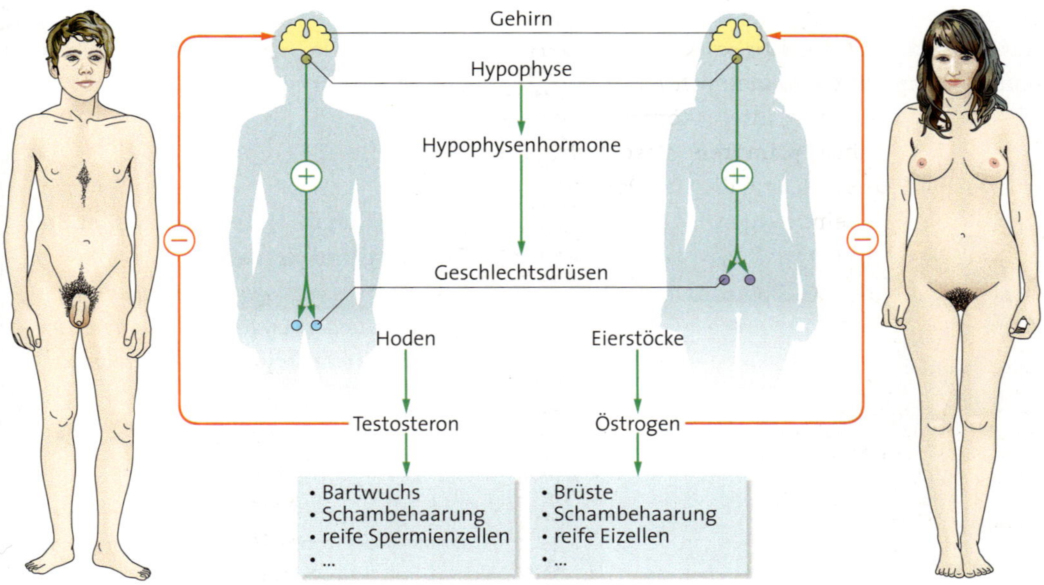

03 Hormonelle Steuerung der Pubertät

VERÄNDERUNGEN IM VERHALTEN • Nicht nur der Körper verändert sich während der Pubertät, sondern auch das Gefühlsleben. Die Umwelt und vor allem das andere Geschlecht werden plötzlich mit anderen Augen betrachtet. Neue Gedanken und Gefühle, die mit der Sexualität zu tun haben, erwachen: Verliebt sein, Sehnsucht oder auch starke Abneigung gegen andere Menschen. Diese Gefühle sind oft irritierend und beunruhigend.

Es ist ganz natürlich, dass man sich in der Pubertät viel mit seinem Körper und dessen Veränderungen beschäftigt. So kann allein der Gedanke an einen attraktiven Partner schon zu sexueller Erregung führen. Die Reizung der eigenen Geschlechtsorgane kann lustvolle Gefühle bis hin zum Orgasmus herbeiführen. Diese Selbstbefriedigung dient dem Vertrautwerden mit dem eigenen Körper und ist kein unnormales oder gesundheitsschädliches Verhalten.

Die Entwicklung der sekundären Geschlechtsmerkmale zeigt die Geschlechtsreife an. Sie kann dazu führen, dass man für einen Menschen des anderen Geschlechtes attraktiv wird. Auch das Hineinfinden in diese *Geschlechterrolle* ist nicht immer einfach. Und erst mit der Zeit erhält man ein Gefühl dafür, wie man durch Kleidung, Mimik und Gestik die Aufmerksamkeit eines möglichen Partners gewinnen kann. Will man durch sein Verhalten Interesse an einem möglichen Partner signalisieren, so *flirtet* man. Dabei verwendet man oft unbewusst Signale, die vom anderen Geschlecht ebenso unbewusst verstanden werden, die **Flirtsignale.** Flirten ist zwar eine erregende Tätigkeit, aber wenn sie zum Verführen eingesetzt wird, können auch die Rechte eines Menschen missachtet werden. Ebenso kann unbedachtes Flirten missverstanden werden. Daher muss man lernen, in allen Situationen miteinander zu reden. Nur so kann man Klarheit herstellen.

Die neue Geschlechterrolle hat auch problematische Seiten. Dazu gehören zum Beispiel das Abweisen eines unerwünschten Verehrers oder auch die Abwehr einer möglichen sexuellen Belästigung. Hinzu kommt die Angst, selbst zurückgewiesen zu werden. Daher kann es zu Konflikten zwischen den Geschlechtern, aber auch in der Familie oder der Schule kommen. Manche Mädchen und Jungen fühlen sich missverstanden und ziehen sich zurück. Andere schließen sich in Gruppen zusammen, in denen sie von Freunden oder Freundinnen umgeben sind, mit denen sie gerne Zeit verbringen und denen sie vertrauen. Im Laufe der Pubertät lassen die Streitigkeiten aber nach und die meisten jungen Menschen werden selbstsicherer.

1 Erläutere die Ursachen der seelischen Veränderungen in der Pubertät!

04 Flirten

Hier erhältst du Hilfe bei sexueller Belästigung und Gewalt:
- *Menschen, zu denen du Vertrauen hast*
- *Kinder- und Jugendtelefon „Nummer gegen Kummer" des Kinderschutzbundes (0800) 1110333*
- *Telefonseelsorge (0800) 1110111*
- *Jugendamt deiner Stadt*

05 Ansprechpartner bei sexueller Belästigung und Gewalt

Material A ▸ Träume sind Schäume

A1 Beschreibe körperliche Veränderungen von Jungen und Mädchen in der Pubertät!

A2 Interpretiere die Karikatur!

A3 Nimm Stellung zu der Aussage: „Die Ausprägung der sekundären Geschlechtsmerkmale kann man durch den Willen beeinflussen.“!

A4 Beurteile, ob die dargestellten Formen von Mann und Frau erstrebenswert sind!

Material B ▸ Geschlechtshormone

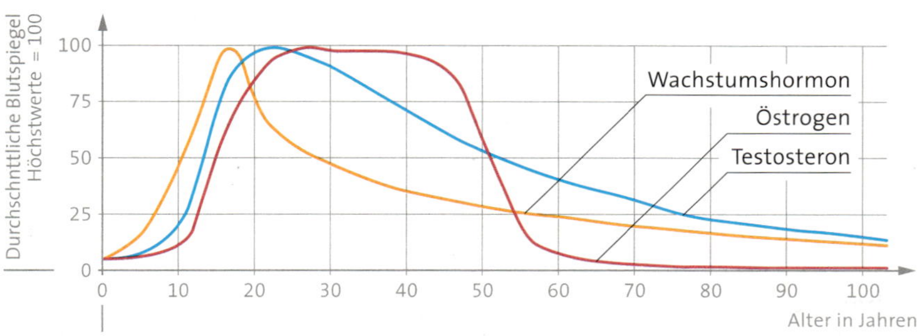

B1 Nenne die Geschlechtshormone von Mann und Frau und beschreibe ihre Wirkung!

B2 Beschreibe die Messwerte in der Grafik!

B3 Erläutere die Messwerte mit Bezug auf die Individualentwicklung des Menschen!

Material C ▸ Pubertät – Vorsicht Baustelle

Mark hat immer wieder Streit mit seinen Eltern, da er seine Freizeit lieber mit Freunden und weniger mit der Familie verbringen möchte. Er spricht mit seinem Freund Tom über dieses Problem.

C1 Nenne Verhaltensweisen, die sich mit Beginn der Pubertät bei Jungen und Mädchen zeigen!

C2 Formuliere Tipps, die Tom Mark geben könnte!

C3 Schreibe einen Dialog zwischen Tom und seinen Eltern, in der sie die Streitereien klären!

C4 Formuliere eine Vermutung zur Erklärung der Aussage in der Abbildung!

IM BLICKPUNKT RECHT

Dein Körper gehört dir!

DU BESTIMMST DIE GRENZEN • Mit dem Beginn der Pubertät und den damit verbundenen körperlichen Veränderungen, verändert sich auch dein Empfinden gegenüber deinem Körper. Liebevoll gemeinte Gesten deiner Familienmitglieder, wie der obligatorische Kuss auf die Stirn oder der kleine Klapps auf den Po, fühlen sich auf einmal falsch an.
Das ist völlig normal, denn mit der Reifung deines Körpers näherst du dich immer mehr dem Eintritt in die Welt der Sexualität. Damit einher geht oft auch die Angst, dass deine Mitmenschen dein Verhalten fehlinterpretieren könnten und Dinge von dir erwarten beziehungsweise einfordern, für die du noch nicht bereit bist. Sobald dir Gesten oder Handlungen einer anderen Person unangenehm sind, solltest du ihr deutlich sagen, dass du dies nicht möchtest. Dabei brauchst du keine Angst haben, Gefühle zu verletzen, denn in erster Linie zählst du. Dein Körper gehört dir. Die von dir gesetzten Grenzen müssen deine Mitmenschen akzeptieren. Egal, welche Signale du eventuell vorher gesendet hast, ein klares „Nein!" oder „Stopp!" muss respektiert werden. Das bedeutet für dein Gegenüber, dass sämtliche, dir unangenehme Handlungen eingestellt werden müssen.

01 Stopp!

WAS SAGT DAS GESETZ? • Akzeptiert eine Person die von dir gesetzten Grenzen nicht, macht sie sich strafbar. In Deutschland gilt für jeden Menschen das Recht der sexuellen Selbstbestimmung. Werden jemandem ungewollte sexuelle Handlungen unter Gewalt, Drohungen für Leib und Leben oder durch das Ausnutzen einer Lage, in der das Opfer dem Täter schutzlos ausgeliefert ist, aufgezwungen, so handelt es sich um einen Sexualdelikt. Rechtlich wird zwischen sexueller Nötigung und Vergewaltigung unterschieden. Von einer Vergewaltigung wird ausgegangen, wenn die sexuelle Handlung unter Nutzung von Gewalt erzwungen wird. Von sexueller Nötigung spricht man, wenn die sexuellen Handlungen durch Drohungen (wie: „Wenn du nicht mit mir schläfst, dann tue ich deinen Eltern etwas an.") erwirkt werden. Dies gilt auch in der Ehe oder einer Partnerschaft. Sexuelle Nötigungen und Vergewaltigungen können noch Jahre später zur Anzeige gebracht werden.

HILFE FÜR DIE OPFER • Sexuelle Nötigungen und Vergewaltigungen hinterlassen in der Psyche des Opfers tiefe Wunden. Es ist daher wichtig, dass sich das Opfer jemandem anvertraut und den Täter bei der Polizei anzeigt. Um diesen Weg zu gehen, kann sich das Opfer natürlich immer professionelle Hilfe und Unterstützung kostenfrei bei einer Beratungsstelle in seiner Nähe suchen.

Das folgende Interview hat unsere Reporterin mit einer Mitarbeiterin in einer Beratungsstelle Berlins geführt. Die Fragen wurden aus Leserzuschriften zusammengestellt.

Reporterin *Wie sollte man vorgehen, wenn man Opfer einer sexuellen Nötigung oder Vergewaltigung wurde?*

Mitarbeiterin *Das Wichtigste ist: nicht schweigen! Geholfen werden kann einem nur, wenn man über die Tat spricht und den Täter anzeigt. Zusätzlich sollte man so schnell wie möglich nach der Tat zum Arzt gehen, um Beweise zu sichern und eventuelle Verletzungen versorgen zu lassen. Anschließend sollte man schnellst möglich Anzeige bei einer nahe gelegenen Polizeistation erstatten.*

Reporterin *Was ist, wenn man dem Täter anfänglich signalisiert hat, dass man bereit für sexuelle Handlungen wäre, es sich dann aber doch anders überlegt hat, der Täter aber nicht aufhörte? Ist es dann nicht irgendwie auch die Schuld des Opfers?*

Mitarbeiterin *Nein, natürlich nicht. Gerade wenn man jung ist und seine Sexualität zu entdecken beginnt, kann es schnell passieren, dass einem die Dinge doch zu schnell gehen und man aufhören möchte. Das muss unbedingt respektiert werden. Hört dein Gegenüber dann nicht auf, so verletzt er dein Recht auf sexuelle Selbstbestimmung und macht sich strafbar.*

Reporterin *Und wenn das Opfer betrunken war, obwohl es noch minderjährig ist und somit gegen das Jugendschutzgesetz verstoßen hat?*

Mitarbeiterin *Vielmehr sind die Personen zu belangen, die einem den Alkohol besorgt oder verkauft haben. Aus Angst vor einer rechtlichen Strafe nicht über das Geschehene zu sprechen und den Täter nicht anzuzeigen, wäre absolut falsch. Nichts ist schlimmer, als dieses Erlebnis mit sich allein herumzutragen.*

Reporterin *Was erwartete einen, der sich entscheidet, Hilfe bei einer Beratungsstelle zu suchen?*

Mitarbeiterin *Das ist im Grunde ganz von einem selbst abhängig. Wir können bei der Suche eines geeigneten Psychiaters, bei der Anzeige bei der Polizei und auch bei Gesprächen mit Familienangehörigen oder Freunden unterstützen. Wie viel man erzählen möchte und welchen Weg man gehen will, hängt von dem Opfer ab. Die Gespräche bei uns werden absolut vertraulich behandelt und die Anonymität wird geschützt.*

Reporterin *Was ist zu tun, wenn eine Freundin sexuelle Gewalt erlebt hat, sie selbst aber mit niemandem darüber sprechen möchte?*

Mitarbeiterin · *Solche Situationen können für einen sehr schwierig sein, denn in erster Linie muss ihre Entscheidung respektiert werden. Es gibt die Möglichkeit, einen Beratungstermin für sich selbst zu vereinbaren. Dann kann man der Freundin von uns berichten und ihr sagen, wie man ihr helfen kann, wenn sie ihr Schweigen bricht. Wichtig ist aber, dass man auf seine Freundin keinen Druck ausübt, denn das Opfer muss selbst entscheiden, wann es bereit dazu ist, den Täter anzuzeigen und das Geschehene öffentlich zu machen.*

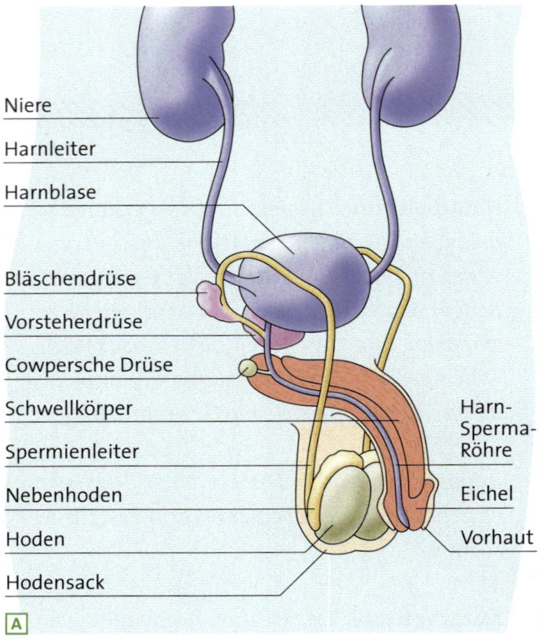

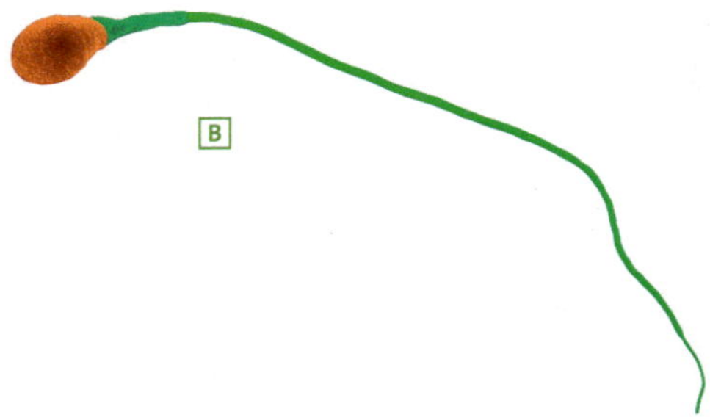

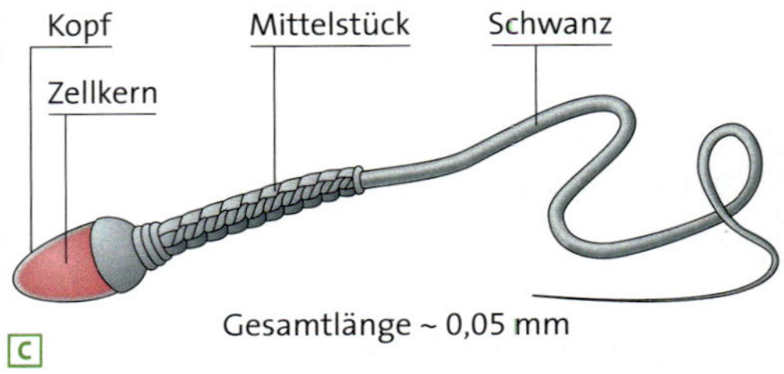

01 Männliche Geschlechtsorgane:
A Bau,
B Spermienzelle (Foto, gefärbt),
C Spermienzelle (Schema)

Geschlechtsorgane

Die Geschlechtszellen, aus denen ein neuer Mensch entsteht, und die Organe, in denen sie gebildet werden, sind bei Mann und Frau sehr unterschiedlich gebaut. Worin bestehen diese Unterschiede?

MÄNNLICHE GESCHLECHTSORGANE · Die äußerlich sichtbaren Geschlechtsorgane bestehen beim Jungen aus dem *Penis* und dem *Hodensack*. Der Hodensack enthält zwei eiförmige, meistens etwas ungleich große *Hoden*, auf denen je ein *Nebenhoden* sitzt. Die Hoden sind die männlichen Geschlechtsdrüsen, in denen ab der Pubertät reife männliche Geschlechtszellen, die **Spermienzellen**, gebildet werden. Sie werden in den Nebenhoden gespeichert. Von den Nebenhoden führt jeweils ein Gang, der *Spermienleiter*, Richtung Penis. Die Spermienzellen können über diesen Gang nach außen transportiert werden. Dabei passieren sie die *Bläschendrüsen* und die *Vorsteherdrüse*, die *Prostata*. Diese Drüsen geben eine weißlich trübe Flüssigkeit ab, in der sich die Spermienzellen bewegen und einige Tage überleben können. Die Spermienzellen und die Flüssigkeit werden zusammen als **Sperma** bezeichnet.

Kurz vor dem Penis vereinigen sich die Spermienleiter mit dem *Harnleiter*, der von der Harnblase kommt. Dieser gemeinsame Gang, die *Harn-Sperma-Röhre*, ist im Penis von *Schwellkörpern* umgeben. Das sind keine Muskeln, sondern Hohlräume. Bei sexueller Erregung füllen sie sich mit Blut. Dadurch wird der Penis dicker, länger und steif. Das etwas verdickte, vordere Ende des Penis, die *Eichel*, ist sehr berührungsempfindlich und durch die Vorhaut geschützt, die sich bei einer Versteifung des Penis zurückzieht.

BAU DER SPERMIENZELLE · Eine einzelne männliche Geschlechtszelle, die Spermienzelle, ist sehr klein und besteht aus drei Teilen: einem ovalen Vorderteil, dem *Kopf*, der den Zellkern mit der Erbsubstanz enthält, einem *Mittelstück*, das die Energie für die Fortbewegung bereitstellt, und einem fadenförmigen *Schwanz*, zur Fortbewegung.

WEIBLICHE GESCHLECHTSORGANE · Im Unterschied zum Jungen befinden sich beim Mädchen die meisten Geschlechtsorgane im Inneren des Körpers. Die beiden weiblichen Geschlechtsdrüsen, die *Eierstöcke,* liegen in der Bauchhöhle und sind etwa so groß wie die Hoden des Mannes. Sie enthalten bis zu 400 000 unreife **Eizellen.**

Von jedem Eierstock führt ein Gang, der *Eileiter,* zur *Gebärmutter,* die man auch *Uterus* nennt. Der trichterförmige Beginn des Eileiters nimmt die reife Eizelle auf, und der Eileiter transportiert sie weiter in die Gebärmutter. Diese besteht aus einem Muskel und ist mit einer gut durchbluteten Schleimhaut ausgekleidet. Die *Gebärmutterschleimhaut* kann eine befruchtete Eizelle aufnehmen und versorgen. Der Ausgang der Gebärmutter, der *Muttermund,* ist eng und meistens durch einen Schleimpfropfen verschlossen.

Vom Muttermund führt ein muskulöser Gang, die *Scheide* oder *Vagina,* nach außen. Ihr Eingang ist von Geburt an von einer dünnen Haut, dem *Jungfernhäutchen,* verschlossen. Es reißt leicht, zum Beispiel beim ersten Geschlechtsverkehr. Über den Eingang legen sich zwei dünne und darüber zwei dickere Hautfalten, die *kleinen* und die *großen Schamlippen.* Schamlippen, Jungfernhäutchen und Schleimpfropfen verhindern das Eindringen von Krankheitserregern.

Zwischen den Schamlippen befinden sich neben der Öffnung der Vagina auch der Ausgang der *Harnröhre* sowie der *Kitzler,* der auch *Klitoris* heißt. Die Klitoris besteht aus einem kleinen *Schwellkörper* und einem von einer Hautkappe bedeckten *Kopf,* der sehr berührungsempfindlich ist. Kitzler und Schamlippen füllen sich bei sexueller Erregung mit Blut und vergrößern sich.

BAU DER EIZELLE · Eine weibliche Geschlechtszelle, die **Eizelle,** entsteht im Eierstock in einem mit Flüssigkeit gefüllten Bläschen, dem *Follikel.* Die Eizelle kann sich nicht selbst fortbewegen. Sie ist von einer *Eihülle* umgeben und enthält einen *Zellkern* mit der Erbsubstanz. Während der Reifung wird ihr Zellplasma mit Nährstoffen, dem *Dotter,* gefüllt und ist schließlich so groß, dass man sie mit bloßem Auge gerade noch sehen kann. Hat sie ihre endgültige Größe erreicht, platzt der Follikel. Dadurch gelangt die Eizelle in den Trichter des Eileiters. Diesen Vorgang nennt man **Eisprung.** Der Eileiter transportiert die Eizelle dann weiter in Richtung Gebärmutter.

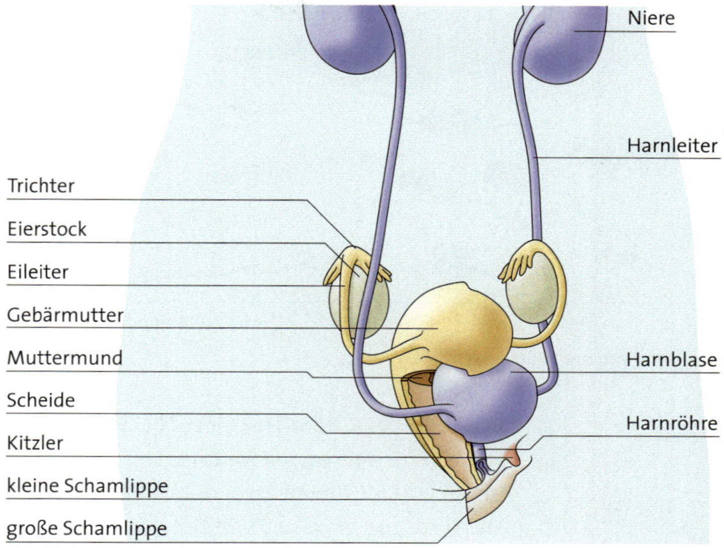

A

B

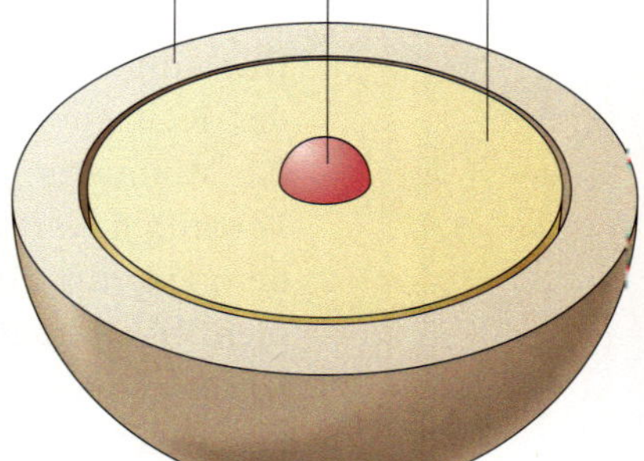

C

02 Weibliche Geschlechtsorgane: **A** Bau, **B** Eizelle (Foto, gefärbt), **C** Eizelle (Schema)

1 Vergleiche Größe und Bau von Spermienzelle und Eizelle! Erstelle dazu eine Tabelle!

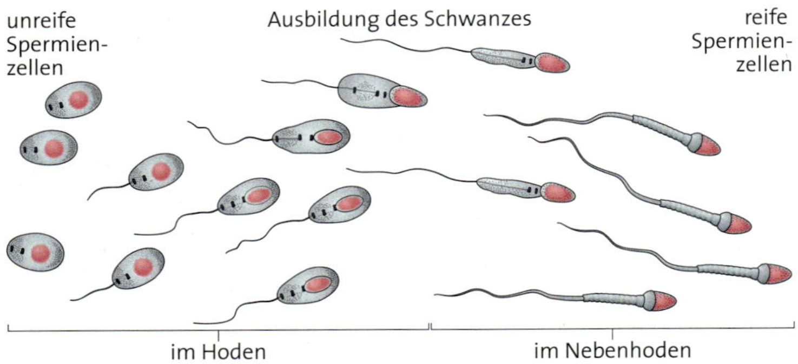

03 Bildung von reifen Spermienzellen

BILDUNG DER GESCHLECHTSZELLEN · In den Hoden eines gesunden Mannes werden täglich bis zu 200 Millionen Spermienzellen gebildet. Sie sind nur etwa 0,05 Millimeter groß und noch unreif. Erst wenn sie in die Nebenhoden gelangen, reifen sie zu ihrer typischen Gestalt mit Mittelstück und Schwanz heran.
Nur einmal im Monat reift in einem Eierstock der Frau ein Follikel und darin eine etwa 0,1 Millimeter große Eizelle heran. Dieser Vorgang dauert etwa 14 Tage und endet mit dem Eisprung. In seltenen Fällen wird auch mehr als eine reife Eizelle gleichzeitig gebildet. So können aus zwei zur selben Zeit gereiften Eizellen zweieiige Zwillinge hervorgehen.

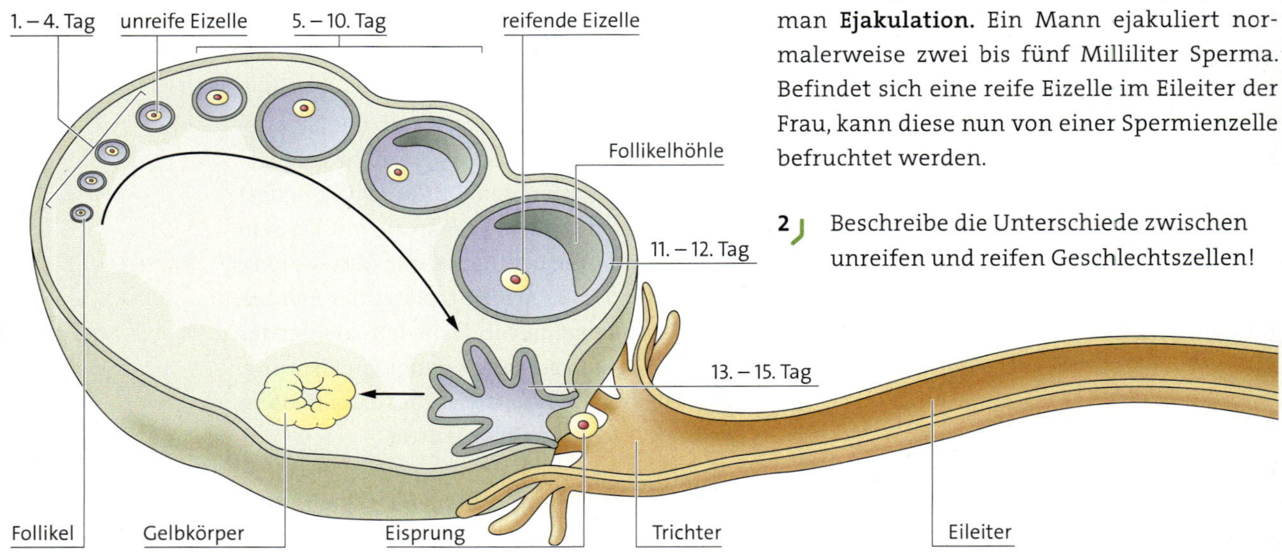

04 Bildung einer reifen Eizelle

GESCHLECHTSVERKEHR · Wird der Mann sexuell erregt, vergrößert und versteift sich der Penis, er richtet sich auf, und die Vorhaut zieht sich zurück. Der Mann hat eine **Erektion.** Drüsen, die in die Harn-Sperma-Röhre münden, die *Cowperschen Drüsen*, erzeugen ein Gleitmittel, das aus dem Penis austritt. Nun kann der Mann seinen Penis in die Vagina der Frau einführen.
Bei sexueller Erregung der Frau vergrößert sich ihr Kitzler, und auch die Schamlippen füllen sich mit Blut. Sie geben dadurch die Öffnung der Vagina frei. Drüsen in der Nähe der kleinen Schamlippen erzeugen zusätzlich ein Gleitmittel, das das Einführen des Penis erleichtert.
Der Mann bewegt seinen Penis in der Vagina hin und her. Dadurch reizt er sowohl seine Eichel als auch den Kitzler und die Vagina der Frau. Beide empfinden durch diese Reizungen große Lust. Wird dieses Lustempfinden bei der Frau sehr stark, können sich die Muskeln im Unterleib rhythmisch zusammenziehen: Es kommt zum **Orgasmus.**
Auch beim Mann kann es zum Orgasmus kommen. Dabei wird das Sperma durch rhythmische Kontraktionen der Muskeln der Spermienleiter und der Harn-Sperma-Röhre aus dem Penis geschleudert. Diesen Vorgang nennt man **Ejakulation.** Ein Mann ejakuliert normalerweise zwei bis fünf Milliliter Sperma. Befindet sich eine reife Eizelle im Eileiter der Frau, kann diese nun von einer Spermienzelle befruchtet werden.

2 Beschreibe die Unterschiede zwischen unreifen und reifen Geschlechtszellen!

Material A ▸ Eizelle und Spermienzelle

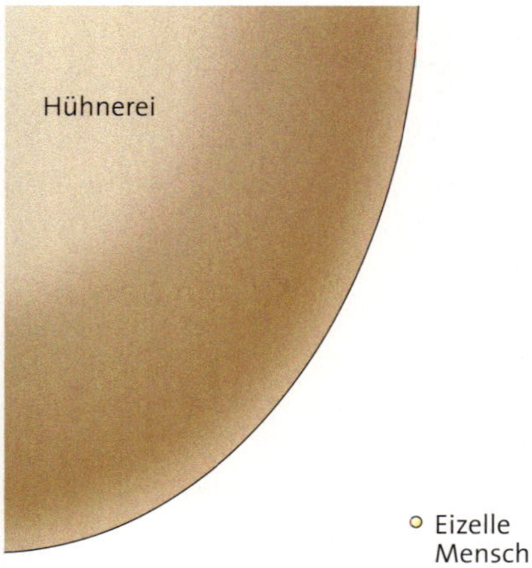

In dem bei einer Ejakulation abgegebenen Sperma des Mannes befinden sich bis zu 200 Millionen reife Spermienzellen, von denen nur einige 100 bis zur Eizelle im Eileiter gelangen.

A1 Erläutere die Funktion von Spermienzellen und Eizelle, die sich aus ihrem jeweiligen Bau ergibt!

A2 Stelle Vermutungen an, weshalb so viele Spermienzellen auf die Reise geschickt werden und am Ende so wenige bei der Eizelle ankommen!

A3 Hühnereier sind sehr viel größer als die Eizelle des Menschen. Erläutere diesen Unterschied!

A4 Pflanzen bilden *Samen*. Begründe, weshalb man den Begriff „Samenzellen" für die Spermien nicht verwendet!

Material B ▸ Durch Geschlechtsverkehr übertragbare Krankheiten

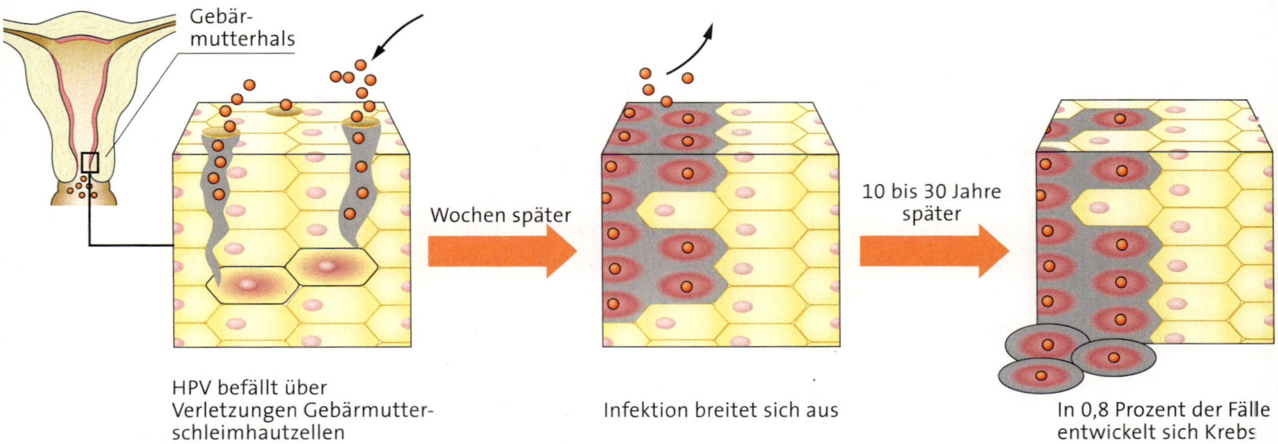

Durch ungeschützten Geschlechtsverkehr können leicht Krankheitserreger übertragen werden. Zu diesen sexuell übertragbaren Krankheiten gehören auch Infektionen mit dem *humanen Papillomavirus* (HPV). Die Infektion führt im Anfangsstadium zu kleinen, spitzen Warzen, im Bereich der Geschlechtsorgane oder am Gesäß.

Diese verursachen keine Schmerzen, können aber zu juckenden Entzündungen der umliegenden Hautbereiche führen.

Eine Infektion mit dem HPV ist ansteckend und muss behandelt werden. In seltenen Fällen kann sich aus infizierten Zellen Krebs, zum Beispiel Gebärmutterhalskrebs, entwickeln.

Impfungen gegen eine Infektion mit dem HPV bieten einen guten Schutz.

B1 Beschreibe anhand der Abbildung den Verlauf einer HPV-Infektion bis zur Bildung von Krebsvorstufen!

B2 Nenne Möglichkeiten, wie man sich zuverlässig vor einer Infektion mit dem HP-Virus schützen kann!

B3 Recherchiere Informationen zu einer HPV-Impfung und erstelle ein Plakat zur Aufklärung in der Schule!

B4 Recherchiere zwei weitere Beispiele sexuell übertragbarer Krankheiten und notiere Informationen zu Übertragungswegen, Symptomen, Behandlung und Schutz!

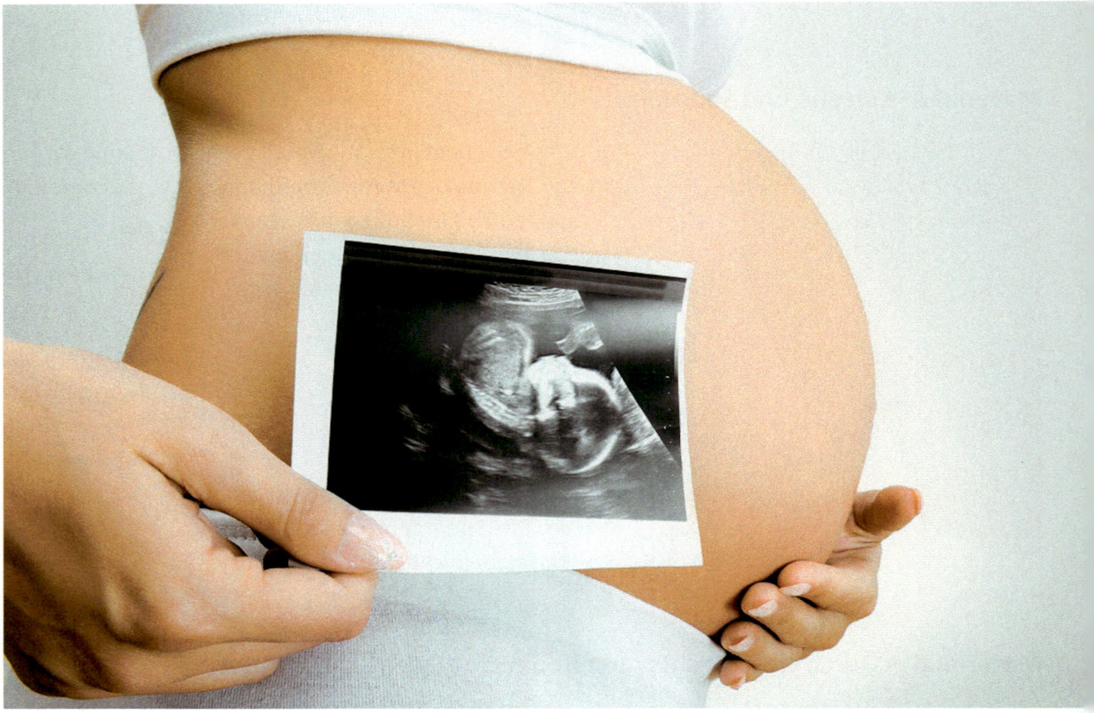

01 Ultraschallbild eines Fetus

Menstruationszyklus und Schwangerschaft

In der Pubertät reifen die Geschlechtsorgane. Mädchen bekommen ihre erste Monatsblutung und können schwanger werden. Wie hängen diese Vorgänge zusammen?

MENSTRUATIONSZYKLUS · Ursache aller Veränderungen in der Pubertät sind körpereigene Botenstoffe, die bereits in winzigen Mengen wirken, die **Hormone.** Die meisten Hormone werden in Drüsen produziert und in die Blutbahn abgegeben. Mit dem Blut gelangen sie zu allen Organen, entfalten aber nur in bestimmten Zielorganen ihre Wirkung. Ab dem Beginn der Pubertät wird im Gehirn des Mädchens ein Hormon freigesetzt, das die *Hirnanhangsdrüse,* auch *Hypophyse* genannt, beeinflusst. Zwei verschiedene Hormone der Hypophyse bewirken daraufhin die Reifung der Eierstöcke. In den Eierstöcken entstehen infolgedessen weibliche Geschlechtshormone, die **Östrogene.** Diese bewirken ihrerseits die Reifung der Geschlechtsorgane und die Ausbildung der sekundären Geschlechtsmerkmale des Mädchens.

Von nun an wird monatlich eine reife Eizelle freigesetzt. Das wird von dem ersten der beiden Hormone der Hypophyse ausgelöst: Dieses Hormon führt dazu, dass in einem der beiden Eierstöcke ein Follikel und darin eine Eizelle heranreifen. Die Hülle des reifenden Follikels bildet ein *Östrogen,* das seinerseits dazu führt, dass sich in der Gebärmutter die Schleimhaut verdickt. Das Östrogen regt außerdem die Hypophyse dazu an, das zweite Hormon zu produzieren. Dies löst am 14. Tag den Eisprung aus, bei dem die reife Eizelle in den Eileiter abgegeben wird. Der Follikel wird danach gelblich und deshalb nun *Gelbkörper* genannt. Der Gelbkörper bildet kein Östrogen mehr, sondern das **Gelbkörperhormon.** Dieses bewirkt, dass die verdickte Gebärmutterschleimhaut nun gut durchblutet wird und eine befruchtete

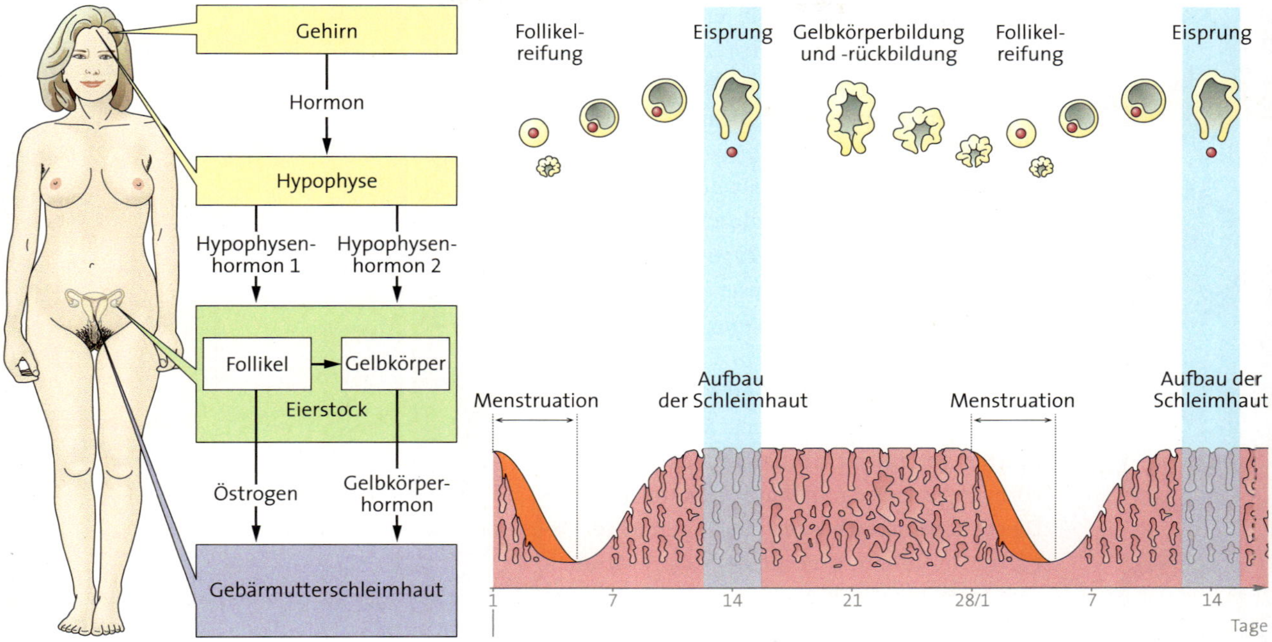

02 Menstruationszyklus und seine Steuerung

Eizelle aufnehmen könnte. Daher kann ein Mädchen schon ab dem ersten Eisprung schwanger werden.

Wird die Eizelle nicht befruchtet, schrumpft der Gelbkörper zusammen und bildet immer weniger Gelbkörperhormon. Daraufhin löst sich der größte Teil der stark durchbluteten Gebärmutterschleimhaut ab und wird durch die Scheide nach außen abgegeben. Um das zu ermöglichen, wird auch der Schleimpfropf aufgelöst, der sonst den Muttermund verschließt. Diesen Vorgang nennt man *Monatsblutung, Periode, Regel, Tage* oder **Menstruation.** Sie dauert meistens vier bis fünf Tage, und die dabei abgegebene Blutmenge beträgt 50 bis 150 Milliliter.

Die abnehmende Menge des Gelbkörperhormons führt außerdem dazu, dass die Hypophyse wieder mehr von dem ersten Hormon produziert, woraufhin ein neuer Follikel in einem Eierstock zu reifen beginnt. Weil sich diese Vorgänge immer wiederholen, spricht man von einem *Zyklus.* Die Zeitspanne vom Beginn einer Blutung bis zum Beginn der nächsten Blutung bezeichnet man als *weiblichen Zyklus* oder **Menstruationszyklus.** Die erste Menstruation bekommt ein Mädchen meistens im Alter zwischen 11 und 14 Jahren. Die Länge des Zyklus ist anfangs sehr unterschiedlich. Mit der Zeit pendelt er sich auf eine Länge von etwa 26 bis 30 Tagen ein. Die Dauer des Zyklus kann sich auch noch bei erwachsenen Frauen durch seelische oder körperliche Belastungen stark verkürzen oder verlängern, zum Beispiel durch Stress, Krankheit oder Reisen.

Oft geht die Menstruation mit Übelkeit, Bauch-, Kopf- oder anderen Schmerzen einher. Bei ungewöhnlich starken Beschwerden sollte man einen Frauenarzt um Rat fragen. Auch ist während der Menstruation besonders auf die *Hygiene* der Geschlechtsorgane zu achten. Im Muttermund fehlt der schützende Schleimpfropf, sodass Krankheitserreger besonders leicht eindringen können. *Binden* oder *Tampons* fangen das austretende Blut auf.

Was geschieht aber, wenn die Eizelle nach dem Eisprung befruchtet wird?

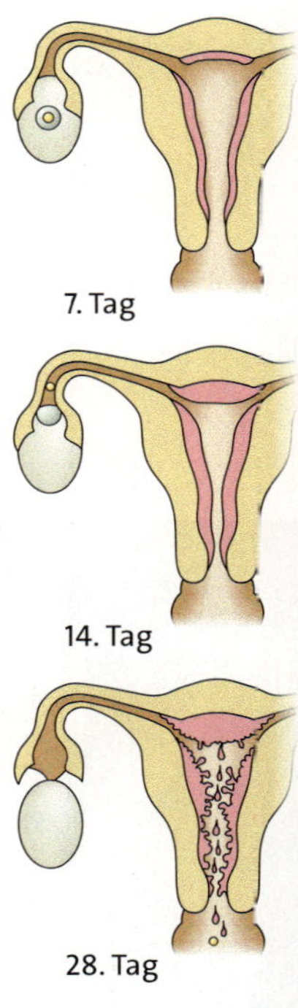

03 Phasen des Zyklus

lateinisch cyclus = Kreis, Kreislauf

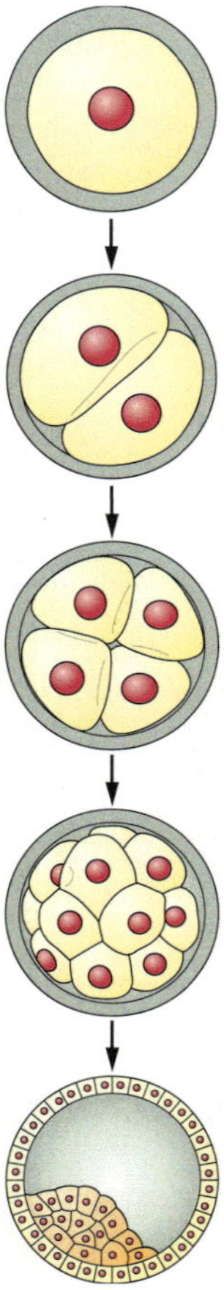

04 Entwicklung der Zygote vor der Einnistung

SCHWANGERSCHAFT · Die Eizelle hat nach dem Eisprung eine sehr kurze Lebensdauer von 12 bis 24 Stunden. Nur in dieser Zeit kann der Kopf einer Spermienzelle, die den Weg in den Eileiter geschafft hat, in die Eizelle eindringen. In der so befruchteten Eizelle, der **Zygote,** haben sich nun die Erbsubstanz des Vaters und der Mutter vereinigt. Die Zygote beginnt sich daraufhin zu teilen. Aus dieser einen Zelle werden zwei, aus den zwei Zellen vier, und so geht es weiter.

Die Flimmerhärchen im Eileiter transportieren das werdende Zellhäufchen in Richtung Gebärmutter. Es nimmt allmählich eine kugelige Form an und wird nun **Maulbeerkeim** genannt. Dieser kommt nach etwa vier Tagen in der Gebärmutter an. Im Inneren der Kugel sammelt sich Flüssigkeit, der Maulbeerkeim wird zum **Bläschenkeim.** Wenn dieser Kontakt zur Gebärmutterschleimhaut bekommt, wachsen seine äußeren Zellen in die Schleimhaut hinein, die **Einnistung** erfolgt. Die Zellen im Inneren des Bläschenkeims entwickeln sich zum **Embryo** weiter. Er wird von der Gebärmutterschleimhaut, in der sich ein fein verzweigtes Geflecht von Blutgefäßen der Mutter und des Embryos entwickelt, über die *Nabelschnur* mit Nährstoffen und Sauerstoff versorgt. Diese Versorgungsschicht wächst ebenfalls und wird zum *Mutterkuchen,* der **Plazenta.** Über Plazenta und

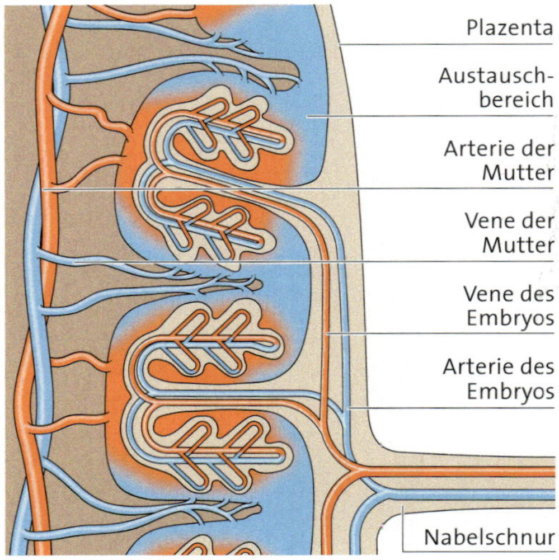

06 Schema der Plazenta

Nabelschnur können auch Giftstoffe wie Alkohol, Nikotin und Medikamente zum Embryo gelangen und ihn schwer schädigen. Etwa acht Wochen nach der Befruchtung hat der Embryo bereits alle inneren Organe angelegt. Er wird nun **Fetus** genannt. Bei der Geburt ist er meistens etwa 50 Zentimeter groß und drei bis vier Kilogramm schwer.

Einen Sonderfall stellen Zwillinge dar. Zerfällt das Zellhäufchen, das sich aus der Zygote entwickelt, zufällig in zwei Teile, entstehen *eineiige Zwillinge. Zweieiige Zwillinge* wachsen dagegen aus zwei verschiedenen Zygoten heran.

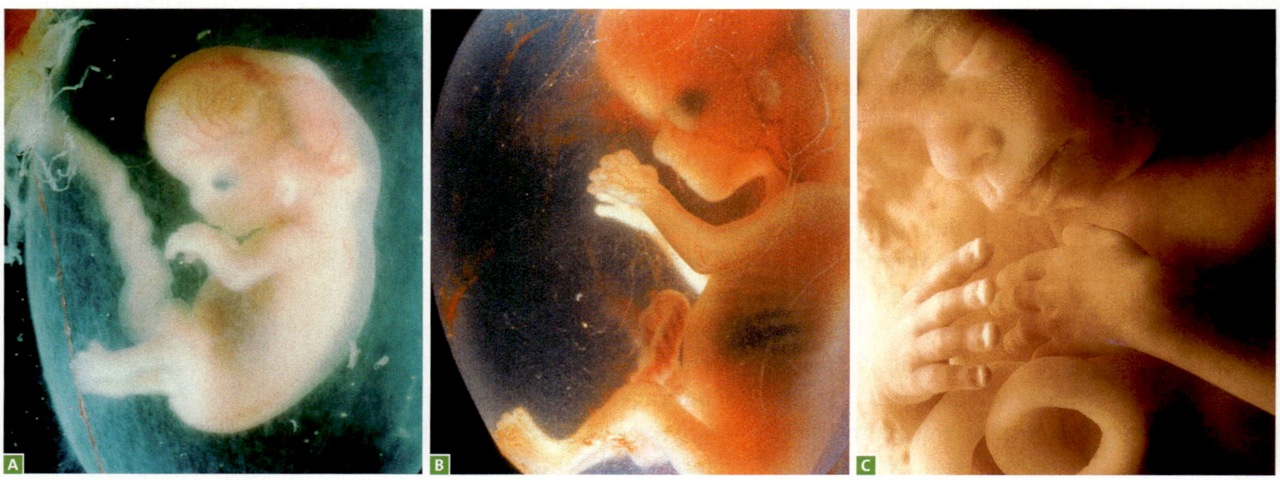

05 Entwicklung des Bläschenkeims nach der Einnistung: **A** 2. Monat, **B** 3. Monat, **C** 5. Monat

Material A ‣ Menstruationskalender

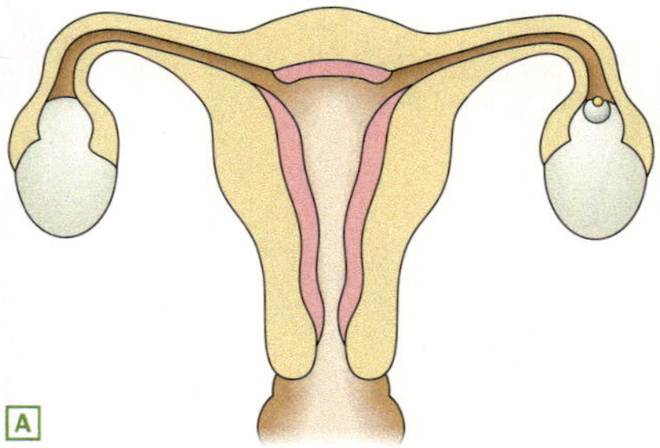

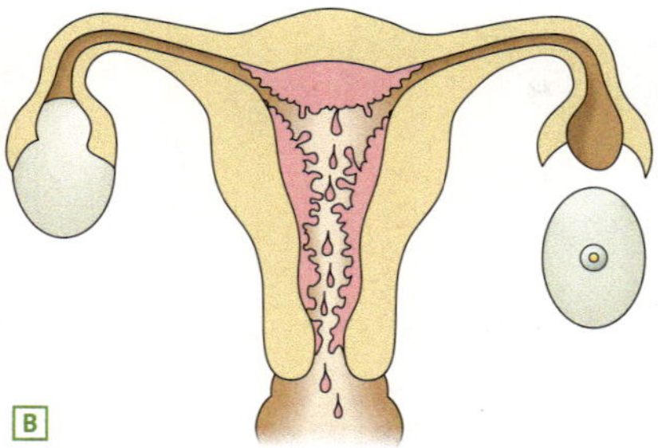

März

Mo	Di	Mi	Do	Fr	Sa	So
1	2	3	4	5	6	7
8	9	10	~~11~~	~~12~~	~~13~~	~~14~~
~~15~~	~~16~~	17	18	19	20	21
22	23	24	25	26	27	28
29	30	31				

April

Mo	Di	Mi	Do	Fr	Sa	So
			1	2	3	4
5	6	7	~~8~~	~~9~~	~~10~~	~~11~~
~~12~~	~~13~~	14	15	16	17	18
19	20	21	22	23	24	25
26	27	28	29	30		

Zur Kontrolle trägt eine Frau die Tage ihrer Monatsblutungen in einem Menstruationskalender ein.

A1 Ordne die beiden Abbildungen den entsprechenden Tagen des dargestellten Zyklus zu! Begründe deine Zuordnungen!

A2 Ermittle, an welchen Tagen ein Eisprung stattgefunden hat! Nenne die Zeiträume, in denen eine Befruchtung hätte stattfinden können!

Material B ‣ Veränderungen in der Schwangerschaft

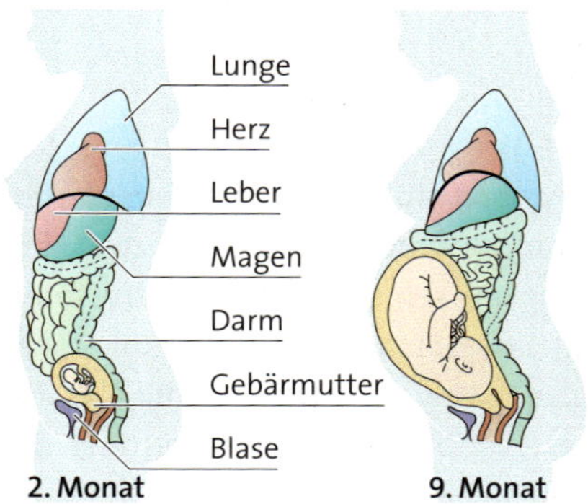

Das werdende Kind beansprucht den Körper seiner Mutter in vielfältiger Weise.

B1 Beschreibe die sichtbaren körperlichen Veränderungen zwischen dem 2. und dem 9. Monat!

B2 Spätestens ab dem 7. Monat fällt der Mutter das Atmen immer schwerer. Stelle zwei Vermutungen über mögliche Ursachen an!

B3 Das ungeborene Kind wiegt im 3. Monat etwa 15 Gramm und bei der Geburt 3 bis 4 Kilogramm. Die Mutter nimmt im gleichen Zeitraum um 10 bis 11 Kilogramm zu. Erkläre diesen Unterschied!

Material C ‣ Pränatale Diagnostik – Möglichkeiten und Grenzen

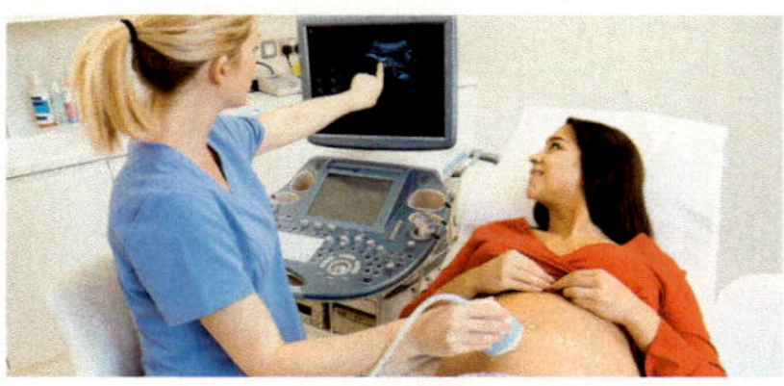

Als pränatale Diagnostik bezeichnet man Untersuchungsmethoden mit deren Hilfe man feststellen kann, ob bestimmte Fehlbildungen oder Erkrankungen beim Fetus vorliegen oder nicht. Die Untersuchungen werden zu unterschiedlichen Zeitpunkten der Schwangerschaft durchgeführt. Trotz unauffälliger Ergebnisse ist aber keine völlige Sicherheit gegeben, ein gesundes Kind zu bekommen.

C1 Formuliere Fragen, mit denen sich ein Paar auseinandersetzen sollte, bevor es sich für eine Fruchtwasseruntersuchung entscheidet!

C2 Gib an, weshalb regelmäßig Ultraschalluntersuchungen bei Schwangeren durchgeführt werden!

C3 Diskutiere mit deinen Klassenkameraden verschiedene Aspekte, die für oder gegen eine Abtreibung sprechen, wenn bei einer Fruchtwasseruntersuchung eine Erkrankung festgestellt wurde!

01 Erste Liebe

Liebe und Sexualität

Liebe erfahren wir schon als Kind von unseren Eltern. Liebe kann aber auch zwischen Mann und Frau entstehen. Worin besteht der Unterschied?

LIEBE · Bereits direkt nach der Geburt entwickelt sich ein intensiver Kontakt zwischen der Mutter und dem Neugeborenen. Der Säugling ruft schreiend, strampelt und bewegt suchend den Mund. Die Mutter legt ihn an die Brust, wo er saugt und Milch trinkt. Diese und andere liebevolle Kontakte führen bald zu einer starken Bindung und absolutem Vertrauen zwischen dem Säugling und seinen Eltern, auch *Urvertrauen* genannt. Es verbindet sich später mit einem tiefen, warmen und zärtlichen Gefühl, das das Kind seiner Familie gegenüber empfindet, der **Liebe.** In der Pubertät beginnt man, Gefühle der Liebe auch anderen Menschen gegenüber zu entwickeln. Das Urvertrauen liefert die Grundlage für eine nun mögliche Beziehung, nämlich Selbstvertrauen und Vertrauen in andere.

02 Ausdrucksformen der Liebe:
A Mutter- und Vaterliebe,
B Verliebtsein

PARTNERSCHAFT · Die Veränderung der Gefühle beginnt meistens damit, dass man sich zu einem Jungen oder Mädchen hingezogen fühlt. Fand man ihn oder sie gerade noch dumm oder albern, möchte man diesem Menschen jetzt nahe sein. Oft genügt schon der Gedanke an sie oder ihn für ein Kribbeln im Bauch, Herzklopfen oder weiche Knie. Man kann stundenlang davon träumen, wie es wäre, mit ihm oder ihr zusammen zu sein. Deswegen fällt es einem häufig schwer, sich auf andere Dinge wie den Unterricht in der Schule oder die Aufgaben in der Familie zu konzentrieren. Man ist **verliebt.**

Wie aber soll man dem anderen zeigen, dass man in ihn verliebt ist? Es erfordert viel Mut, dem anderen seine Gefühle zu offenbaren. Vielleicht gefällt man ihm nicht, oder er erwidert die eigenen Gefühle nicht. Oft warten Jungen und Mädchen deshalb darauf, dass der andere den ersten Schritt tut. Einer muss ihn schließlich wagen, trotz des Risikos, zurückgewiesen zu werden. Das kann sehr wehtun, aber zur Liebe zwingen kann man niemanden. Doch wie schön ist es, wenn der Mensch, in den man verliebt ist, die Gefühle erwidert. Man „geht" dann miteinander, hält Händchen und möchte sich auch körperlich nahe sein. Aus dem Verliebtsein entwickelt sich eine **Beziehung.** Wenn die Partner sich vertrauen und ihre Eigenarten und Wünsche gegenseitig respektieren, kann aus so einer Beziehung eine dauerhafte **Partnerschaft** entstehen. Deshalb ist es wichtig, viel miteinander zu reden und die Einstellungen und Erwartungen des anderen kennenzulernen. Auch Probleme müssen offen und ehrlich angesprochen werden. Manchmal hält so eine **erste Liebe** sehr lange, doch oft zerbricht sie auch schnell. Die Gründe dafür können vielfältig sein. So spielen Verliebte oft eine Rolle, um dem anderen zu gefallen, und sie verbergen dabei, wie sie wirklich sind. Häufig übernehmen Jungen und Mädchen Rollen, die sie von Vorbildern oder Idolen abgeschaut haben, oder sie benehmen sich typisch männlich „cool" oder weiblich „sexy" und bedienen damit Rollenklischees. Neben Unehrlichkeit ist Untreue ein weiterer häufiger Grund dafür, dass Partnerschaften scheitern.

SEXUALITÄT · Wer verliebt ist, möchte dem anderen auch körperlich nahe sein, ihn berühren, Zärtlichkeiten austauschen, ihn küssen. Vielleicht möchte er sogar mit ihm schlafen. **Sexualität** ist also ein schöner und wichtiger Teil einer Partnerschaft. Dabei sollten beide dem anderen deutlich zu verstehen geben, was sie mögen oder nicht mögen, und die Einstellung des anderen auch respektieren. Wenn ein Partner etwas tut, nur um die Erwartungen des anderen zu erfüllen, endet das häufig in negativen Gefühlen wie Unzufriedenheit oder Enttäuschung. Im schlimmsten Fall kann man sich sogar sexuell ausgenutzt fühlen. Außerdem sollten sich beide im Klaren sein, dass ein Mädchen schwanger werden kann, auch schon beim „ersten Mal". Deshalb sollten die Partner offen über gemeinsame *Verhütung* sprechen.

03 Ausdrucksformen der Sexualität:
A Küssen,
B Zärtlichkeiten

griechisch heteros = verschieden

griechisch homo = gleich

lateinisch bi = zwei

SEXUELLE ORIENTIERUNG · Die meisten Frauen und Männer fühlen sich zu einem Partner hingezogen, der dem anderen Geschlecht angehört, sie sind **heterosexuell.**
Manche Menschen fühlen sich zu Menschen des gleichen Geschlechts hingezogen, sie sind **homosexuell.** Frauen, die Zuneigung, Liebe und sexuelles Begehren gegenüber Frauen empfinden, nennt man *lesbisch,* Männer, die so gegenüber Männern empfinden, *schwul.* Homosexuelle werden bis heute in vielen Ländern der Erde verachtet oder sogar bestraft, sie werden **diskriminiert.** Das führt dazu, dass Homosexuelle häufig ihre Neigung vor ihren Mitmenschen verbergen, weil sie Angst vor Diskriminierung haben. Dabei sind nach wissenschaftlichen Studien bis zu zehn Prozent der Menschen homosexuell veranlagt oder haben zumindest schon einmal homosexuelle Erfahrungen gemacht. Viele homosexuelle Menschen sind sich nicht von Anfang an ihrer Neigung bewusst. Sie müssen sie sich erst selbst eingestehen, bevor sie dann ihrer Familie oder Freunden davon erzählen können. Diese Schritte, die **Coming-out** genannt werden, sind für sie oft sehr schwierig, weil sie Angst vor der Reaktion ihrer Mitmenschen haben. Ihnen können Beratungsstellen helfen.
Eine dritte Form der Sexualität ist die **Bisexualität.** Bisexuelle Menschen fühlen sich zu Partnern beider Geschlechter hingezogen. Sie haben in der heutigen Gesellschaft ähnliche Probleme wie Homosexuelle.
Entscheidend für alle Formen der Sexualität ist jedoch, dass die Partner sich lieben. Dann sollten wir ihnen mit **Toleranz** begegnen.

GESCHLECHTSIDENTITÄT · Meistens fühlen sich Menschen mit weiblichen Geschlechtsmerkmalen als Frau und Menschen mit männlichen Geschlechtsmerkmalen als Mann, aber nicht immer. Menschen, bei denen die Geschlechtsmerkmale nicht mit dem Empfinden übereinstimmen, werden als **Transgender** oder als **transgeschlechtlich** bezeichnet. Sie passen oft ihr äußeres Erscheinungsbild an das gefühlte Geschlecht an. Häufig besteht auch der Wunsch nach hormoneller oder chirurgischer Behandlung.
Davon zu unterscheiden sind **intergeschlechtliche Menschen**. Sie sind aufgrund ihrer körperlichen Merkmale nicht eindeutig dem weiblichen oder männlichen Geschlecht zuzuordnen. Einige Betroffene bezeichnen sich als dem „dritten Geschlecht" zugehörig.
Viele transgeschlechtliche und intergeschlechtliche Menschen empfinden die strenge Unterteilung in männliches und weibliches Geschlecht als psychisch belastend, da diese Unterscheidung Menschen ausgrenzt und zu sozialer Intoleranz führt.

1 Nenne Gründe, weshalb eine Partnerschaft misslingen kann!

2 Erläutere, was man unter Sexualität versteht!

04 Formen der Sexualität: **A** schwules Paar, **B** heterosexuelles Paar, **C** lesbisches Paar

Material A ▸ Bekanntschaftsanzeigen

Ich, 24/175, schlank, sportlich, attraktiv, mag die Natur, Bücher, Snowboardfahren, gemütliche Kneipen, Zärtlichkeit und vieles mehr. Suche passendes „Gegenstück"! Bitte nur Zuschriften mit Bild! Chiffre ... A

Wer ist selbstständig und energisch und möchte mit mir, 23, Steinbock, reden, lachen und träumen? Bin ein bisschen kompliziert, aber lieb ... Chiffre ... B

Massagen und mehr von gepflegter, fairer und achtsamer Person! Zuschrift unter Chiffre ... C

Ich, 25/165, koche, reise, wandere und kuschele gerne. Wer macht mit? Chiffre ... D

Bin 22, blond und suche jemanden zum Verlieben. Du solltest an einer echten Beziehung interessiert sein. Eher ausgeflippt als Durchschnitt, selbstbewusst und offen für alles. Bild wäre toll. Chiffre ... E

Bin 23, dunkelhaarig, charmant, gebildet und mag verrückte Ideen, Kunst, Theater und Kinofilme. Bist du genauso unternehmungslustig und offen für alles, was Spaß macht? Dann melde dich unter Chiffre ... F

A1 Nenne die Eigenschaften der Personen, die in den einzelnen Anzeigen gesucht werden!

A2 Stelle Vermutungen an, welche Anzeigen von einer Frau oder von einem Mann stammen!

A3 Vergleiche die Eigenschaften, die Mädchen wichtig sind, mit denen, die Jungen für wichtig halten!

Material B ▸ Beziehungscheck

Check: Tut er/sie mir noch gut?

- *Zeigt er/sie dir, dass er/sie dich liebt?*
- *Hört er/sie dir zu, wenn du etwas erzählst?*
- *Ist er/sie ehrlich zu dir?*
- *Kannst du dich auf ihn/sie verlassen, wenn es dir mal nicht so gut geht?*
- *Beachtet er/sie beim Sex die Grenzen, die du ziehst?*
- ...

B1 Formuliere weitere Fragen, die dir über die Beziehung zu deinem Partner Aufschluss geben könnten!

B2 Nenne einen wichtigen Grund, aus dem du Schluss machen würdest!

B3 Nenne Formen, in denen man Schluss machen könnte, und bewerte sie!

Material C ▸ Formen des Zusammenlebens

Heterosexuelle dürfen ab einem gewissen Alter in jedem Land der Erde ihren Partner heiraten.

Sie genießen dann einen besonderen gesetzlichen Schutz.

C1 Nenne Voraussetzungen, die für glückliche Partnerschaften wichtig sind!

C2 Vergleiche die Formen des Zusammenlebens, die auf den Fotos dargestellt sind!

C3 Recherchiere gesetzliche Regelungen zu gleichgeschlechtlichen Partnerschaften in Deutschland und fasse wesentliche Punkte schriftlich zusammen!

01 Wie wollen wir verhüten?

Verhütung

Viele Paare wünschen sich irgendwann Kinder. Sie möchten aber den Zeitpunkt selbst bestimmen. Wie kann man eine ungewollte Schwangerschaft verhindern?

lateinisch coitus = Beischlaf, lateinisch interruptus = unterbrochen

EMPFÄNGNISVERHÜTUNG · Wenn man jemanden liebt, möchte man ihm auch körperlich nahe sein, ihn berühren, streicheln, küssen, vielleicht auch mit ihm schlafen. Dabei kann es bereits beim „ersten Mal" zu einer Befruchtung kommen. Manchmal führt schon das gegenseitige Berühren und Streicheln, das sogenannte *Petting,* zu starken lustvollen Empfindungen, die einen *Orgasmus* auslösen können. Gelangen dabei freigesetzte Spermienzellen in die Vagina, ist auch so eine Befruchtung theoretisch möglich. Echte Liebe bedeutet deshalb auch, sich gemeinsam Gedanken darüber zu machen, wie man eine ungewollte Schwangerschaft verhindert. Eine solche **Empfängnisverhütung** ermöglicht einem Paar zu planen, ob und wann eine Spermienzelle auf eine Eizelle treffen kann. Dafür gibt es viele verschiedene Methoden.

NATÜRLICHE VERHÜTUNG · Eine Möglichkeit der Verhütung besteht darin, dass der Mann kurz vor dem Orgasmus den Penis aus der Vagina zieht, sodass der Samenerguss außerhalb der Scheide stattfindet. Dieses „Herausziehen", auch **Coitus interruptus** genannt, ist eine extrem unsichere Methode, da bereits lange vor dem eigentlichen Samenerguss einzelne Spermienzellen aus dem Penis austreten können. Bei einer anderen Methode protokolliert die Frau über mehrere Monate den Ablauf ihrer Menstruationszyklen und errechnet daraus, an welchen Tagen des Zyklus sie schwanger werden könnte. Diese Methode heißt **Kalendermethode.** Noch genauer lassen sich die fruchtbaren Tage bestimmen, wenn die Frau regelmäßig vor dem Aufstehen ihre Körpertemperatur misst. Diese **Temperaturmethode** erfordert wie die Kalendermethode regelmäßige Zyklen und viel Erfahrung. Solche Verhütungsmethoden sind deshalb unsicher und für Jugendliche nicht geeignet. Zusammen mit dem Coitus interruptus werden sie *natürliche Verhütungsmethoden* genannt.

MECHANISCHE VERHÜTUNG · Eines der bekanntesten Verhütungsmittel ist eine hauchdünne, dehnbare Gummihaut, die vor dem Geschlechtsverkehr über den steifen Penis gezogen wird, das **Kondom.** Es fängt die Spermienzellen beim Samenerguss in einem *Reservoir* am vorderen Ende auf und ist das einzige Verhütungsmittel, das außerdem vor sexuell übertragbaren Krankheiten wie Aids schützt. Für die Frau gibt es eine Gummikappe mit einem biegsamen Rand, die vor dem Geschlechtsverkehr in die Vagina eingeführt wird und den Muttermund verschließt, das **Diaphragma** oder **Pessar.** Es muss vom Arzt angepasst werden und erfordert einige Übung im richtigen Einsetzen. Kondom und Diaphragma sind – richtig angewandt – recht sichere Verhütungsmittel.

Wegen möglicher Nebenwirkungen nicht für junge Frauen geeignet ist die **Spirale,** ein häufig T-förmiges, mit Kupfer umwickeltes Plastikstück, das vom Arzt in die Gebärmutter eingesetzt wird. Die Spirale hemmt die Beweglichkeit der Spermienzellen und verhindert die Einnistung eines Keimes in die Gebärmutterschleimhaut. Das Kondom, das Diaphragma und die Spirale bezeichnet man als *mechanische Verhütungsmittel.*

CHEMISCHE VERHÜTUNG · Zur Verhütung geeignet sind auch Substanzen, die die Spermienzellen abtöten und zusätzlich eine mechanische Barriere bilden. Am bekanntesten sind die **Schaumzäpfchen,** die einige Zeit vor dem Geschlechtsverkehr in die Vagina eingeführt werden und eine Schaumbarriere vor dem Muttermund bilden. Es gibt sie aber auch in anderen Formen wie **Salben, Gels** oder **Schaumsprays.** Diese *chemischen Verhütungsmittel* gelten als relativ unsicher. Allerdings erhöhen sie die Sicherheit der Verhütung, wenn sie in Kombination mit anderen Verhütungsmitteln angewandt werden. So wird zum Beispiel der Rand eines *Diaphragmas* vor dem Einführen in die Scheide mit einem solchen Gel bestrichen. Der Schaum des Gels kann dann verhindern, dass Spermienzellen lebend durch kleine Lücken zwischen dem Rand des Diaphragmas und der Scheidenwand gelangen. Die Kombination mit einem *Kondom* kann je nach Präparat die Sicherheit erhöhen, aber auch herabsetzen, da manche Schaumpräparate das Kondom porös machen.

1 Nenne Vor- und Nachteile von natürlichen, mechanischen und chemischen Verhütungsmethoden!

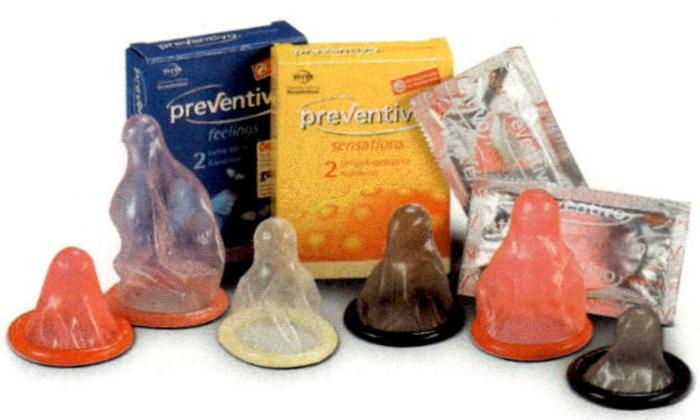

A

B

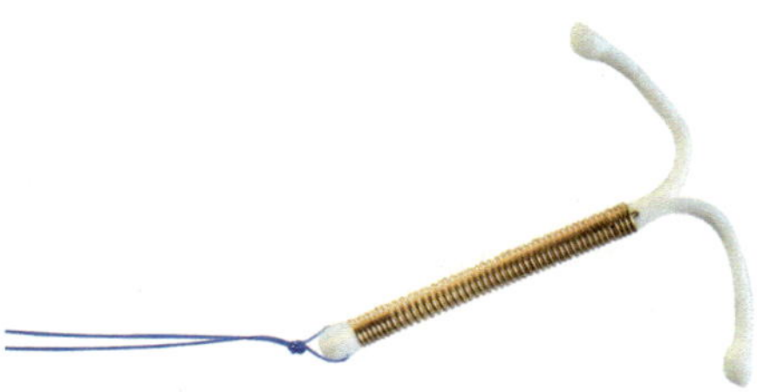

C

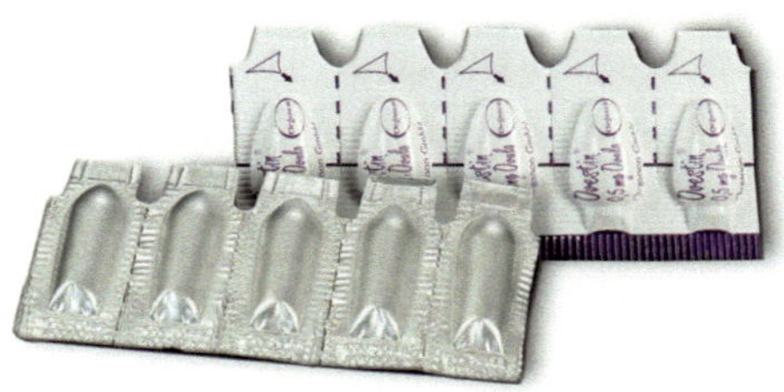

D

02 Verhütungsmittel:
A Kondome,
B Diaphragma,
C Spirale,
D Schaumzäpfchen

HORMONELLE VERHÜTUNG · Ein sehr häufig verwendetes Verhütungsmittel ist eine hormonhaltige Tablette, die **Pille.** Sie enthält eine Mischung weiblicher Sexualhormone, die eine Follikelreifung und damit auch den monatlichen Eisprung verhindern. Zudem verfestigt sich der Schleim im Gebärmutterhals, und auch die Gebärmutterschleimhaut wird nicht vollständig aufgebaut. Die Pille gibt es in vielen verschiedenen Formen, die sich in ihrer hormonellen Zusammensetzung unterscheiden. Sie ist ein Medikament und muss deshalb von einem Frauenarzt verschrieben werden. Bis zum Alter von 16 Jahren ist dafür normalerweise die Zustimmung der Eltern erforderlich. Die Pille wird meistens 21 Tage lang täglich eingenommen. Danach wird 7 Tage pausiert, und es kommt zu einer Blutung, die meistens schwächer ist als eine normale. **Mini-** und **Mikropillen** enthalten weniger Hormone als die Pille und müssen täglich auf die Stunde genau eingenommen werden, um wirksam zu sein.

Andere Verhütungsmittel geben regelmäßig kleine Hormonmengen ab. Dazu gehören zum Beispiel kleine Stäbchen, die unter die Haut eingepflanzt werden und monatelang wirken, die sogenannten **Verhütungsstäbchen.** Eine weitere Form ist ein dünner, flexibler Kunststoffring, der in die Vagina eingesetzt wird und dort Hormone freisetzt. Dieser **Verhütungsring** bleibt drei Wochen wirksam.

Auch nur auf Rezept erhältlich ist die **Pille danach.** Sie soll eine mögliche Schwangerschaft nach einem ungeschützten Geschlechtsverkehr verhindern. Sie hat oft starke Nebenwirkungen wie Übelkeit, Kopf- und Bauchschmerzen sowie Zwischenblutungen.

Alle Verhütungsmittel, die Hormone enthalten, die *hormonellen Verhütungsmittel,* sind aufgrund ihrer Wirkungsweise sehr sicher. Sie sind auch für junge Frauen gut geeignet, und man muss nicht kurz vor oder während des Geschlechtsverkehrs daran denken, sie zu benutzen. Manchmal wird die Pille nur deshalb verschrieben, weil sie die Menstruationsbeschwerden lindern kann. Die Verwendung hormoneller Verhütungsmittel hat aber auch gewisse Nachteile: Die Einnahme der Hormone kann unerwünschte Nebenwirkungen wie zum Beispiel Gewichtszunahme haben. Bei Raucherinnen, die die Pille nehmen, besteht eine erhöhte Gefahr der Thrombose. Wird die Einnahme der Pille nur einmal vergessen, besteht in dem Monat kein sicherer Empfängnisschutz mehr. Das ist auch bei Erbrechen oder Durchfall nach Einnahme der Pille der Fall.

2 Nenne Vor- und Nachteile der Pille!

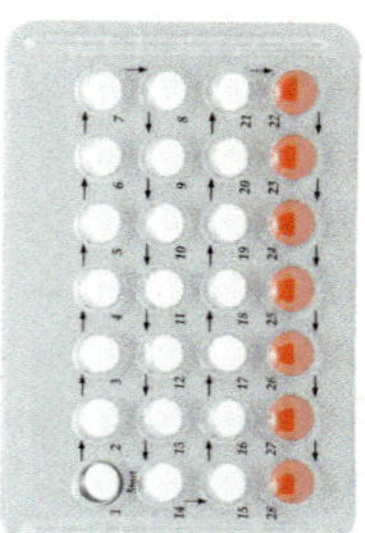

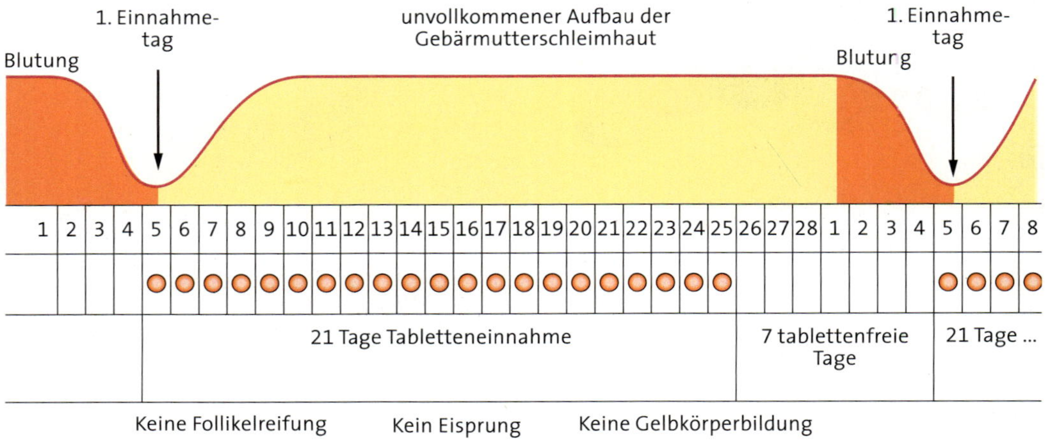

03 Empfängnisverhütung mit der Pille

Material A ▸ Pearl-Index

Verhütungsmethode	Pearl-Index
Coitus interruptus	4–18
Kalendermethode	9
Temperaturmethode	0,8–3
Kondom	2–12
Diaphragma/Pessar	1–20
Spirale	0,9–3
Chemische Verhütungsmittel	3–21
Pille	0,1–0,9
Minipille	0,5–3
Verhütungsstäbchen	0–0,1
Verhütungsring	0,4–0,6

Der Pearl-Index gibt an, wie viele von hundert Frauen schwanger werden, wenn sie ein Jahr lang mit der entsprechenden Methode verhüten.

A1 Ordne die Verhütungsmittel nach dem Grad ihrer Sicherheit!

A2 Nenne die Verhütungsmethoden, die sich für Jugendliche weniger eignen! Begründe!

A3 Stelle Vermutungen an, weshalb im Pearl-Index oft keine genauen Werte angegeben werden!

Material B ▸ Kondom

B1 Nenne Vorteile des Kondoms gegenüber anderen Verhütungsmitteln!

B2 Erläutere, auf welchen Vorteil des Kondoms die Abbildung anspielt!

B3 Recherchiere auf der Internetseite der Bundeszentrale für gesundheitliche Aufklärung, welche Fehler man bei der Benutzung eines Kondoms machen kann!

Material C ▸ Temperaturmethode

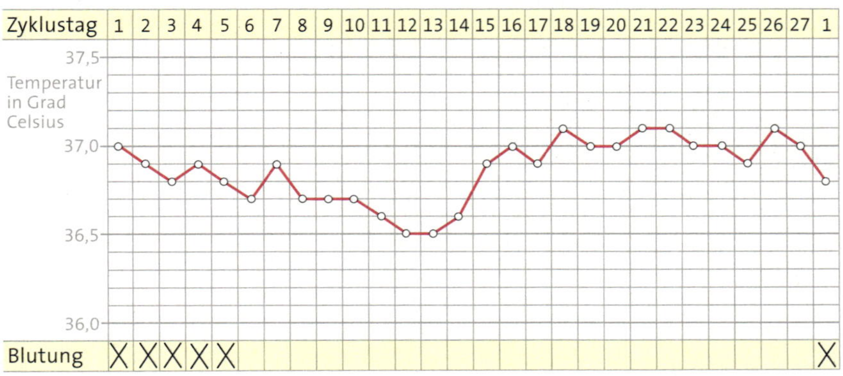

Nach dem Eisprung erhöht sich die Körpertemperatur bis gegen Ende des Zyklus um mindestens 0,2 Grad.

C1 Beschreibe den Kurvenverlauf!

C2 Begründe, an welchem Tag des Zyklus der Eisprung vermutlich stattgefunden hat!

C3 Nenne andere mögliche Ursachen für einen länger anhaltenden Anstieg der Temperaturkurve!

IM BLICKPUNKT MEDIZIN

Aids

HIV · Wie alle Viren benötigen auch HI-Viren für ihre Vermehrung bestimmte Wirtszellen. HI-Viren befallen weiße Blutzellen, vor allem solche, die bei einer Infektion helfen, das Immunsystem zu aktivieren. Man nennt diese Zellen **Helferzellen.** Sie aktivieren sowohl die Produktion von Antikörpern als auch die von Killerzellen. Infizierte Helferzellen werden durch das HI-Virus so stark geschädigt, dass sie absterben. Dringen nun andere Krankheitserreger in den Körper ein, können nicht genügend Antikörper und Killerzellen gebildet werden. Deshalb werden weder die Krankheitserreger im Blut, noch die in den Körperzellen ausreichend bekämpft. HI-Viren sind somit besonders gefährlich, weil sie durch den Angriff auf die Helferzellen die wichtigsten Abwehrmöglichkeiten des Immunsystems stark schwächen. Das Virus erhielt daher den Namen **Human Immunodeficiency Virus,** abgekürzt **HIV,** was auf Deutsch menschliches Immunschwächevirus heißt.
Wirkt sich die Immunschwäche deutlich aus, bezeichnet man die Krankheit als Acquired Immunodeficiency Syndrom – Aids.

ÜBERTRAGUNG VON HIV · Man kann sich mit HIV infizieren, wenn die im Blut, in der Spermien- oder Scheidenflüssigkeit enthaltenen HI-Viren ins eigene Blut gelangen. Da oft kleinste, nicht bemerkbare Risse in der Scheidenschleimhaut oder am Penis vorhanden sind, können HI-Viren aus der Spermien- oder Scheidenflüssigkeit beim Geschlechtsverkehr ins Blut gelangen. Das ist einer der häufigsten Übertragungswege.

SCHUTZ VOR HIV · Aids ist mit Medikamenten noch nicht heilbar. Man kann mit ihnen nur den Ausbruch der Krankheit verzögern und das Leiden der Aidskranken lindern. Jeder sollte deshalb wissen, wie man sich vor einer HIV-Infektion schützen kann. Da die meisten Infektionen beim ungeschützten Geschlechtsverkehr erfolgen, ist die Verwendung von Kondomen eine wichtige Schutzmaßnahme. Bei der Ersten Hilfe von Verletzten sollte ein Blutkontakt vermieden werden. Alljährlich erinnern Prominente am Welt-Aids-Tag an die Einhaltung dieser Schutzmaßnahmen. Als Symbol der Verbundenheit mit Aidskranken dient eine rote Schleife.

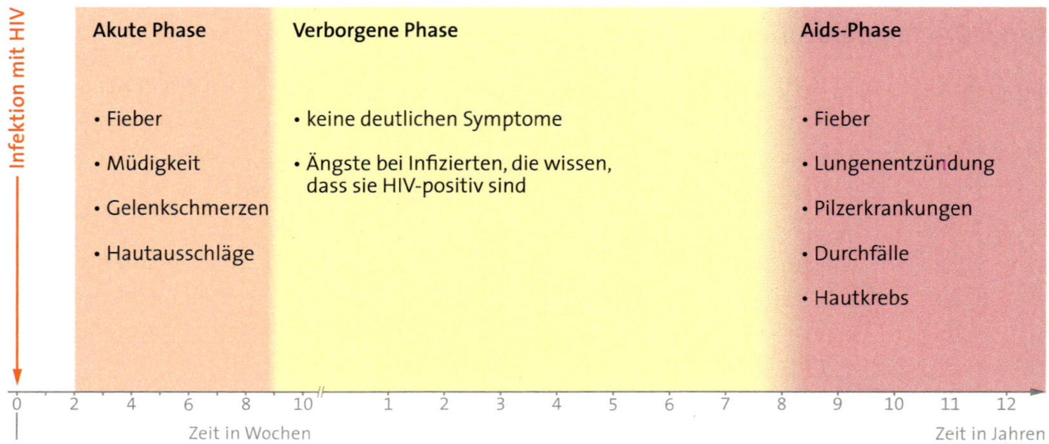

01 Krankheitsverlauf

METHODE

Informationsbeschaffung

Für einen Vortrag, zur Erstellung eines Steckbriefes oder auch um sich intensiver auf eine Klassenarbeit vorzubereiten, ist es notwendig neue ***Informationen*** *zu einem Thema zu erschließen. Dafür kann man unterschiedliche* ***Medien*** *nutzen. Grundlegende Informationen enthält dein* ***Schulbuch****. Es gibt einen Überblick, mit dem du dir eine gesicherte Wissensbasis schaffen kannst. In einem* ***Lexikon*** *findet man ebenfalls grundlegende Informationen zu einem bestimmten Thema. Die Einträge sind alphabetisch geordnet, sodass man schnell Informationen finden kann. Hat man einen ersten Überblick über sein Thema erlangt, kann der Besuch einer* ***Bibliothek*** *hilfreich sein. Dort gibt es neben Fachbüchern auch ein breites Angebot an Fachzeitschriften und Tageszeitungen. Diese sind nützlich, um weiterführende Informationen zu erhalten. Eine Mind-Map, Notizen und eine Gliederung zum Thema können helfen, den Überblick nicht zu verlieren. Auch* ***Experten*** *können eine wichtige Informationsquelle sein. Apotheker, Ärzte, Wissenschaftler oder Mitarbeiter vom Zoo helfen gerne bei biologischen Fragestellungen. Will man sich zum Beispiel über die Wälder in Sachsen informieren, ist es ratsam, einem Förster seine Fragen zu stellen. Bevor man jedoch einen Experten aufsucht, sollte man sich konkrete Fragen zu seinem Thema überlegen und aufschreiben. Meist ist es auch erforderlich, sich telefonisch oder schriftlich bei einem Experten anzumelden und einen Termin auszumachen.*

Um geeignete Abbildungen, Fotos oder aktuelle Informationen zu erhalten, nutzt man das ***Internet****. Die Internetrecherche erfolgt über eine Suchmaschine. Eine große Anzahl von Internetadressen können damit nacheinander durchsucht werden. Da eine Suchmaschine viele Suchtreffer anzeigt, ist es wichtig, die Suche mit mehreren Stichwörtern einzugrenzen. Danach kann man die Internetadressen mit den gesuchten Informationen aufrufen. Die Informationen, die man im Internet findet, sind auf Wissenschaftlichkeit und Wahrheitsgehalt zu prüfen. Alle genutzten Internetseiten müssen mit Datum und Uhrzeit notiert werden.*

1 *Informiere dich zum Thema „Sexuell übertragbare Krankheiten“! Nutze alle zur Verfügung stehenden Medien! Erstelle ein Poster!*

www.bzga.de
www.aidshilfe.de
www.profamilia.de

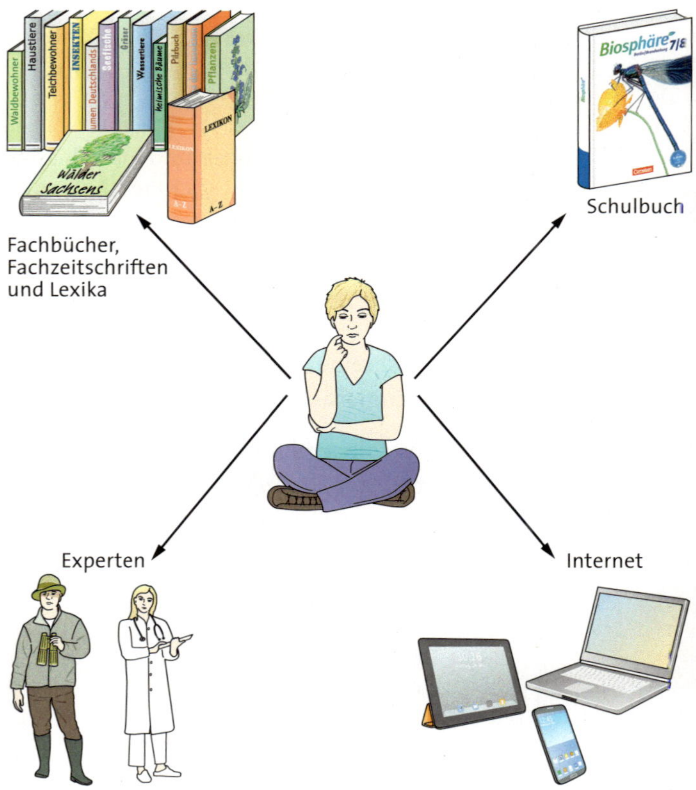

01 Woher bekomme ich Informationen?

A ▸ Pubertät

1 Vergleiche die körperlichen Veränderungen eines Jungen und eines Mädchens während der Pubertät! *(Seite 184 und 185)*

2 Beschreibe Verhaltensänderungen von Jugendlichen während der Pubertät! *(Seite 186)*

3 Erläutere, was man unter Geschlechtsreife versteht! *(Seite 184)*

4 Erkläre, wie die Pubertät durch körpereigene Botenstoffe gesteuert wird! *(Seite 185)*

5 Nenne die weiblichen und männlichen Geschlechtsorgane! *(Seite 191 und 192)*

6 Erkläre, was primäre und sekundäre Geschlechtsmerkmale sind und nenne jeweils Beispiele! *(Seite 191 und 192)*

7 Beschreibe den Bau und die Bildung von Spermienzellen! *(Seite 192)*

8 Beschreibe den Weg der Spermienzellen von ihrer Bildung bis zum Austritt aus dem Penis bei der Ejakulation! *(Seite 191)*

9 Beschreibe den Bau und die Bildung einer Eizelle! *(Seite 191)*

10 Erläutere die Prozesse während des Menstruationszyklus anhand eines Schemas! *(Seite 194 und 195)*

B ▸ Sexualität und Fortpflanzung

1 Nenne Bedingungen, unter denen der Monatszyklus von der normalen Dauer abweichen kann! *(Seite 195)*

2 Erkläre, warum nach der Befruchtung keine Monatsblutung auftritt! *(Seite 196)*

3 Beschreibe, wie sich die befruchtete Eizelle im Körper der Frau weiterentwickelt! *(Seite 196)*

4 Leite aus dem Schema zum Menstruationszyklus ab, wann die Wahrscheinlichkeit einer Befruchtung am größten und wann sie am geringsten ist! *(Seite 196)*

5 Nenne verschiedene Möglichkeiten der Verhütung und bewerte jeweils, inwiefern sie für junge Paare empfehlenswert sind! *(Seite 202 bis 204)*

6 Nenne sexuell übertragbare Krankheiten und gib Möglichkeiten an, wie man sich vor Ansteckung schützen kann! *(Seite 193 und 206)*

7 Beschreibe verschiedene Ausdrucksformen von Sexualität und nenne Voraussetzungen für eine erfüllte Partnerschaft! *(Seite 198 bis 200)*

Erläutere folgende Basiskonzepte:

- Struktur und Funktion
- Entwicklung
- System

Eizelle Es handelt sich um die weibliche Geschlechtszelle. Sie reift im Eierstock der Frau heran.

Fetus Bezeichnung des menschlichen Embryos, nachdem die Ausbildung aller inneren Organe abgeschlossen ist (ab elfter Schwangerschaftswoche)

Geschlechtsidentität Der Begriff bezeichnet das Empfinden eines Menschen für sein Geschlecht. Meistens fühlen sich Menschen mit weiblichen Geschlechtsmerkmalen als Frau und Menschen mit männlichen Geschlechtsmerkmalen als Mann, aber nicht immer.

Hormone Hormone sind Botenstoffe des Körpers. Sie werden in den Drüsen gebildet, in den Blutkreislauf abgegeben sowie im ganzen Körper verteilt. An ihren Zielorten entfalten sie ihre Wirkung. Geschlechtshormone, wie Testosteron und Östrogen, regeln unter anderem die Reifung der Geschlechtsorgane und die Ausprägung sekundärer Geschlechtsmerkmale.

Intergeschlechtlichkeit Die körperlichen Geschlechtsmerkmale sind nicht eindeutig dem weiblichen oder männlichen Geschlecht zuzuordnen. Teilweise wird daher von einem „dritten Geschlecht“ gesprochen. In der Medizin werden auch die Begriffe „Hermaphrodit“ oder „Zwitter“ verwendet.

Menstruationszyklus Der weibliche Zyklus dauert ungefähr einen Monat und umfasst die Entwicklung einer reifen Eizelle, die Vorbereitung der Gebärmutter auf eine mögliche Einnistung einer befruchteten Eizelle und die Abstoßung der Gebärmutterschleimhaut, wenn keine Befruchtung erfolgt. Die Prozesse werden durch Hormone gesteuert.

Pubertät In dieser Zeit der Reifung vollziehen sich starke körperliche Veränderungen und die Ausprägung der eigenen Sexualität. Durch Hormone gesteuert entwickeln sich die sekundären Geschlechtsmerkmale und die Geschlechtsorgane reifen bis zur Geschlechtsreife heran.

sexuelle Orientierung Mit diesem Begriff wird beschrieben, zu welchem Geschlecht sich eine Person bei der Partnersuche hingezogen fühlt.
heterosexuelle Orientierung Die Person fühlt sich bei der Partnerwahl zum anderen Geschlecht hingezogen.
homosexuelle Orientierung Die Person fühlt sich bei der Partnerwahl zum gleichen Geschlecht hingezogen.
bisexuelle Orientierung Die Person fühlt sich bei der Partnerwahl sowohl zum weiblichen als auch zum männlichen Geschlecht hingezogen.

sexuelle Selbstbestimmung In Deutschland hat jeder das Recht, selbst über seinen Körper und seine Sexualität zu bestimmen. Das bedeutet, dass man ungewollte sexuelle Handlungen zurückweisen darf und dies akzeptiert werden muss. Akzeptiert jemand diesen Wunsch nicht, macht er sich strafbar.

Spermienzelle Sie wird häufig auch als Spermium bezeichnet. Es handelt sich um die männliche Geschlechtszelle. Sie wird im Hoden des Mannes gebildet.

Transgeschlechtlichkeit Die empfundene Geschlechtszugehörigkeit stimmt nicht mit den Geschlechtsmerkmalen überein.

Zygote Dringt eine Spermienzelle in eine Eizelle ein, entsteht die Zygote. Diese befruchtete Eizelle enthält die Erbsubstanz des Vaters und der Mutter.

AUFGABEN RICHTIG VERSTEHEN – AUFGABEN LÖSEN

Aufgaben sind ein wichtiger Bestandteil des Biologieunterrichts und unterstützen auf vielfältige Weise das Lernen. Um Aufgaben lösen zu können, müssen sie richtig verstanden werden. Hierbei ist es wichtig, verschiedene Typen von Aufgaben unterscheiden zu können. Das Verb der Aufgabenstellung gibt dir die Anweisung, welche Form der Aufgabenbearbeitung gefordert ist. Im Folgenden findest du zu den Verben jeweils eine kurze Erklärung und eine Beispielaufgabe mit Lösung.

NENNEN · Hier sollen bestimmte Begriffe ohne Erläuterungen aufgezählt oder eine Abbildung beschriftet werden.

- **Beispielaufgabe:** Nenne die Verdauungsorgane!
- **Lösung:** Mundhöhle, Speiseröhre, Magen, Dünndarm, Dickdarm

BESCHREIBEN · Hier sollen bestimmte Strukturen, Sachverhalte oder Zusammenhänge mit eigenen Worten wiedergegeben werden.

- **Beispielaufgabe**: Beschreibe den Bau der Innenwand des Dünndarms!
- **Lösung**: Die Innenwand des Dünndarms ist in Falten gelegt. Aus diesen Dünndarmfalten ragen viele kleine Ausstülpungen nach innen in den Darm hinein, die Darmzotten. Die Zellen der Darmzotten tragen an der zum Darminnenraum gerichteten Seite viele sehr dünne Fortsätze, die man Mikrovilli nennt.

ERKLÄREN · Hier sollen die Ursachen und Zusammenhänge zu einem bestimmten Sachverhalt verständlich gemacht werden.

- **Beispielaufgabe**: Erkläre die Funktion der Oberflächenvergrößerung der Dünndarminnenwand bei der Nährstoffaufnahme ins Blut!
- **Lösung**: Um in die Blutbahn übertreten zu können, müssen die Nährstoffe Kontakt mit der Innenwand des Dünndarms bekommen. Diese ist durch die Dünndarmfalten, die Darmzotten und die Mikrovilli stark vergrößert. Durch diese riesige Oberfläche kommen sehr viele Nährstoffe zur gleichen Zeit mit der Darmwand in Kontakt und können in den Kapillaren der Darmwand in das Blut übertreten.

ERLÄUTERN · Hier soll ein Sachverhalt zusätzlich zur Erklärung mit weiteren Informationen und verschiedenen Beispielen veranschaulicht und verständlich gemacht werden.

- **Beispielaufgabe**: Erläutere das Prinzip der Oberflächenvergrößerung am Beispiel des Verdauungssystems!
- **Lösung**: Um in die Blutbahn übertreten zu können, müssen die Nährstoffe Kontakt mit der Innenwand des Dünndarms bekommen.
  Die Innenwand des Dünndarms liegt in Falten. Aus diesen Dünndarmfalten ragen viele kleine Ausstülpungen, die Darmzotten, nach innen in den Darm. Die Zellen der Darmzotten tragen an der zum Darminnenraum gerichteten Seite viele sehr dünne Fortsätze, die Mikrovilli. Durch diesen Bau der Darminnenwand ist ihre Oberfläche stark vergrößert und entspricht ungefähr der Fläche eines Tennisplatzes. Man spricht vom Prinzip der Oberflächenvergrößerung. Durch diese riesige Oberfläche kommen sehr viele Nährstoffe zur gleichen Zeit mit der Darmwand in Kontakt und können in den Kapillaren der Darmwand in das Blut übertreten. Die Struktur der Darminnenwand ist geeignet für die Funktion der Nährstoffaufnahme ins Blut. Dies ist somit ein Beispiel für das Erschließungsfeld Struktur und Funktion.

VERGLEICHEN · Hier sollen Gemeinsamkeiten und Unterschiede von Merkmalen, den Vergleichskriterien, festgestellt werden. Vergleiche kann man gut in einer Tabelle darstellen.

- **Beispielaufgabe**: Vergleiche Bau und Funktion der Innenwand von Dünndarm und Lunge!

- **Lösung**:

Kriterium	Dünndarm	Lunge
Strukturen der Innenwand	Darmfalten, Darmzotten, Mikrovilli	Bronchiolen, Lungenbläschen
Größe der Oberfläche	sehr groß	sehr groß
Funktion	Aufnahme von Nährstoffen	Gasaustausch

DEUTEN · Hier sollen bestimmte Sachverhalte in einen Zusammenhang gebracht werden, mit dessen Hilfe man sie erklären kann.

- **Beispielaufgabe**: Zwei Reagenzgläser werden mit Stärkelösung gefüllt, die mit etwas Iod-Kaliumiodid-Lösung blau angefärbt wird. In das zweite Reagenzglas wird etwas Speichel hinzugefügt. Anschließend kann man beobachten, dass sich die Lösung im zweiten Reagenzglas gelblich verfärbt, während sie im ersten Reagenzglas blau bleibt. Deute die Beobachtungen bei dem Versuch!

- **Lösung**: Die blaue Färbung im ersten Reagenzglas zeigt an, dass nach wie vor Stärke vorhanden ist. Daraus, dass die blaue Färbung im zweiten Reagenzglas verschwunden ist, kann man schließen, dass die Stärke hier nicht mehr vorhanden ist. Da in dieses Reagenzglas Speichel dazugegeben wurde, kann man schlussfolgern, dass Stoffe im Speichel die Stärke zersetzt haben.

EINE VERMUTUNG ODER HYPOTHESE AUFSTELLEN · Hier soll zu einer bestimmten Frage eine begründete Vermutung als Antwort formuliert werden. Die Vermutung beruht auf bereits bekannten Sachinformationen. Eine Vermutung wird auch als Hypothese bezeichnet.

Beispielaufgabe: Stelle eine Vermutung auf, warum die innere Oberfläche der Lunge eines Kammmolchs viel kleiner ist als die einer Maus!

- **Lösung**: Mäuse atmen nur über Lungen. Der gesamte Gasaustausch muss also über die innere Oberfläche der Mauslunge erfolgen. Der Kammmolch verbringt viel Zeit im Wasser und seine Haut ist immer feucht. Vielleicht hat der Kammmolch neben der Lungenatmung noch eine andere Möglichkeit der Atmung, zum Beispiel über die Haut. Da ein großer Teil des Gasaustauschs also über die Haut und nicht über die Lunge stattfindet, braucht er dafür keine so große Oberfläche in der Lunge wie die Maus.

BEURTEILEN · Hier soll zu einem bestimmten Sachverhalt ein selbstständiges Urteil abgegeben und sachlich begründet werden.

- **Beispielaufgabe**: Felix isst vor einer Klassenarbeit schnell noch ein Stück Traubenzucker, damit sein Gehirn genug Energie zum Denken hat. Sein Freund Max isst lieber noch ein Brötchen. Beurteile das Verhalten der beiden!

- **Lösung**: Traubenzucker ist ein Einfachzucker. Er muss nicht weiter bei der Verdauung zerlegt werden, damit er ins Blut aufgenommen werden kann. Das Brötchen besteht zu einem großen Teil aus dem Vielfachzucker Stärke. Diese kann nicht direkt ins Blut aufgenommen werden, sondern muss erst in ihre kleinsten Bausteine, die Einfachzucker, zerlegt werden. Da die beiden Freunde für die Klassenarbeit sofort Energie für ihr Gehirn benötigen, ist das Verhalten von Felix besser. Der Traubenzucker gelangt schneller ins Blut und steht dem Gehirn schneller für die Energiegewinnung zur Verfügung.

A

B

C

D

E

BILDQUELLENVERZEICHNIS

Titel: F1online; **3 o.:** imago; **4 o. li.:** mauritius images/imagebroker/Marko König; **5 o. li.:** Shutterstock/Kamil Macniak; **5 o. re.:** mauritius images/Photo Alto; **6 o. li.:** Topic Media/ppa; **6 o. re.:** Topic Media; **6 o. re. u.:** mauritius images/Alamy; **6 u. li.:** Okapia/BIOS/Grégory Mairet; **6 u. re.:** PantherMedia GmbH/PPA; **7 m. li.:** Okapia/Anglia/T.& L.Bomford; **7 m. re.:** Topic Media; **7 o. li.:** Topic Media; **7 o. re.:** Topic Media/ib/Creativ Studio Heinemann; **7 u. li.:** Topic Media/eugen haug; **7 u. mi.:** mauritius images/Alamy; **7 u. re.:** mauritius images/Alamy; **9:** imago; **10 o.:** Agentur Focus/SPL/DR DAVID FURNESS, KEELE UNIVERSITY; **11.2 A:** picture-alliance; **11.2 B:** picture-alliance/Picture Library; **11.2 D:** akg-images/IAM; **11.2 E:** mauritius images/Science Source; **11.2 F:** Okapia/Kage Mikrofotografie; **11.3 A:** mauritius images/Science Source; **11.3 B:** Corbis/Visuals Unlimited/Dr. James Richardson; **11 C:** Interfoto/Science Museum/SSPL; **12.4 m. :** mauritius images/Photo Researchers/Biophoto Associates; **12.4 o. :** Wissenschaftliche Bildagntur Karly; **12.4 u.:** Corbis/Visuals Unlimited/Dr. Arthur Siegelman; **13.V A:** Shutterstock/Bildagentur Zoonar GmbH; **14:** Mikroskope Beyersdörfer; **16 o. li.:** picture-alliance/dpa; **16 o. re.:** Okapia/ISM/† J.C. RÊvy; **18.4 A:** Abele, Georg; **18.4 B:** Meisert, A., Hannover; **20 MA.A o. li.:** Meisert, A., Hannover; **20 MA.A o. re.:** Meisert, A., Hannover; **20 MA.A u. li.:** Meisert, A., Hannover; **20 MA.A u. re.:** Meisert, A., Hannover; **20 MA.B:** Volker Minkus, Isernhagen; **21 MA.D A:** Wikipedia/public domain; **21 MA.D B:** Getty Images; **21 MA.D C:** Imago Stock & People GmbH/blickwinkel; **22.1:** shutterstock/Olena Simko; **23 A:** Wikipedia/public domain; **24 A:** Getty Images; **24 B:** Getty Images; **25 MA:** Minkus, Volker, Isernhagen; **28.1:** Fotolia/chrisberic; **32.1:** ClipDealer/Prill Mediendesign & Fotografie; **33 A, B:** mauritius images/Phototake/Carolina Biological Supply Company 34.1: Corbis/Visuals Unlimited/Carolina Biological; **35 MA.A:** Wissenschaftliche Bildagentur Karly; **35 MA.B:** Okapia/Kage Mikrofotografie; **36.1:** PantherMedia GmbH/Holger Seliger; **40.1:** Volker Minkus, Isernhagen; **43 MA.A:** mauritius images/Photo Researchers, Inc./Biophoto Associates; **43 MA.B:** Agentur Focus/ISM/2008 Jean-Claude Révy; **43 MA.C li.:** Rita Greer 2004; **43 MA.C m.:** picture-alliance; **43 MA.C m. li.:** picture-alliance/Everett Collection; **43 MA.C m. re.:** picture-alliance/Picture Library; **43 MA.C re.:** picture-alliance/akg-images; **46.1:** Corbis/Visuals Unlimited, Inc./Wim van Egmond; **47.3 A:** Corbis/Visuals Unlimited, Inc./Wim van Egmond; **48.4 A:** Corbis/Visuals Unlimited, Inc./Wim van Egmond; **48.5 A:** Okapia/Wolfgang Bettighofer; **48.5 B:** Okapia/NAS/Eric Grave; **48.5 C:** Okapia/Roland Birke; **48.5 D:** Okapia/Wolfgang Bettighofer; **52 A:** Agentur Focus/SPL/DR DAVID FURNESS, KEELE UNIVERSITY; **52 B:** Corbis/Visuals Unlimited, Inc./Wim van Egmond; **55:** mauritius images/imagebroker/Marko König; **56.1:** picture-alliance/Westend61/Anna Leopolder; **57.2 A:** ClipDealer/chroma; **57.2 B:** PantherMedia GmbH/Christoph Bosch; **58.3:** mauritius images/imageBROKER/Frank Sommariva; **58.4:** mauritius images/Pixtal; **60 A:** PantherMedia GmbH/Werner Derichs; **60 B:** mauritius images/Alamy; **60 C:** mauritius images/Alamy; **60 D:** mauritius images/Busse Yankushev; **60 E:** Okapia/Manfred Ruckszio; **60 F:** mauritius images/GAP; **60 G:** mauritius images/Wolfgang Weinhäupl; **60 J:** mauritius images/Wolfgang Weinhäupl; **61 MA.C m. li.:** PantherMedia GmbH/Frank Schröer; **61 MA.C m. re.:** imago/wolterfoto; **61 MA.C o. li.:** EHEIM GmbH & Co. KG; **61 MA.C o. re.:** Corel Photos Inc.; **61 MA.C u. li.:** †Bossek, H., Hoppegarten; **61 MA.C u. re.:** imago/imagebroker; **62.1:** iStockphoto; **63.3 A:** Fotolia/Sven Knie; **63.3 B:** blickwinkel; **64.4 A:** shutterstock/Peter Zijlstra; **64.4 B:** shutterstock/OgnjenO; **66 A:** mauritius images/Udo Siebig; **66 B:** mauritius images; **66 C:** mauritius images/Andreas Vitting; **66 D:** mauritius images/imagebroker/Martin Siepmann; **70.1:** mauritius images/Alamy; **72.4:** Wikipedia/BMC Bioinformatics CC-2.5-BY; **73 MA.A li.:** mauritius images/Fritz Rauschenbach; **73 MA.A m.:** shutterstock/Gallinago_media; **73 MA.A re.:** Okapia/FLPA/Tony Hamblin; **74.1:** Biosphoto/Michel Poinsignon; **76.5:** picture-alliance/ZB/ Wolfgang Thieme; **79 V.F:** Fotolia/corlaffra; **82.1:** Shutterstock/Pavel L Photo and Video; **84.5:** imago; **85.1 A:** CORBIS/Roger Ressmeyer; **85.1 B:** picture-alliance/dpa; **86 MA.B:** Shutterstock/Porojnicu Stelian; **87 MA.D o. li.:** Fotolia/Juulijs; **87 MA.D o. re.:** Fotolia/Björn Lieschke; **87 MA.D u. li.:** mauritius images/imageBROKER/Friedhelm/Adam; **87 MA.D u. re.:** mauritius images/imageBROKER/Reinhard Hölzl; **88.1:** Okapia/Nils Reinhard; **90.1:** ddp images/Nigel Treblin; **92.3:** Imago; **92.4:** Fotolia/Sascha Rösner; **92.5:** picture-alliance/wildlife; **93 MA.A li.:** F1online; **93 MA-A re.:** Okapia/Bruno Roth; **95.3:** Fotolia/Pixelmixel; **96.1:** imago; **99.1:** picture-alliance /blickwinkel/A. Hartl; **99.2:** imago; **100 MA.A o.:** mauritius images/imagebroker; **100 MA.A u.:** picture-alliance/NHPA/photoshot; **101 MA.D o.:** Shutterstock / Arto Hakola; **101 MA.D u.:** Juniors Bildarchiv; **101 MA.E:** Corbis/Science Photo Library/Keith Wheeler; **102.1:** Fotolia/ThomBal; **104.1:** picture-alliance/dpa; **106.3 A:** Fotolia/Robert Neumann; **108.1:** Shutterstock/Suto Norbert Zsolt; **112.1:** Corbis/Ocean/Sylvain Sonnet/145; **114.3 A:** Topic Media/imagebroker; **114.3 B:** Topic Media/Olaf Krueger; **114.3 C:** Okapia/Lighthouse/Francesco Tomasinelli; **115 MA.A:** Biosphoto/Michel Poinsignon 116.1: mauritius images/imageBROKER/Norbert Michalke; **116.2:** akg-images; **117.3:** Okapia/SAVE/Auscape/Jean-Paul Ferrero; **117.4:** Wolfhard Koth-Hohmann; **119.1:** F1online; **121 MA.C A:** mauritius images/ib; **121 MA.C B:** mauritius images/Steffen Beuthan; **121 MA.C C:** F1online; **122 A:** mauritius images/Alamy; **122 B:** mauritius images/imageBROKER/Norbert Michalke; **125:** Shutterstock/Kamil Macniak; **126.1:** iStockphoto/amriphoto; **127 A:** Fotolia/juefraphoto; **127 B:** Colourbox; **127 C:** Fotolia/Markus Mainka; **127 D:** Fotolia/Lilyana Vynogradova; **128.1:** mauritius images/imagebroker/Creativ Studio Heinemann; **129.3:** Minkus, Volker, Isernhagen; **129.4:** Minkus, Volker, Isernhagen; **129.5:** Minkus, Volker, Isernhagen; **130.6:** mauritius images/FOODFOLIO; **134.1:** mauritius images/Alamy; **137 MA.B A:** iStockphoto; **137 MA.B B:** Fotolia/Robert Neumann; **139.2 A:** picture-alliance/dpa; **139.2 B:** iStockphoto; **140.3:** getty images/Bay Hippisley; **142.1:** Fotolia/cosma; **148.1:** iStockphoto/Lilyana Vynogradovas; **154.1:** Okapia/NAS/Biophoto Associates; **155.4 A:** Agentur Focus/eye of science/Meckes/Ottawa; **155.4 B:** Okapia/NAS/Stem Jems; **156.5 A:** mauritius images/Alamy; **156.5 B:** Agentur Focus/SPL/Susumu Nishinaga; **158 MA.A:** mauritius images/Alamy; **158 MA.C:** iStockphoto/Brent Deuel; **159 MA.D:** DRK; **160.1:** picture-alliance/Royal Press/A. Nieboer; **164.1:** Fotolia/Alexander Raths; **164.2:** Fotolia/Sebastian Kaulitzki; **168.1 A:** Johannes Walter; **168.1 B:** Johannes Walter; **169. m. li.:** Johannes Walter; **169. m. re.:** Johannes Walter; **169. u. li.:** Johannes Walter; **169. u. re.:** Johannes Walter; **172.1:** iStockphoto/Jason Titzers; **173.4:** Agentur Focus/SPL/STEVE GSCHMEISSNER; **177 MA.C A:** InfraTec GmbH; **177 MA.C A, B:** InfraTec GmbH; **177 MA.C re.:** Minkus, Volker, Isernhagen; **177 MA.E:** Fotolia/Rumkugel; **179.3:** Volker Minkus, Isernhagen; **180 A:** mauritius images/Alamy; **180 B:** Okapia/NAS/Biophoto Associates; **183:** mauritius images/Photo Alto; **184.1 o. li.:** Cornelsen Schulverlage GmbH/Z. Arghan; **184.1 o. mi.:** Cornelsen Schulverlage GmbH/Z. Arghan; **184.1 o. re.:** Cornelsen Schulverlage GmbH/Z. Arghan; **184.1 u. li.:** Cornelsen Schulverlage GmbH/K. Kretschmer; **184.1 u. re.:** Cornelsen Schulverlage GmbH/K. Kretschmer; **184.1. u. mi.:** Cornelsen Schulverlage GmbH/K. Kretschmer; **186.4:** Minkus, Volker, Isernhagen; **188.1:** Iakov Filimonov; **190.1 B:** mauritius images/Phototake; **194.1:** iStockphoto/CAGRI OZGUR 196.5 A: Agentur Focus/DR G. MOSCOSO/SPL; **196.5 B:** Agentur Focus/EDELMANN/SPL; **196.5 C:** Agentur Focus/SPL/NEIL BROMHALL; **197 MA.C:** Fotolia/Monkey Business; **198.1:** Westend61/Uwe Umstätter; **198.2 A:** Fotolia/pololia; **198.2 B:** Fotolia/Antonioguillem; **199.3 A:** Fotolia/Jürgen Fälchle; **199.3 B:** Fotolia/nd3000; **200.4 A:** mauritius images/Alamy; **200.4 B:** Fotolia/BillionPhotos.com; **200.4 C:** Fotolia/loreanto; **201 MA.B:** Fotolia/Antonioguillem; **201 MA.C li.:** Fotolia/cohelia; **201 MA.C re.:** Corbis/Blend Images/Jose Luis Pelaez; **202.1:** A1PIX-Your Photo Today; **203.2 A:** Volker Minkus, Isernhagen; **203.2 B:** iStockphoto/Eduardo Luzzatti Buy; **203.2 C:** Okapia/0imagebroker/Ottfried Schreiter; **203.2 D:**